国家社科基金重点项目"爱斯基摩史前史与考古学研究"
（项目编号：18AKG001）阶段性成果

聊城大学学术著作出版基金资助

北冰洋译丛
Translation Series of the Arctic

主编 曲枫

palgrave
macmillan

北极环境的现代性

从极地探险时期到人类世时代

〔挪威〕莉尔-安·柯尔柏　〔加〕斯科特·麦肯奇
（Lill-Ann Körber）　　　　（Scott MacKenzie）
〔美〕安娜·韦斯特斯塔尔·斯坦波特　主编
（Anna Westerståhl Stenport）

周玉芳　孙利彦　刘风山　译

曲枫　审校

Arctic Environmental Modernities

*From the Age
of Polar Exploration to the Era
of the Anthropocene*

社会科学文献出版社
SOCIAL SCIENCES ACADEMIC PRESS (CHINA)

总　序

正如美国斯坦福大学极地法学家乔纳森·D. 格林伯格（Jonathan D. Greenberg）所言，北极不但是地球上的一个地方，更是我们大脑意识中的一个地方，或者说是一个想象。① 很久以来，提起北极，人们脑海中也许马上会浮现出巨大的冰盖以及在冰盖上寻找猎物的北极熊，还有坐着狗拉雪橇旅行的因纽特人。然而，当气候变暖、冰川消融、海平面上升、北极熊等极地动物濒危的信息不断出现在当下各类媒体中而进一步充斥我们大脑的时候，我们意识到，北极已不再遥远。

全球气温的持续上升正引起北极环境和社会的急剧变化。更重要的是，这一变化波及了整个星球，没有任何地区和人群能够置身事外，因为这样的变化通过环境、文化、经济和政治日益密切的全球网络在一波接一波地扩散着。②

2018 年 1 月，中国国务院新闻办公室向国际社会公布了《中国的北极政策》白皮书。白皮书指出中国是北极事务的重要利益攸关方。在经济全球化背景下，北极在战略、科研、环保、资源、航道等方面的价值不断提升，北极问题已超出了区域的范畴，涉及国际社会的整体利益和全球人类

---

① J. D. Greenberg, "The Arctic in World Environmental History," *Vanderbilt Journal of Transnational Law*, Vol. 42 (2009): 1307-1392.

② UNESCO, *Climate Change and Arctic Sustainable Development: Scientific, Social, Cultural and Educational Challenges* (Paris: UNESCO Publishing, 2009).

的共同命运。

中国北极社会科学研究并不缺乏人才，然而学科结构却处于严重的失衡状态。我国有一批水平很高的研究北极政治和政策的国际关系学学者，却少有研究北极人类学、考古学、历史学和地理学的专家。我国有世界一流水准的北极环境科学家，却鲜有以人文社科为范式研究北极环境的学者。人类在北极地区已有数万年的生存历史，北极因而成为北极民族的世居之地。在上万年的历史中，他们积累了超然的生存智慧来适应自然，并创造了独特的北极民族文化，形成了与寒冷环境相适应的北极民族生态。如果忽略了对北极社会、文化、历史以及民族生态学的研究，我国的北极研究就显得不完整，甚至会陷入误区，得出错误的判断和结论。

北极是一个在地理环境、社会文化、历史发展以及地缘政治上都十分特殊的区域，既地处世界的边缘，又与整个星球的命运息息相关。北极研究事关人类的可持续发展，也事关人类生态文明的构建。因此，对北极的研究要求我们应从整体上入手，建立跨学科研究模式。

2018 年 3 月，聊城大学成立北冰洋研究中心（以下称"中心"），将北极人文社会科学作为研究对象。更重要的是，中心以跨学科研究为特点，正努力构建一个跨学科研究团队。中心的研究人员为来自不同国家的学者，包括环境考古学家、语言人类学家、地理与旅游学家以及国际关系学家等。各位学者不仅有自身的研究专长，还与同事开展互动与合作，形成了团队互补和跨学科模式。

中心建立伊始，就定位于国际性视角，很快与国际知名北极研究机构形成积极的互动与合作。2018 年，聊城大学与阿拉斯加大学签订了两校合作培养人类学博士研究生的协议。2019 年新年伊始，中心与著名的人文环境北极观察网络（Humanities for Environment Circumpolar Observatory）迅速建立联系并作为中国唯一的学术机构加入该研究网络。与这一国际学术组织的合作得到了联合国教科文组织（UNESCO）的支持。笔者因此应联合国教科文组织邀请参加了 2019 年 6 月于巴黎总部举行的全球环境与社会可持续发展会议。

2019 年 3 月，中心举办了"中国近北极民族研究论坛"。会议建议将中国北方民族的研究纳入北极研究的国际大视角之中，并且将人文环境与生态人类学研究作为今后中国近北极民族研究的重点。

令人欣喜的是，一批优秀的人类学家、考古学家、历史学家加盟中心的研究团队，成为中心的兼职教授。另外，来自聊城大学外国语学院的多位教研人员也加盟中心从事翻译工作，他们对北极研究抱有极大的热情。

中心的研究力量使我们有信心编辑出版一套"北冰洋译丛"。这一丛书的内容涉及社会、历史、文化、语言、艺术、宗教、政治、经济等北极人文和社会科学领域，并鼓励跨学科研究。

令人感动的是，我们的出版计划得到了社会科学文献出版社的全力支持。无论在选题、规划、编辑、校对等工作上，还是在联系版权、与作者（译者）沟通等事务上，出版社编辑人员体现出难得的职业精神和高水准的业务水平。他们的支持给了我们研究、写作和翻译的动力。在此，我们对参与本丛书出版工作的各位编辑表示诚挚的谢意。

聊城大学校方对本丛书出版提供了经费支持，在此一并表示谢意。

最后，感谢付出辛勤劳动的丛书编委会成员、各位作者和译者。中国北极社会科学学术史将铭记他们的开拓性贡献和筚路蓝缕之功。

曲　枫

2019 年 5 月 24 日

译　序

　　毋庸置疑，就北极而言，国家与现代性并不是北极地区历史发展的结果，而是北极原住民被迫接受的社会现实。在国家形态的外观之下，是来自西方主流社会的殖民主义逻辑。在现代性背后，是资本的快速流动与全球化逻辑的覆盖。在国家与现代性到来之前，北极原住民社会自成体系，以氏族组织、原生性、游动性、动物经济（渔猎与畜牧）、小型共同体、平权与民主为特征。唐戈教授在最近举办的一个读书会上将这一社会系统称为第九种文明，即北部欧亚文明。其实，这一社会形态还可以扩展到北美的北极地区，因此也可将之称为北极文明。

　　"北极文明"与其所高度适应的北极生态一样，具有先天脆弱性，因而形成了共同体内部发达的社会互助性。当然，这也是国家与现代性能够长驱直入、毫无阻力的原因。北欧的萨米人本来是一个独立的社会整体，采用饲养驯鹿的传统经济模式，具有高度流动性，随季节更换牧场，上万年来在没有国界的土地上游牧。然而，在过去的约100年中，北欧国家由于政治性上升而关闭了国界，萨米社会被分割在挪威、瑞典、芬兰和俄罗斯四个国家之内。1632年，俄罗斯沙皇在勒拿河中游建立了雅库茨克城，直至于17世纪末将全部西伯利亚纳入俄罗斯国家的版图。1867年，阿拉斯加的因纽皮亚克人、尤皮克人以及内陆的印第安人在自身毫不知情的情况下，由俄罗斯人的身份转换成了美国人。1721年，格陵兰岛出现了贸易公司与信义布道会，从此进入殖民主义的框架之中。丹麦与挪威一直为格陵兰岛的国家归属争执不休，而作为这片土地原住民的因纽特人对此是无能为力的。他们没有任何话语权。

17 世纪至 19 世纪，北极一直是西方人"探险"的目的地。19 世纪后期，北极地区的化石燃料以及鲸油资源吸引并加速了西方对北极的探险开发，北极的生态空间很快成为西方的商品来源。现代性将北极裹挟并进入一个不稳定的、充满不安的全球化体系之中，资源开发、气候变化、环境污染、原住民权利、地缘政治成为北极地区新的标签。"人类世"概念的出现刷新了人们对全球生态以及人类生存境遇的认知。人们猛然意识到，北极并非文学和大众所想象的那种远离主流文明伤害的生态乐园，而早已成为现代性空间中的又一个中心。

"人类世"概念由荷兰大气化学家保罗·克鲁岑（Paul Crutzen）和美国生态学家尤金·斯托默（Eugene Stoermer）于 2000 年在《国际地圈-生物圈计划通讯》（*International Geosphere-Biosphere Programme Newsletter*）上正式提出后，迅速为科学界和大众传媒所接受。人类世概念之所以迅速传播开来，在于它不仅仅是一个地质学概念，更是一个社会学概念。它不仅仅关涉生态与环境，更涉及伦理、道德、信仰与价值体系。它对以往的知识体系形成了巨大的冲击，不仅使人们意识到存在了 1 万多年的全新世已然结束，而且使人们认识到，传统的以人类中心主义为特征的历史哲学已经终结，人类历史与自然历史不再有所区别。从澳大利亚印度裔历史学家迪佩什·查卡拉巴提（Dipesh Chakrabarty）所提出的"深度历史"（deep history）的观点来看，人类历史只是全球史的一小部分。[1] 如同张旭鹏所阐述的那样，"人类世概念其实是想表达一种不确定性和危机意识，是要强调人类与其他物种及自然环境之间休戚与共的关系。这种对人类历史的超越，最终是为了人类未来的福祉，去建构一种可持续性发展的新模式"[2]。

---

[1] Dipesh Chakrabarty, The Climate of History: Four Theses, *Critical Inquiry*, 2009, Vol. 35: 197-224.

[2] 张旭鹏：《"人类世"与后人类的历史观》，《史学集刊》2019 年第 1 期，第 50 页。

2022 年 10 月 9 日，法国哲学家、人类学家布鲁诺·拉图尔与世长辞。他给我们留下了一笔丰厚的思想遗产。众所周知，拉图尔是行动者网络理论（ANT）的创始人之一。在这一理论中，他对割裂自然与文化关系的传统认识论提出了强烈的质疑，对人与非人之间的网络关系予以高度的关注。在《我们从未现代过》（We Have Never Been Modern）一作中，拉图尔发现当代文明的"现代性"（modernity）完全建立在人的人性（humanism）之上，而忽略了非人生命的人性（nonhumanity）。① 更有甚者，现代性使"外在自然之法"（laws of external nature）与"社会常规"（conventions of society）处于分离状态，以蛮力摧毁自然与文化的"近似整体性"（near-totality），实际上使人类进入一个"非现代的世界"（nonmodern world）。在这一非现代的"现代"社会中，人类为"社会利益的苛政"（tyranny of social interest）所盘剥，为经济理性（economic rationality）、科学真理（scientific truth）、技术效能（technological efficiency）所围剿而浑然不觉。而且，"现代性"还制造了一个现代（未来）与过去的二元对立关系：未来（现代）对应于文明，而过去只能对应于野蛮（barbarianism）。于是，人类的过去（past）在现代化进程中消失不见。②

在 2018 年出版的《脚踏实地：新气候制度下的政治》（Down to Earth: Politics in the New Climatic Regime）一书中，拉图尔揭示了"生态突变"如何重构全球的气候政治格局，现代性背景下地方性与全球性的对立显然将人类融入更深的政治困境之中。人类世意味着任何人类活动都会作用于自然秩序并产生后果。这显然需要人类将社会属性归还给自然，并在新气候制度下建立新的价值体系。③ 在 2021 年出版的，也是他最后一部著作《封控之后：变形记》（After Lockdown: A Metamorphosis）中，拉图尔以新冠疫情

① Latour Bruno, *We Have Never Been Modern*, Cambridge, MA: Harvard University Press, 1993, p. 13.

② Latour Bruno, *We Have Never Been Modern*, Cambridge, MA: Harvard University Press, 1993, pp. 130-131.

③ Latour Bruno, *Down to Earth: Politics in the New Climatic Regime*, Paris: Polity Press, 2018.

与全球封控为例，再次深化了对行动者网络理论的发掘以及对气候政治的理解，以一种人类学方式揭示了当代生态危机带给人类的那种卡夫卡式的"变形"荒诞，利用前所未有的人类在封控期间的具体经验为数据来重新审视自由、边界、全球化和现代性概念。[1]

由莉尔-安·柯尔柏等主编的《北极环境的现代性》正是试图回答这样的问题：什么是北极的现代性，什么是北极环境的现代性。拉图尔关注的人类世、生态突变、气候变化、全球性与地方性关系、科技政治、环境宗教等概念均在这本书中得到回应。该书以人类世概念为核心，同时将北极的现代性回溯到探险时代，将北极地区"作为一个投射欧美现代性和现代化意识形态的空间，同时又从内部挑战这些范式，借以构建区域化的现代性概念"。同时，该书对殖民主义、性别、资本主义和地方民族主义的权力结构提出质疑，强调北极现代性的其他可能，即拉图尔曾提出的"另类现代性"（alternative modernity）（见该书第一章）。

在新冠疫情期间，区域国别研究在中国强势兴起，"区域国别研究院"于短时间内在数十家院校不约而同地"拔地而起"。令人关注的是，这一现象的产生同疫情发生并无太大关系，而是对疫情之前所积累的国家及研究机构对域外知识体系的兴趣和学术热情增长的体现。在我看来，疫情与后疫情时代对以往以区域政治、经济、历史、文化、民族问题为研究焦点的范式提出了不容忽视的挑战。如果不能将现代性、气候变化、人类世、生态突变、人与非人因素的复杂交织等概念融入对区域研究的思考之中，那么这一新兴的一级学科[2]极易流于空泛和表面化。

《北极环境的现代性》无疑是一部有关北极区域研究的成功之作。它并非延续以往对北极的定义，即来自北极以外的历史和民族主义叙事，而是从不同的人文社科领域出发——如法律学、环境人文、批判民族志学、艺

---

[1] Bruno Latour, *After Lockdown: A Metamorphosis*, Translated by J. Rose, Cambridge: Polity Press, 2021.

[2] 2022 年 9 月，国务院学位委员会、教育部正式将区域国别学列为交叉学科门类下的一级学科。

术史、电影与媒体研究等，向读者提出这样的问题：作为地球上最后一个具有殖民意义的空间，它如何在跨国公司与民族国家进行资源开发部署的过程中得以重构？从以氏族为特征的原生形态原住民社会到现代性主权国家的建立，究竟是什么样的行为与力量构建了今天北极生态与政治权力的空间？在现代性框架下的文化生产与政治话语构建过程中，多重的矛盾与冲突又如何体现（参阅该书第一章）？

该书主编之一柯尔柏博士对中文版的出版工作给予了热情的支持。在接到我的邮件后，她很快征求了另外两位主编的意见，并帮助联系版权事宜。在此对三位英文版主编致以谢忱。

该书中译本的翻译工作由聊城大学外国语学院周玉芳副教授、孙利彦讲师和刘凤山教授担任，审校工作由本人担任。由于该书涉及多个学科领域，错误之处在所难免，诚恳欢迎读者批评指正。译文中若有任何不准确之处，责任由本人承担。

曲 枫

2023 年 1 月 8 日于聊城大学北冰洋研究中心

致　谢

作为编者，在此对帮助和支持我们完成此书出版工作的所有个人、组织和赞助机构表示衷心的感谢。此书的出版，受益于我们在 2013～2016 年斯堪的纳维亚研究促进会年会上组织多次北极项目的机会，该项目是 2013 年初在旧金山发起的。本书所收集的早期研究成果曾在 2014 年挪威特罗姆瑟的主题为"北极现代性"的会议上宣读过，也曾在与挪威北极大学北极现代性与北极话语项目组成员安卡·赖亚尔（Anka Ryall）、海宁·霍利德·瓦尔普（Henning Howlid Wærp）、约翰·希曼斯基（Johan Schimanski）等的访谈中提及过。我们十分珍视 2015 年在柏林洪堡大学北欧研究院举办的哈马舍尔德系列讲座上所收到的诸多反馈。莉尔-安·柯尔柏感谢洪堡大学和德国学术交流中心提供的亨里克·斯特芬斯教授职位；斯科特·麦肯奇感谢女王大学提供的学术研究、创新工作及专业发展基金；安娜·韦斯特斯塔尔·斯坦波特感谢欧盟卓越人才中心、让·莫内卓越人才中心、康拉德教授人文基金会以及伊利诺伊大学香槟分校研究会的支持；斯科特·麦肯奇和安娜·韦斯特斯塔尔·斯坦波特感谢加拿大社会科学与人文研究理事会提供的创新计划资助。我们也对各位研究助理，诺埃尔·贝朗格（Noelle Belanger）、卡洛·迪-吉里奥（Carlo Di-Gioulio）、保罗·格林纳（Paul Greiner）、加勒特·特拉莱尔（Garrett Traylor）的辛勤工作表示感谢；感谢安吉拉·安德森（Angela Anderson）在编辑方面所提供的无私帮助；感谢我们的同事弗莱纳·霍菲戈（Verena Höfig）、詹克·克罗克（Janke Klok）、马克·萨弗斯特罗姆（Mark Safstrom）、史蒂芬·冯·施纳本（Stefanie von Schnurbein）以及广大读者所提供的颇有见地的反馈意见。

目　录

第一章
北极现代性、环境政治与人类世时代

莉尔-安·柯尔柏　　斯科特·麦肯奇

安娜·韦斯特斯塔尔·斯坦波特*

　　自从被人们"发现"以来，北极一直被视为极其特殊的现代性（modernity）空间，具有重要的意义，还被想象成集中展现地球过去、现在、未来环境和地缘政治系统的地方并被加以利用。近年来，人为因素导致的气候变化、不断加速的资源开采（resource extraction）、大众旅游，以及全球范围内人们对环境变化、原住民权利与自然保护等问题认识的逐渐增加并积极采取行动，使这些想象、预测更加活跃。《北极环境的现代性》揭示了北极现代性的多样性、杂合性和多重性，详尽列举壮丽的"自然界"、当地文化景观及城市景观、社会实践等现象之间的差异，重点研究北极环境话语和实践的特殊性。为此，本书探讨了从 19 世纪欧洲的北极探险

* 莉尔-安·柯尔柏（Lill-Ann Körber），挪威奥斯陆，奥斯陆大学语言学与斯堪的纳维亚语研究系（现任教于丹麦奥胡斯大学传播与文化学院及斯堪的纳维亚研究中心——译者注）；斯科特·麦肯奇（Scott MacKenzie），加拿大安大略省金斯敦，加拿大女王大学电影与媒体系；安娜·韦斯特斯塔尔·斯坦波特（Anna Westerståhl Stenport），美国佐治亚州亚特兰大市，佐治亚理工学院现代语言学院（现任教于美国佐治亚大学富兰克林学院——译者注）。周玉芳（译），聊城大学外国语学院英语语言文学副教授。原文："Introduction: Arctic Modernities, Environmental Politics, and the Era of the Anthropocene," pp. 1-20。

开始直到今天，北极现代性问题的出现及相关冲突。《北极环境的现代性》为考察探险神话在北极现代性话语中的持续作用提供了参考框架，也提供了抵制单一史学阐释的方法论。

一 北极探险与现代性

在这一背景下，北极探险及其与现代性问题的关系必须通过特定的框架进行考察：欧洲和北美的探险家前往北极，要么最终离开，要么死在那里，其目的在于以国家之名扩展领土。北极探险神话认为没有"停留"，然而探险时代结束之后的几代人却讲述了不同的故事，比如整个北极圈内持续不断的勘探对环境的影响。本书考察了北极探险的历史，对北极探险神话的构建提出了质疑，还考察了挑战欧洲现代性话语中心地位的反叙述（counter-narratives）。现代欧洲始于 1789 年。① 这一时期的政治和工业革命标志着需要大量化石燃料（包括北极地区捕鲸获得的鲸油）时代的开始，其结果可以在今天远北地区不均衡环境影响的基线上看到。在工业化、工业社会的形成和北极目前所面临的两个密切相关的问题之间有直接的因果联系。其中两个问题，一个是指气候变化（变暖的环境），另一个是指资源开采的持续驱动（伴随着多种多样的环境影响）。欧洲有关北极现代性的大多数论述可以说是在欧洲大陆启蒙运动兴起近一个世纪后才出现的，这是因为欧洲和北美在 19 世纪中后期加速了对极地地区的探险开发以及对北方的殖民统治。这一时期可以理解为西方国家试图利用技术在全球扩大领土范围，致使民族国家的殖民行为（从制图到捕鲸）得到默许。近来对北极现代性的描述把自然和环境重新置于现代性话语的中心，尤其涉及以下几个方面：化石燃料和稀土矿产资源开采、海洋生物和渔业相关政治、气候变化、污染、原住民权利，以及支撑地缘政治主权问题的意识形态体系（Bravo and

① 该提法与马歇尔·伯曼（Marshall Berman）（1988）和埃里克·霍布斯鲍姆（Eric Hobsbawm）（1962）的观点有所不同。

Triscott，2011；Dodds and Nuttall，2015；Kjeldaas and Ryall，2015）。

《北极环境的现代性》探讨以北极地区为现代性的特殊场所所进行的研究，是如何阐释环境保护主义与可持续性、原住民认知与代表性实践、去殖民化战略，以及政府管理（尤其是在北欧和加拿大等福利国家）之间具有全球意义却经常被忽略的交互关系的。本书采用了泛北极（Pan-Arctic）视角，大多数国家都被放置在历史和当代框架下进行研究，同时本书还关注这些北极地区国家独特的政治、司法、文化、殖民和社会学问题。例如，本书并未把斯堪的纳维亚（Scandinavia）作为一个同质的地区，而是突出了该地区在截然不同的历史条件下形成的离散政治和文化。这一点尤其重要，因为本书的一个主要观点是北极地区本身不可能是同质的。在艺术、电影、民族志、文学，以及企业、政府、非政府组织（Non-Governmental Organization，NGO）行为和科学文献中，截然不同的话语很常见。类型多样且相互冲突的论述的重要性在于有助于理解现代性理论在北极及其周边地区是如何得以阐述、实施，或者被摒弃的。

《北极环境的现代性》还考察了北极反现代性叙述，这种叙述使欧洲和西方模式的政治、社会和话语假设复杂化。例如，本书许多章节都将北极地区作为一个投射欧美现代性和现代化（modernization）意识形态的空间，同时又从内部挑战这些范式，借以构建区域化的现代性概念。此外，"北极"还被当作检验怀旧思想、乌托邦未来或反乌托邦未来（dystopian futures）的空间。因此，本书论述主要基于"另类现代性"（alternative modernities）（Gaonkar，2001）和"多元现代性"（multiple modernities）（Eisenstadt，2000）概念以及认可原住民及本土世界主义的研究方法（Bhabha，1996；Werner et al.，2006；Forte，2010）。施穆埃尔·艾森斯塔特（Shmuel Eisenstadt）断言"现代性和西方化并不相同"，但21世纪的我们正面临"不断演变的多元化的现代性"（Eisenstadt，2000：2f）。迪利普·帕拉梅什瓦尔·高卡尔（Dilip Parameshwar Gaonkar）也认为，"今天的现代性是全球性的和多元化的，不再有占统治地位的主叙事陪伴左右"，在"世界各地的非西方人士开始带着批判的眼光参与他们自己的混合现代性的时刻"尤其如此（Gaonkar，2001：14）。因此，按照这个思路，《北极环境的现代性》致力于探索实现北极地区概念多元化的路径。事实上，爱德华·赛义德（Edward Said）早已对反现代性的必要性进行了有力辩护："需要记住的是言辞最强烈的解放和启蒙叙事，同时也是融合的叙事，而非分离的叙事，是那些被排斥在主流群体之外，如今却要在其中争夺一席之地的人的故事。"（Said，1994：xxvi）本书还分析了北极地区的性别建构，将该地区视作支配自然的异性基准男性（heteronormative masculinities）话语建构的堡垒，使问题复杂化（参见 Bloom，1993；Hill，2008；MacKenzie and Stenport，2013）。北极地区一直是男性英雄主义冲突叙述的舞台，通常借助诉诸规范化的男性理性（normative male rationality）以及对技术进步的信念来表现。因此，本书的中心论点是强调北极现代性的其他可能，对殖民、性别、资本主义和种族化的权力结构（power structures）提出质疑。

二　北极环境

《北极环境的现代性》采用的是 19 世纪后期和极地探险时代以来有关"北极"的各种定义，这些定义大多相互矛盾（参见 Ryall et al.，2010）。例如人类世（Anthropocene）的概念，在过去 10 年中更多地通过媒体和科学组织得到传播，对 21 世纪的北极地区政治产生了重大影响。20 世纪 80年代，生态学家尤金·F. 斯托默（Eugene F. Stoermer）首先提出人类世概念，后由大气化学家保罗·克鲁岑（Paul Crutzen）加以完善。该概念涉及人类活动造成的气候变化急剧加速的问题："我们人类这个物种有文字记载的全部历史都发生在所谓的全新世（Holocene）时期，该时期较短，可以追溯到 1 万年前。但我们的集体行为把我们带入了一个未知领域。越来越多的科学家认为我们已经进入了一个新的地质时代，这一时代需要一个新的名称，即人类世。"（www. theanthropocene. info；另见 Robin，2013）围绕人类世何时开始，又是否存在，争议颇多（参见 Malm and Hornborg，2014；Chernilo，2016）。但我们可以运用该术语来构建环境的现代性，即北极的实际存在。这包括自工业革命以来出现的生态、意识形态即政治领域的巨大变化。采用人类世概念，便于追溯工业化、资源开采、发达资本主义和新自由主义之间的融合交互，以澄清上述活动并非互不相关的现象。因此，本书的许多章节或含蓄或明确地提及北极地区的人类世，探讨了环境变化和环境保护主义思想对当地和全球的影响。

《北极环境的现代性》展示了有关北极的各种定义都具有意识形态特性，服务于不同组织与机构的利益。北极环境-空间的持续变化产生了看似矛盾的后果：我们同时遇到了区域化、地方化、本土化、全球化和民族化等问题。众多相互矛盾的定义是北极环境现代性的组成部分，反映了人们对环境的不同看法，这涉及影响环境的人类、社会文化及意识形态等问题，与此同时，环境也因此提供了有关北极和其他地域现代性的种种假设。为此，书中提及了关于北极的多个不同概念，突出了围绕北极概念建构产生的争议、对环境的影响以及一直以来关于北极的话语构建。

当代对北极的定义大多是有关"环境的"，源于自然世界经验性的、可观察的、可量化的参数：气候（10℃ 7月等温线）、植被（林木线）、海洋边界（海水温度和盐度）、制图（北纬 66°32′的北极圈）。这些大体上可以描述北极理事会 8 个成员国最北部地区，即美国的阿拉斯加、丹麦的格陵兰，以及加拿大、冰岛、挪威、瑞典、芬兰、俄罗斯等国的北部地区的情况。这些实证主义参数映射了主权国家的地缘政治优先权，但在实际生活中并不像人们最初想象的那样稳定。由于北极是涵盖环境、文化、历史、实践活动、现代性等有待商定问题的区域，充斥着地缘政治的张力，北极理事会的北极监测和评估计划（Arctic Monitoring and Assessment Programme，AMAP）工作组所给出的定义包含相互矛盾的描述，涉及由特定环境所决定的主权和意识形态问题。AMAP 的定义确实凸显了该地区的宪法观念："AMAP 确立了环北极地区的范围，将其作为开展评估活动的焦点，包括高北极

(High Arctic) 和亚北极 (sub-Arctic) 地区。"这种"既定的"评估区域反映了 AMAP 所涉及的主要内容是监测污染物 (pollutants)、评估气候变化证据及其影响以及促进社会经济发展。这些内容是了解形成并继续影响该地区环境现代性问题的关键，也是世界其他地区了解该地区的关键。因此，在"与有关团体合作"的基础上，AMAP 的评估方案从事实上构建了"北极"地区，其主要目的是"满足决策者的需求"（AMAP，1997）。"北极"这一概念实际上明确了区域环境、政策、社会经济因素的建构性，北极理事会的活动清楚地表明了这一点，同时凸显了上述因素的话语及协商功能。与其他所有定义一样，AMAP 的定义也并非没有问题；有关 AMAP 定义局限性的批判性评价，请参见本书中沃姆斯（Wormbs）和索林（Sörlin）相关的论述。

与 AMAP 的定义不同，因纽特人环极地理事会（the Inuit Circumpolar Council，ICC）通过原住民因纽特人在国际范围内的团结状态来定义北极："为了能够在极地家园中蓬勃发展，颇有远见的因纽特人认识到，他们必须在共同关心的问题上口径一致，将他们的精力和才能结合起来，保护、改善他们的生活。"ICC 不处理跨国和国家间的双边关系，而是建构了一个共享、互联的空间；在诸多事务之中，该空间需要通过"加强环北极地区因纽特人之间的团结，（并）在国际层面保障因纽特人的权利和利益"（ICC）来施加保护。

关于北极的定义通常来自北极地区以外的历史和民族主义论述，而非原住民及本土认知。例如，萨米（Sápmi）是兼跨北芬诺-斯堪的纳维亚半岛和摩尔曼斯克半岛（Murmansk Peninsula）的区域，萨米人（Sámi）往往不使用"北极"一词来定义该地区。在萨米语中，"北极"是外来词语。虽然许多居民不用这个词语定义他们居住的地方，但拒绝这一身份认定并不意味着当地居民不受"北极"一词所涉及的政策和行动的影响。有学者试图用"北方"（the North）来代替该词，以解决围绕该词所产生的困境。例如，提姆·英戈尔德（Tim Ingold）认为应该用"北方"来代替"北极"，因为前者既有概念价值，也有地理价值，而后者是从外部引进的同质化术语（Ingold，2013：37-48；另见 Keskitalo，2004，2009）。但使用"北方"也有将某一地区本质化的风险，将其定位在某个地域范围的边缘，似乎要将其从物质和话语框架中剥离出去。同时，"北极"和"北方"两词的历史渊源都有问题，其原因也相关。正如多莉·约根森（Dolly Jørgensen）和斯沃克·索林（Sverker Sörlin）所描述的，"有关北方或环北极地区的通史有待发掘。原因不难理解：除了长久以来空旷、寂静的刻板形象之外，整个北方直到最近才成为一个独立的地区"（Jørgensen and Sörlin，2013：4；有关将北极作为一个地区的历史描述，参见 Emmerson，2010；McCannon，2012；McGhee，2007）。因此，我们对"北极"一词的使用是具有战略意义的，这解释了外部人士通过政策、政治和美学话语定义该地区的方式。"内部"和"外部"北极环境现代性之间的辩证关系，凸显了该地区建构的矛盾特性及其在地缘政治中的作用。

　　本书所选文章的作者构成了一个国际性的跨学科学术团体，涉及不同的学术领域，涵盖法律与政策研究、环境人文学、性别研究、批判民族志、艺术史、电影与媒体研究、比较文学、原住民研究、宗教研究、科学技术史等。本书论及诸多问题：北极作为地球上最后一个具有殖民和开发潜力的空间，是如何在跨国公司和民族国家将其变成可无限开发的资源而进行部署的过程中得以重构的？这些论述又是如何阐释关于 19 世纪北极探险和北极现代性的争议性问题的？新技术会引起新的北极现代性建构吗？人们如何利用这些论述以求达到新的或可重复出现的政治、意识形态或环境目的？这些论述如何借用并挑战长期以来人们对整个北方的环境和现代主义建构？在过去、现在和未来的环境考虑中，北极地区如何继续保持恐惧和迷恋之间的辩证关系，又是否存在有助于阐明这种关系的力量和作用的特殊情况？从原住民和自治机构到传统的主权国家，哪些参与了今天北极生态的形成和建构？在北极现代性的表现和建构传统方面，可以观察到哪些是连续性的，哪些是非连续性的吗？谁能提供有关这一进程的信息并有权做出解释？最后，在这些文化生产形式中，存在怎样的矛盾和冲突？

三　谁的北极？

即使在 21 世纪的环境人文学科中，拥有丰富的文化、历史、科技的原住民和本地认知也常常被边缘化：西方现代性和"进步"的战略与意识形态依然渗透于北极话语和实践当中。虽然北极研究越来越普遍，而且越来越多的原住民和本地学者参与并主导这一研究，但在 20 世纪，主导该领域的是外部人士的观点（对于文化知识领域殖民主义的重要批判，参见 Tuhiwai Smith，1999）。正如权威跨学科期刊《北极》（*Arctic*）刊载的学术论文的一项调查显示，关于北极的学术研究主要反映"'南方利益'（Harrison and Hodgson，1987：330），例如不可再生资源、军国主义、主权"等问题（Keskitalo，2009：30）。这并不是说一种形式的"原住民认知"（indigenous knowledge）可以简单地代替西方现代性。如前文所述，地方性是中心问题。例如，萨米和努纳武特（Nunavut）地区的原住民学术研究看起来与别处很不一样，当然，在这些地区内部也有诸多差异。劳纳·库奥卡宁（Rauna Kuokkanen）揭示了萨米复兴及其政治运作的重要性，指出其与北欧福利国家的设想密切相关并不断变化，包括议会代表的形式、对共识文化的重视以及将争取两性平等的政治斗争纳入福利国家意识形态和政治生活的长期战略（Kuokkanen，2011）。在萨米地区，语言政策和文化复兴历来备受重视，但至今还没有关于独立或自治的连贯性战略（例如，Kuokkanen，2009）。同样在萨米地区，有关土地所有权的冲突时有发生，这就提出了国家或国际法何时适用的问题。国际劳工组织第 169 号公约（ILO-169 convention）规定保护原住民的权利。在萨米人居住的四个国家

9 中，迄今为止只有挪威批准了该公约（在其他有原住民的北极国家中，丹麦批准了该公约，但加拿大、俄罗斯和美国没有批准）。在瑞典和芬兰，萨米人被归为少数民族，而不是原住民。长期以来，俄罗斯没有给予萨米人作为原住民应得的权益，其几个世纪以来对北方少数民族的政策也比较严

苛（Slezkine，1994）。2012 年，俄罗斯通过颁布国家法令解散了俄罗斯北方原住民协会（Russian Association of Industrial People of North），而在最近，弗拉基米尔·普京（Vladimir Putin）试图终止原住民自主通过北极理事会行使权利，并在一个更有利于政府领导的情况下重组该协会。

　　与认知和政治领域密切相关的另一领域涉及土地利用和资源开采问题。在格陵兰，2009 年实施的《自治法案》（Self-Rule Act）规定，格陵兰自治政府纳拉克舒塞特（Naalakkersuisut）对内部事务具有控制权，包括对自然资源的主权，而丹麦则保留对其外交和国防的控制权。作为比较，格陵兰的当代话语强调格陵兰人既不是因纽特人，也不是丹麦人，部分原因是根据国际劳工组织第 169 号公约，被定位为原住民就等于放弃建国意愿。柯尔斯顿·提斯泰德（Kirsten Thisted）等学者提供了有力的证据。他们认为格陵兰确实是一个全球化、城市化的社会，尤其是年轻一代，对学术界关于今天的格陵兰与丹麦的关系是殖民关系还是后殖民关系的讨论非常感兴趣（Thisted，2013；另见 Körber and Volquardsen，2014），这些讨论的目的在于确定一个可用来描述国家身份的公共身份或社群建构。加拿大东北部努纳武特地区的因纽特人作为原住民获得了自治权，但魁北克（Québec）北部、拉布拉多（Labrador）和西北地区的因纽特人并未获得这一权利，加拿大南部约 15000 名因纽特人也没有获得自治权。考虑到加拿大长期以来有关"北极边界"的政治话语背景，这一现象为北极地区原住民特性及自治等问题提供了另外一种形式的可协商的政治、话语架构（关于格陵兰-努纳武特自治运动的比较视角，参见 Loukacheva，2007）。此外，谢里尔·E. 格雷斯（Sherrill E. Grace）认为，加拿大坚持用"北方"概念构建国家意识形态，方法很独特，因为还没有其他国家将"北方"视作一种荣耀（Grace，2007）。然而，加拿大政府还有其他一些不怎么光彩的做法。2015 年，加拿大发布了《真相与和解报告》（Truth and Reconciliation Report），其中提及了一个因纽特人小组委员会。在被忽视多年之后，报告中的某些建议逐渐被政府采纳。

这些实例表明，现代性概念中至关重要的领土和主权问题，也是北极地区政治和权利争议的核心。正如欧洲（包括北欧）、加拿大后殖民政治学领域学者所指出的那样，主权概念显然必须超越 1648 年领土主权国家的"威斯特伐利亚模式"（Westphalian model），包括其他的组织和机构（Adler-Nissen and Gad，2013；Romaniuk，2013；Shadian，2014；Watt-Cloutier，2015）。

四　北极纠纷史

不管历史学家多么希望采用实证主义（positivism）方法开展工作，文化想象始终在史学中扮演着核心角色。研究北极环境和现代性问题也不例外。文化想象提出了一系列重要的问题：什么样的文化实践在指导北极历史叙述？谁在写？谁在读？承认竞争、对抗的历史与政治关联的方式至关重要，因为北极不能被"想象"为一个单一民族国家"想象的社区"。本尼迪克特·安德森（Benedict Anderson）也曾做过这样的表述（Anderson，1991）。同一地域竞争、矛盾的历史所提供的历史叙述承认多样性、竞争性以及参与组织和机构的多元性。为了取代单一的（国家）叙述，最近流行的史学理论提出了诸如"纠纷史""共享史""交叉史"等术语，用来反映相互交叉、相互依存、相互竞争的历史叙述（参见 Werner and Zimmermann，2006；Conrad et al.，2007；Manjapra，2014；Müller et al.，2010）。环境历史学家多莉·约根森和斯沃克·索林关于北极历史的分析与这一思路有所呼应：

有北方历史吗？自古以来，这个问题的答案都是否定的。历史是对人类行为的记载，而在严寒冰冷的地方似乎没有人类活动，也就不可能有历史……在世界史学中，直到最近，北方一直是个无足轻重的地方，基本上出于同样的理由：没有关于人类活动的刻板印象，也几乎没有什么利害关系。极个别的历史叙述，如北方探险史，整整一个世纪前已成为大部头著作及关于远北地区经济发展的新兴文献的主题，这却与历史恰恰相反：没有历史事件的非历史以及出现人类活动之前的沉寂。(Jørgensen and Sörlin, 2013: 1)

因此，从多个角度讲述北极的历史，为北极环境现代性新模式的发展提供了可能，与"世界历史"的实证主义概念不同，它通常采用白人、男性、基督教、资本主义、殖民特权视角（本书许多章节对处于这些范畴中心的冲突和张力做了陈述）。这些纠纷史，或者说共享冲突史，所强调的不是一部完整且具权威性的历史，而是通过凸显出现的辩证的矛盾关系而讲述的故事。赫尔加·劳瑟尔斯多蒂尔（Helga Lúthersdóttir）的论述颇有启发意义，强调新的历史叙述方法与如何展现北极环境现代性有关：

> 在今天看来，以前"从字面和象征意义上被视为白人"的空间的地区不再是展现"享有特权的白人男子气概的地方"，因为无人地带（no-man's land）的神话正迅速被克里奥化……原住民群体正与新帝国主义利益集团争夺家园的所有权，反对支配北欧地区话语的英语概念，诸如"荒野"和"景观"，因为这一视角"侵蚀了北方和原住民关于土地和生活的特有理解"。(Lúthersdóttir, 2015: 325)

重要的是，这一论述认识到了北极现代性的多元化。这不仅是一种历史研究模式，更是对空间多样性、环境独特性、居民群体的界定和历史的认识。

五　本书涉及范围和目的

《北极环境的现代性》讨论了这样一个问题：为什么北极在有关地球未

来及其政治、生态系统的文化想象中发挥着如此关键的作用？本书并没有

12　把这一发展过程看作一个无中生有的产物，而是认为它是 300 多年北极历史
的顶峰，并认识到环境现代性在这一发展过程中所起的作用。

在"正在消失的北极？科学叙述、环境危机和殖民历史的幽灵"一章
当中，安德鲁·斯图尔（Andrew Stuhl）指出，"气候变化旅游"并非新生
事物，而是延续了北极研究领域的科学家关注环境与文化衰退的传统，进
而刻画了北极历史叙述的各种轨迹。斯图尔考察了北极地区的"时间冻结"
和其所受到的威胁之间的矛盾及其与殖民主义的关系。他借助文化民族志
视角对这种矛盾进行了追踪梳理，重点关注人类学家维贾尔默·斯蒂芬森
（Vilhjalmur Stefansson）的观点，揭示了斯蒂芬森是如何参与到他所警告人
们要克制的环境干预行为中去的。因此，北极需要从欧美和亚洲的扩张范
围以及权力斗争的对象转变成人类居住了几个世纪的家园。

西诺薇·玛丽·维克（Synnøve Marie Vik）在"北极的石油图像和挪威
国家石油公司的视觉形象"一章中，以挪威国家石油公司（Statoil）为例，
探讨了与北极资源开采相伴而生的视觉宣传。维克研究了北极石油文化
（petro-cultures）的新形象，认为公司的视觉修辞淡化了生产场地对环境的
影响。北极现代化、工业化的最新阶段改变了北极地区的景观及其呈现形
式，同时也表明西方资本主义征服、控制北极自然的想象建构具有连续性。
维克的研究揭示了视觉文化策略在人类世时代北极和环境人文批判性研究
领域的潜在作用。

继维克的文章之后，托里尔·纽赛斯（Torill Nyseth）撰写的"北极城
市化：没有城市的现代性"一章考察了北极环境现代性的另一个方面，即城
市化。纽赛斯以斯堪的纳维亚北部地区为重点，探讨了北极地区当前的城
市化进程，主张必须对城市主义理论（theories of urbanism）进行调整，使其多
样化，以涵盖北极城市。当然，其中大多数城市的规模和人口都远逊于南部
地区的大城市。纽赛斯认为，今天北极地区的城市化是在与开采业相关的工
业化新阶段及不断变化的地缘政治环境中产生的。该章对斯堪的纳维亚地区

北极城市化的特殊性做了概述，尤其关注城市的多元文化（multiculturalism）以及文化与自然之间的特殊关系，将北极地区的城市化、现代化同城市环境中自然资源的利用紧密联系在一起。

克里斯蒂安·维特费尔德·尼尔森（Kristian Hvitfeldt Nielsen）在"鳕鱼社会：现代格陵兰的技术政治"一章中研究了北极现代性与城市化另一个层面的问题，即北极地区的工业化和科技政治。尼尔森考察了丹麦格陵兰委员会在第二次世界大战后几十年间所实施的宏伟现代化计划的后果，分析了该委员会1950年的报告在自然资源开采、新技术和社会变革之间建立的联系。该章重点介绍了相互交织的两个背景：一个是北极地区工业化的鳕鱼捕捞，另一个是该地区早期的城市化和人口集中。尼尔森借助科技政治视角，将格陵兰的现代化理解为从一种科技政治形态向另一种科技政治形态的转变：新兴的"鳕鱼社会"利用科技重建格陵兰、丹麦与世界其他地区之间的后殖民关系，引入现代福利国家概念，并试图重构人类与环境的关系。

北极美学在北极环境现代性概念中也扮演了一个核心角色。在"重读克努特·汉姆生与吕勒-萨米-诺尔兰的地域合作"一章中，奇基·杰恩斯莱腾（Kikki Jernsletten）和特洛伊·斯托菲杰尔（Troy Storfjell）提供了批判性阅读挪威诺贝尔奖获得者克努特·汉姆生（Knut Hamsun）作品的新方法，重点解读了汉姆生1917年发表的小说《大地的生长》（*Growth of the Soil*）。以萨米文化习俗为基础，采用基于地理空间的合作性阅读方法，二人深入考察了汉姆生成长的地方，包括该地的自然状况、生活的人民，特别考察了吕勒-萨米语境中兴起的本土方法论。他们的结论是，汉姆生作品的现代主义风格部分源于他的家乡有萨米人的存在，其受到的影响甚至远远高于人们普遍认为的程度。因此，该章的研究不仅改写了挪威文学史，还为充分理解北极环境现代性做了补充。

弗里德乔夫·南森（Fridtjof Nansen）的作品展示了一种截然不同的美学观念，是对北极地区进行的环境-宗教描述。在"极地英雄的进步：弗里德乔夫·南森、精神性与环境史"一章中,马克·萨夫斯卓姆（Mark Safstrom）考察了这位挪威民族英雄的自传,认为南森的《最北端》（1897,挪威语 *Fram over Polhavet*,"向北冰洋前进"之意）将崇尚理性、运动、男性力量的极地探险修辞与宗教禁欲传统相结合,并认为南森将精神成分作为探索的组成部分展现在人们面前,为在民族主义（nationalism）、殖民主义和工业现代性出现时期北极环境史书写提供了互补范式。这些西方宗教

14 成分强调历史叙述的女性特性、被动特点及神话品质。萨夫斯卓姆将南森的观点与 20 世纪阿尔纳·内斯（Arne Naess）的生态哲学进行对照,发现内斯的"深层生态学"（deep ecology）始终强调人类中心主义,这种人类中心主义依然影响有关北极地区和人类世时代的环境史学。综合两种观点,萨夫斯卓姆为人们理解极地探险提供了新的范式。

南森的作品展示了借助北极环境现代性进行国家建构的一个侧面,而达格·艾万戈（Dag Avango）和彼得·罗伯茨（Peder Roberts）的研究则揭示了另一个不同的侧面。在"斯瓦尔巴德群岛的遗产、资源保护和地缘政治:书写北极环境史"一章中,达格·艾万戈和彼得·罗伯茨研究了 19 世纪至今斯瓦尔巴德（Svalbard）和斯匹次卑尔根群岛（Spitsbergen archipelago）的遗产和资源保护问题。他们从批判地缘政治学的视角,揭示了北极地区在过去和现在是如何成为挪威国家建构的工具的。环境史的书写从未脱离政治、社会、文化语境中的权力结构。借助这些权力结构,被定义为原始、未开发景观的空间成为北极地区意识形态构建的特权场所。规划国家公园、开发采矿遗址或开创聚落考古学（settlement archaeology）研究,都服务于这样的目的。斯瓦尔巴德因此成了文化、政治驱动下定义"荒野"的标志。

莉尔-安·柯尔柏（Lill-Ann Körber）通过格陵兰纪录片和其他艺术形式,为理解环境、气候变化及城市化在揭示全球变暖和格陵兰海洋污染问题中所扮演的角色提供了一个富有挑战性的复杂模型。她在"有毒鲸脂和海豹皮比基尼,或:格陵兰有多绿？当代电影和艺术中的生态学"一章中,

以格陵兰艺术家及其宣传媒介为焦点，详尽梳理了人类行为干预的北极地区全球化和本地化生态话语及生态批评。柯尔柏所分析的电影和其他艺术作品都将格陵兰人描绘成世界公民，他们自觉地权衡资源开采和全球变暖的危害同后殖民时代民族自决意愿之间的关系，以抵制潜在的以恩人自居、将问题简单化的"北极拯救"运动。

　　柯尔柏充分证明，电影已经成为界定北极现代性各种身份的一种手段。这种情况不单单出现于格陵兰。例如，莉莉亚·卡加诺夫斯基（Lilya Kaganovsky）在"国家建构中的负空间：俄罗斯和北极"一章中分析了俄罗斯和苏联的故事片和纪录片将北极和西伯利亚概念化的方式，指出电影虚构的一切并不是静止的，而是不断通过不同的范式进行重新组合，每一种组合都会抹去或重新审视之前的历史建构。卡加诺夫斯基考察了革命前俄罗斯有关北极的宪法、苏联统一国家的必要性以及斯大林主义北极探险观念，以揭示北极是如何通过电影这一媒介成为苏联和俄罗斯国家建构的工具的。为此，卡加诺夫斯基研究了吉加·维尔托夫（Dziga Vertov）的《世界的六分之一》（*One Sixth of the World*，1926）、弗拉基米尔·埃罗费耶夫（Vladimir Erofeev）的《超越北极圈》（*Beyond the Arctic Circle*，1927）、瓦西里耶夫兄弟（Vasiliev Brothers）的《冰上功勋》（*Heroic Deed among the Ice*，1928）等。

　　移动图像也参与了北极的环境行动。在"看不见的风景：实验电影与激进主义艺术实践中的极端石油与北极"一章中，丽莎·E. 布鲁姆（Lisa E. Bloom）考察了北极的全球互联性以及气候变化和资源开采在当代环境艺术中所扮演的角色。布鲁姆分析了厄斯勒·比尔曼（Ursula Biemann）的《极端天气》（*Deep Weather*，2013）所传达的用"工业崇高"取代"自然"的影响。她还研究了布伦达·朗费罗（Brenda Longfellow）的《死鸭子》（*Dead Ducks*，2012）中运用的歌剧模式，分析了《应声虫："这不是北极熊的事"》（*The Yes Men：But It's Not That Polar Bear Thing*，2013）中业余美学和流行文化的运用。这些激进的实验电影和视频所呈现的气候变化和环境保护主义场景并无末世之感，也无感伤之意，但是展现了冰川的崩解和融化、被拟人化了的忧郁北极熊等令人惊异的气候变化之外的东西。

由于移动图像在北极现代性的全球表现中起着核心作用，人们因此不能仅限于研究美学和政治作品。事实上，21世纪形象建构的关键是广告及其与旅游、品牌的关系。安-苏菲·尼尔森·格里莫德（Ann-Sofie Nielsen Gremaud）在"冰岛未来：北极之梦与地理危机"一章中探讨了2008年全球金融危机爆发之后，冰岛努力将自己打造成一个现代北极国家的过程。她揭示了公共话语如何将冰岛干净清新的自然环境和丰富的自然资源作为一种宣传工具，帮助冰岛成为全球地缘政治参与者，以取得在北极地区的主导权。政府辞令通过官员之口传达了一贯的"北极乐观主义"精神，即冰岛试图摆脱危机并构建公认的环境纯净、高效的未来。21世纪的冰岛艺术对这种"北极乌托邦"话语经常持批评态度。因此，这将冰岛的自然、景观和环境前景化的艺术变成了十分重要的针对官方辞令的反叙述，用于探讨如何利用自然资源的空间。

伊娃-玛丽亚·斯文森（Eva-Maria Svensson）从女性主义治理的角度，考察了1996年成立的政府间跨国合作机构北极理事会。她在"北极地区的女性主义与环保主义公共治理"一章中，对北极理事会在两性平等和生态政策方面的工作进行了评价。她的一个重要发现是，那些直接受到全球及本地政治行为影响的北极居民，反而是北极政策制定的次要考虑对象，而这种边缘化被试图掩盖这一事实的言辞遮蔽。

在"格陵兰和解委员会：族群民族主义、北极资源与后殖民身份"一章中，柯尔斯顿·提斯泰德（Kirsten Thisted）考察了2014年成立的格陵兰和解委员会。在分析了影响和解辩论的不同议程和政治立场之后，提斯泰德指出，围绕2009年《格陵兰自治法案》的政治进程虽与联合国关于原住民权利的谈判同时进行，但根本没有在该法案中提及"原住民"一词。她认为，格陵兰关于原住民的公共话语正从反抗语言转变为独立治理语言，从而就后殖民身份和民族国家主义问题提出了一个具有全球意义的模式。

和解委员会的谈判还论及格陵兰建立北极资源开采经济体的意愿，同时也认识到格陵兰对丹麦殖民、后殖民的依赖性。

回到本书之前对北极颇有争议的定义，妮娜·沃姆斯（Nina Wormbs）和斯沃克·索林从另外一个同样具有挑战性的角度研究了北极政策的制定。他们在"北极未来：机构与评估"一章中指出，世界上没有其他地区拥有像北极地区那样高频率的科学评估。该评估行业涉及范围广泛、历史悠久，并继续影响着该地区的政策和政治，在人为气候变化时代的可持续性、复原力（resilience）和资源开采等问题上尤其如此。诸如《北极监测与评估计划》（*Arctic Monitoring and Assessment Programme*，AMAP，1997）、《北极复原力中期报告》（*Arctic Resilience Interim Report*，2013）等文件，对北极地区环境和社会"驱动力"的认识有限，往往很少考虑社会和文化的复杂性。他们还分析了过去曾为北极评估提供信息的理论和方法范式，以及这些报告所触发的对未来的预测。

结　语

《北极环境的现代性》一书的指导原则是："北极"从来没有作为一个同质的整体而"存在"。这使得今天围绕该地区的斗争变得更加复杂。然而，当我们辩称"北极"从未存在时，我们假设的是，北极的整体形象是西方启蒙思想家、探险家、艺术家、科学家、政治家的一种建构，今天依然不断地被人宣扬，只不过打的是该地区"商业开放"的幌子。这些观念的源头很少出自该地区的居民。它们一直是且将来依然是外部强加的。基于这些考虑，我们希望本书所呈现的北极景象是矛盾的、辩证的、开放的。本书的各个章节均不支持那种将北极整体化的观点。事实上，我们更希望消除这种观点，致力于提供碎片化、具有对话性的叙述，将北极定位为一个有广泛争议，需要不断协商、重构，而又被忽略的意义所在地。因此，《北极环境的现代性》所收录文章的作者们致力于挑战过去几十年北极研究的两个主导力量：一是政策驱动的政府性、地缘政治、工具主义研究；二是自然科学的演绎模式研究。这两种研究都忽略了具象和文化历史的混乱、复杂特性以及它们对当代生活及该地区未来建构的影响。

参考文献

Adler-Nissen, Rebecca, and Ulrik Pram Gad, eds. 2013. *European Integration and Postcolonial Sovereignty Games*. New York/London: Routledge.

AMAP (Arctic Monitoring and Assessment Programme). 1997. http://www.amap. no. Accessed 20 Sept 2016.

Anderson, Benedict. 1991. *Imagined Communities: Reflections on the Origin and Spread of Nationalism*. London: Verso.

ARR. 2013. *Arctic Resilience: Interim Report 2013*. Stockholm: Stockholm Environment Institute and Stockholm Resilience Centre.

Berman, Marshall. 1988. *All That's Solid Melts into Air: The Experience of Modernity*. London: Penguin.

Bhabha, Homi. 1996. "Unsatisfied: Notes on Vernacular Cosmopolitanism." In *Text and Narration: Cross-disciplinary Essays on Cultural and National Identities*, eds. Laura García-Moreno and Peter C. Pfeiffer, 191-207. Columbia: Camden.

Bloom, Lisa E. 1993. *Gender on Ice: American Ideologies of Polar Expeditions*. Minneapolis: University of Minnesota Press.

Bravo, Michael, and Nicola Triscott, eds. 2011. *Arctic Geopolitics and Autonomy*. Berlin: Hatje Cantz.

Chernilo, Daniel. 2016. "The Question of the Human in the Anthropocene Debate." *European Journal of Social Theory*. Published online 2 June 2016.

Conrad, Sebastian, Andreas Eckert, and Ulrike Freitag, eds. 2007. *Globalgesch-ichte. Theorien, Themen, Ansäze*. Frankfurt: Campus.

Dodds, Paul, and Mark Nuttall. 2015. *The Scramble for the Poles: The Geopolitics of the Arctic and Antarctic*. London: Polity.

Eisenstadt, Shmuel N. 2000. "Multiple Modernities." *Daedalus* 129 (1): 1-29.

Emmerson, Charles. 2010. *The Future History of the Arctic*. New York: Public Affairs.

Forte, Maximilian C., ed. 2010. *Indigenous Cosmopolitans: Transnational and Transcultural Indigeneity in the Twenty-first Century*. New York: Peter Lang.

Gaonkar, Dilip Parameshwar, ed. 2001. *Alternative Modernities*. Durham/London: Duke University Press.

Grace, Sherrill E. 2007. *Canada and the Idea of North*. Montreal: McGill-Queen's University Press.

Harrison, Roman, and Gordon Hodgson. 1987. "Forty Years of *Arctic: The Journal of the Arctic Institute of North America*." *Arctic* 40 (4): 321–345.

Hill, Jenn. 2008. *White Horizon: The Arctic in the Nineteenth-century British Imagination*. Albany: SUNY Press.

Hobsbawm, Eric. 1962. *The Age of Revolution: Europe 1789–1848*. London: Abacus.

ICC (Inuit Circumpolar Council Canada). http://www.inuitcircumpolar.com/icc-international.htm. Accessed 20 Sept 2016.

Ingold, Timothy. 2013. "Le Nord est Partout." *Entropia* 15: 37–48.

Jørgensen, Dolly, and Sverker Sörlin. 2013. "Making the Action Visible: Making Environments in Northern Landscapes." In *Northscapes: History, Technology, and the Making of Northern Environments*, eds. Dolly Jørgensen and Sverker Sörlin, 1–13. Vancouver: University of British Columbia Press.

Keskitalo, Carina. 2004. *Negotiating the Arctic: The Construction of an International Region*. New York/London: Routledge.

Keskitalo, Carina. 2009. "'The North'—Is There Such a Thing? Deconstructing/ Contesting Northern and Arctic Discourse." In *Cold Matters: Cultural Perceptions of Snow, Ice and Cold*, eds. Heidi Hansson and Cathrine Norberg, 23–39. Umeå: Umeå University.

Kjeldaas, Sigfrid and Anka Ryall. 2015. "Arctic Modernities." *Nordlit* 35 (2): ii–iii.

Körber, Lill-Ann, and Ebbe Volquardsen, eds. 2014. *The Postcolonial North Atlantic: Iceland, Greenland and the Faroe Islands*. Berliner Beiträe zur Skandinavistik 20. Berlin: Nordeuropa-Institut der Humboldt-Universitä zu Berlin.

Kuokkanen, Rauna. 2009. "Achievements of Indigenous Self-determination: The Case of the Sámi Parliaments in Finland and Norway." In *Indigenous Diplomacies*, ed. J. Marshall Beier, 97–114. New York: Palgrave.

Kuokkanen, Rauna. 2011. "Self-determination and Indigenous Women— 'Whose Voice Is It We Hear in the Sámi Parliament?'" *International Journal of Minority and Group Rights* 18 (1): 39–62.

Loukacheva, Natalia. 2007. *The Arctic Promise: Legal and Political Autonomy of Greenland and Nunavut*. Toronto: University of Toronto Press.

Lúthersdóttir, Helga. 2015. "Transcending the Sublime: Arctic Creolisation in the Works of Isaac Julien and John Akomfrah." In *Films on Ice: Cinemas of the Arctic*, eds. Scott MacKenzie and Anna Westerståhl Stenport, 328–337. Edinburgh: Edinburgh University Press.

19

MacKenzie, Scott, and Anna Westerståhl Stenport. 2013. "All That's Frozen Melts into Air: Arctic Cinemas at the End of the World." *Public: Art/Culture/Ideas* 48: 81–91.

MacKenzie, Scott, and Anna Westerståhl Stenport, eds. 2015. *Films on Ice: Cinemas of the Arctic*. Edinburgh: Edinburgh University Press.

Malm, Andreas, and Alf Hornborg. 2014. "The Geology of Mankind? A Critique of the Anthropocene Narrative." *The Anthropocene Review* 1 (1): 62–69.

Manjapra, Kris. 2014. *Age of Entanglement: German and Indian Intellectuals across Empire*. Cambridge, MA: Harvard University Press.

McCannon, John. 2012. *A History of the Arctic: Nature, Exploration, Exploitation*. London: Reaktion.

McGhee, Robert. 2007. *The Last Imaginary Place: A Human History of the Arctic World*. Chicago: University of Chicago Press.

Müller, Leos, Göran Rydén, and Holger Weiss. 2010. *Global Historia från Periferin: Norden 1600–1850*. Lund: Studentlitteratur.

Robin, Libby. 2013. "Histories for Changing Times: Entering the Anthropocene." *Australian Historical Studies* 44 (3): 329–340.

Romaniuk, Scott Nicholas. 2013. *Global Arctic: Sovereignty and the Future of the North*. Highclere Berkshire: Berkshire University Press.

Ryall, Anka, Johan Schimanski, and Henning Howlid Wærp, eds. 2010. *Arctic Discourses*. Newcastle upon Tyne: Cambridge Scholars Publishing.

Said, Edward. 1994. *Culture and Imperialism*. New York: Vintage.

Shadian, Jessica. 2014. *The Politics of Arctic Sovereignty: Oil, Ice and Inuit Governance*. London/New York: Routledge.

Slezkine, Yuri. 1994. *Arctic Mirrors: Russia and the Small Peoples of the North*. Ithaca: Cornell University Press.

The Anthropocene. http://www.theanthropocene.info. Accessed 20 Sept 2016.

Thisted, Kirsten. 2013. "Discourses of Indigeneity: Branding Greenland in the Age of Self-government and Climate Change." In *Science, Geopolitics and Culture in the Polar Region: Norden beyond Borders*, ed. Sverker Sörlin, 227–258. Farnham: Ashgate.

Tuhiwai Smith, Linda. 1999. *Decolonizing Methodologies: Research and Indigenous Peoples*. New York: Zed Books.

Watt-Cloutier, Sheila. 2015. *The Right to Be Cold: One Woman's Story of Protecting Her Culture, the Arctic and the Whole Planet*. Toronto: Penguin.

Werner, Michael, and Bénédicte Zimmermann. 2006. "Beyond Comparison: *Histoire Croisée* and the Challenge of Reflexivity." *History and Theory* 45 (1): 30–50.

20

第二章
正在消失的北极？科学叙述、
环境危机和殖民历史的幽灵

安德鲁·斯图尔[*]

有人说北极正在迅速消失。2007 年夏天，环北极盆地海冰的面积骤减至历史最小值（Revkin，2007）。大众媒体围绕冰层缩小这个话题大肆报道，使之成为全球气候变化的典型话题（Christensen et al.，2013：3-9）。在接下来的五年中，随着北极海冰面积最小值的年度测量成了媒体报道的常规事件，事情变得越来越糟。2008 年的数据低于 2007 年，在 2012 年之前每年都会创下数据更低的纪录（National Snow and Ice Data Center，2012）。随后，卫星观测北极地区的景象，醒目的颜色点亮了海岸线和冰川之间的间隙，这成为"正在消失的北极"的标志（Goldenberg，2013；Francis and Hunter，2006：509-510）。

遥感数据反映的问题不容否认，更不用说居住在北极圈内的人们早已关注到了这些变化。然而，解释这些显著画面文字的字里行间隐藏着某种信息，即冰在融化。但说它正在"消失"意味着什么呢？这些文字描述提

---

* 安德鲁·斯图尔（Andrew Stuhl），美国宾夕法尼亚州路易斯堡西市场街 955 号巴克内尔大学。周玉芳（译），聊城大学外国语学院英语语言文学副教授。原文："The Disappearing Arctic? Scientific Narrative，Environmental Crisis，and the Ghosts of Colonial History，" pp. 21-42。

高了外界对北极问题的关注程度，但也释放出该地区内部某种不寻常的社会力量。正如学术界所阐明的那样，海冰问题揭示了科学和叙事是如何共同展示北极地区的环境危机的，又是如何采取最恰当的应对措施的（Christensen，2013；Wormbs，2013；Huntington，2013；Ryall et al.，2008：x-xxi）。随着北极冰雪融化，原先人类无法企及的自然资源和交通路线都显露出来，而且有关北方变暖的报道使该地区成为经济规划和政府能力建设的核心地带（Avango et al.，2013：431-446；Martin，2014）。如果这仅仅是异端说辞，或者说是对传播科学的复杂性不敏感，那么则需要考虑北极居民的看法。根据因纽特领导人杜安·史密斯（Duane Smith）和玛丽·西蒙（Mary Simon）的说法，开发商和联邦政府对海冰面积减少的反应导致因纽特人参与北极圈治理的行为边缘化，甚至北极理事会、基洛纳协议等长期致力于探讨原住民利益的政府间论坛和协议也是如此（Simon，2008；Rynor，2011；Exner-Pirot，2012；Hossain，2013）。重要的是，关于北极冰层消失的科学叙述对这种边缘化产生了影响，因为它们会使人联想到该地区以往的殖民幽灵。

本章通过定位、分析今天所谓的"正在消失的北极"这个话题的前身，从媒体对北极气候变化的批判视角出发做进一步的探讨。20世纪初，科学家用类似的语言描述了远北地区第一次严重的环境危机。19世纪80年代到20世纪20年代，生活在北美西北海岸的北美驯鹿和因纽特人的数量急剧下降。罪魁祸首是谁？是全球捕鲸业。为了寻找时尚行业的珍贵商品鲸须，捕鲸者捕光了波弗特海（Beaufort Sea）所有的弓头鲸（bowheads）。大陆最北端的海岸上出现了基地和贸易村，导致因纽特人不断与外来游客及其带来的疾病接触（Bockstoce，1986），后果令人震惊。19世纪60年代，在马更些河（Mackenzie River）河口居住的因纽特人有2500余人，到1905年已经减少到259人（Arnold et al.，2011：81）。该地区的北美驯鹿作为当地人和成千上万捕鲸者的主要食物来源，快速消亡了（Beregud，1974）。

23　　20世纪初，科学家一致认为这些事件将导致北极的终结。人类学家戴蒙德·詹尼斯（Diamond Jenness）在记录 20 世纪前 10 年因纽特人与北方环境关系的著作中写道："我们是更加光明未来的先驱，还是凶兆或灾难的信使？"（Jenness，1928：247）几年后，这个问题有了答案。詹尼斯和其他人类学家将他们的叙述变成政府干预。出于对他们"正在消失的北极"言论的恐惧，也由于他们的科学权威，有殖民色彩的自然资源管理计划得以实施。

借鉴科学家的著作以及因纽特人针对相同事件的述说，我围绕 20 世纪初期"正在消失的北极"话题进行研究。首先，确立了一个文化时刻，即北极成为社会关注焦点及科学发展关键领域的时刻。立足这一语境，我总结了因纽特人关于 20 世纪初期危机的看法，并详细研读了两部论述该问题发展过程的权威著作，一部是维贾尔默·斯蒂芬森（Vilhjalmur Stefansson）的《我与爱斯基摩人的生活》（*My Life with the Eskimo*，1913），另一部是戴蒙德·詹尼斯的《暮光之民》（*The People of the Twilight*，1928）。我的目标不是为今天的问题找出比照对象，而是把过去和现在拿来直接进行比较。我的重点是阐明语言的历史性力量，尤其是科学媒介提到北极自然时所使用语言的历史性力量。科学史清楚地表明，这些词语的历史内涵要比它们在新闻头条中频繁出现所暗示的内容更加丰富。

一　达尔文的阴影：1900 年前后的科学世界观与社会关切

为了凸显北极环境危机描述所具有的科学实践功能，需要做的不是描述 20 世纪早期北冰洋地区的物质变化，而是应该分析该时期科学文化与社会关切的特征。该方法是将知识生产实践确立为欧美人了解非人类世界的途径。

19 世纪末 20 世纪初，北美公众和科学界日益关注自然与社会环境的恶化（Gruber，1970：1289-1291）。人们因此而产生的恐惧通过多种形式表现出来，包括人种优生学运动（the Eugenics Crusade）、农村现代化倡议、城 24

市反移民及卫生项目，以及资源保护和荒野运动等（Paul，1995；Warren，2003：180-241；Lovett，2007）。这些活动背后的文化价值观念千差万别，从种族纯洁理想到掠夺自然服务人类的罪恶观，都遵循某种共同的科学世界观，即进化论（Paul，1995）。因此，为了解释为什么科学家会相信北极在 20 世纪早期处于消失的边缘以及今天这种说法为什么流行，需要对达尔文理论进行剖析。

达尔文进化论认为，所有生命形式历史发展的动力源于对赖以生存的稀缺资源的争夺。自然选择也是如此，随着时间的推移，那些无法维持自己生命的物种将会灭绝，只有最能适应环境者得以生存（Worster，1994：145-169）。因此，通过达尔文主义的视角，人们可以将地球上动植物的分布空间划分为可识别的区域和相关的潜在过程（associated underlying processes），这是一种广泛的跨学科研究，被称为"生物地理学"（biogeography）（Cox and Moore，2005：15-43）。例如，橡树草原出现在这里而不是那里，既因为此处土壤的地质条件，也因为阔叶树木的生物优势，相反，针叶树木则逐渐从这片区域消失。正是因为进化论的影响，19 世纪末，一系列学科成熟起来。地质学、生物学、古生物学、气候学都参与了对自然起源与奥秘的探索（Bowler，1995；Rainger，2004）。

生物地理学将世界划分为多个单元，并赋予国家有效控制这些单元中资源开发的权力，因此在 19 世纪，该学科被理解为一种殖民工具以及抵制社会无序焦虑的救赎力量（Browne，1983）。将进化论应用于人的研究中，这种救赎特性更加明显。进化消除了植物和动物不能适应环境的特性和行为，同样，这一过程最终也会创造出最复杂的人类群体，而人类群体又同非人类世界建立起最有利的关系。在欧洲和美国，以博物馆藏品为基础从事研究的科学家基于这一假设开展研究，为现代人类学、考古学、地理学和社会学奠定了基础（Hinsley，1981：7-10；Smith，2003）。他们将世界上的人类群体划分为三个阶段：野蛮人、未开化的人和开化（文明）的人（Hinsley，1981：88）。这几个阶段的划分与自然界从荒芜之地到农耕田地

再到工业城市的发展过程相对应。由于时空上的广泛传播，欧洲和北美社 25
会的信仰、科技、社会结构可以理解为具有很好的适应性，因此也具有优
越性。回过头来看，该科学观点带有种族主义色彩，但 19 世纪后期已在科
学家和城市居民中发展成为极受欢迎的 "社会达尔文主义" （Social
Darwinism）（Kevles，1985；Stocking，1968：113-132）。

　　19 世纪的达尔文革命到了 20 世纪初期已成常识，英语语言采用不同的
方式谈论人与自然，展现进化观念及该理论诞生的文化时刻。能够在不同
的地形和气候条件下扩展生存地理范围的植物被称为 "先驱生物"、"入侵
物种" 或 "殖民者" （Nyhart，2010：49-58；Bowler，1995）。科学家发现
的生存于特定纬度、温度或海拔高度的动植物群落构成了 "省" （province），
这是一个混淆了科学、自然和殖民主义之间界限的新的地理术语和空间
（Browne，1983）。最重要的一点是，"低等" 或 "初级" 形式的植物、动物
或人类，例如尼安德特人 （Neanderthals），将会被更高级别的生命形式淘
汰，化石很好地证明了这一点 （Bowler，1995）。因此，要研究 20 世纪初期
的进化问题，就必须正视物种灭绝的过程，揭示其消失的时刻。

二　北极的进化科学，进化科学中的北极

　　北极从一开始就引起了科学界的特殊兴趣，促使人们去理解自然历史、
人类进化以及进步的意义。美国史密森学会 （Smithsonian Institution） 的科
学家借助从北极地区流入华盛顿的收藏品与极地探险资料确立了分类方法
和民族志学理论 （Hinsley，1981；Fitzhugh，2009）。以博物馆藏品为研究对
象的人类学家占有一批来自环北极盆地的因纽特人工艺品，他们把这些工
艺品当作绝无仅有的数据，并按照其历史发展来划分人类社会。作为博物
馆馆长，奥蒂斯·塔夫顿·梅森 （Otis Tufton Mason） 指出，尽管地理位置
不同，但因纽特族群都使用 "投掷棒" 作为武器。基于这一观察，梅森提
出一种被称为 "民族志单位" （ethnographic unit） 的分析方法，根据因纽特 26

人对特定地域中动植物的依赖程度来阐释、区分因纽特文化。同生物地理学家一样，梅森也认为北极环境具有内在同质性。科学家从这一点出发，把自然定位为文化生产的决定性变量（Hinsley，1981；Darnell，1998；Bravo，2002）。

关于北极环境对因纽特人影响的假设确实引发了人类学的革命，尽管这些假设延续了进化论对物种灭绝概念的强调。作为对梅森结论的回应，长期以来被公认为美国人类学之父的弗朗茨·博厄斯（Franz Boas）批评了民族志单位方法对人类与非人类世界关系的曲解（Darnell，1998：2-7；Stocking，1987：284-292）。博厄斯声称，很可能有"不同的原因导致相似的结果"（Boas，1887：485）。他要求在假设因纽特人出于某种原因在某处制作投掷棒之前，应首先仔细研究人的大脑在不同情况下对环境压力的反应（Hinsley，1981）。事实上，博厄斯本人的北极田野调查为人类学研究提供了新的实证研究和理论基础，他的开创性著作《中央爱斯基摩人》（*The Central Eskimo*）（1888）就属于这一类研究成果（Cole，1983：13-17）。对于博厄斯来说，分类并不等同于阐释。他主张人类学家的研究不仅应该以实物为基础，还应该建立在对语言、信仰、民俗，尤其是它们历史发展的研究基础上（Stocking，1992a：62）。尽管博厄斯的研究方法使该学科关于文化的定义颇具相对性，摆脱了"野蛮-未开化-文明"模式中隐含的种族主义倾向，但该方法依然将进化思维的各个层面作为人类学研究的核心。

在解释文化、文化同当地环境的关系以及文化在不同时期的异同时，对于博厄斯和他的学生而言，"接触"时刻是更重要的因素（Stocking，1992b：119-161）。与北极接触，促使学者们将因纽特人与地球分离开来，并将自己定义为最初"邂逅"因纽特人的观察者。如果这样的科学架构能让人类学家对因纽特人进行更深入研究的话，那么它也会导致人们形成对北极历史的狭隘看法。例如，弗朗茨·博厄斯从《中央爱斯基摩人》中删除了一些数据，而这些数据本来可以解释北极东部地区的因纽特人与北大西洋资本主义经济之间的紧密关系（Searles，2006：92-94）。20世纪初，科学旅行者追随博厄斯来到北极，他们依然认为北极气候恶劣，土地荒芜，时空几乎冻结，因此并没有将其纳入世界体系之中（McCannon，2012：125-235；Fienup-Riordan，2003：27-40）。尽管能够看到因纽特社群经常通过不同的北方生态系统和贸易网络获取食品、衣物和住所，但上述观念依然存在（Bockstoce，2009；Inuvialuit Cultural Resource Center，2016）。这种话语策略不断固化有关北极的科学行为和观念，科学家经常把北部地区排除在现代经验之外，认为该地区是他们研究所谓的最基本、最具历史性和最纯粹的生活形式时相对完整的场地。

20世纪初的这种科学文化环境导致北美驯鹿和因纽特人数量下降的危机语境化，不过我并未对此做详细说明。在科学家看来，北极是地球原始时代的遗迹，是活化石。人类学家维贾尔默·斯蒂芬森在1913年写道，"（因纽特人）与我们人口众多的城市居民生活在同一个大陆上，但在智力和物质发展方面已经落后了一万年"（Stefansson，1913：2-3）。按照博厄斯的观点和进化论世界观，随着文明的入侵和进化发展，北方荒野和纯净本土文化必定会消失。因此，20世纪前10年关于这些变化的报告一出现，加拿大和美国科学界就立即采取了行动。

三　《我与爱斯基摩人的生活》（1913）与《暮光之民》（1928）

有关捕鲸业对北极影响的文字最早出现在传教士和北方警察的报告中，虽然他们只关心越冬船只上是否有酒精和卖淫活动（Bockstoce，1986：191-203），但科学家很快就把这些事件从不良的社会案例解读成人类进步必然会给所有生命带来灾难性后果的一个范例。这类描述为将因纽特人与现代社会隔离、保护大型动物等一系列政府干预措施的出台赢得了财政与制度支持。然而在很多情况下，这些干预措施只是为了推进北极西部的殖民计划（Levere，1993；Sandlos，2007；Piper and Sandlos，2007）。

有关这段历史的记录在许多地方都可以找到，比如科学期刊的编年史，

《纽约时报》（*New York Times*）等定期报道北极事务的报纸档案，资助北极探险项目的加拿大联邦政府部门和美国自然历史博物馆档案，北极科学家与其资助者、同事、家人、朋友的通信。我从这些资料中获取了关于 20 世纪早期北极地区环境危机的某种科学解释，重点分析了两部非常流行的人类学著作，即维贾尔默·斯蒂芬森的《我与爱斯基摩人的生活》（1913）和戴蒙德·詹尼斯的《暮光之民》（1928）。斯蒂芬森和詹尼斯二人是他们那个时代杰出的人类学家。1910~1960 年，他们是对北极问题感兴趣的美国及加拿大政府部门最信赖的顾问（Peyton and Hancock，2008；Kulchyski，1993；Jenness，2011；Palsson，2001）。他们的著作着眼于不同的领域，面向的是普通读者，而并非专业学术读者。因此，《我与爱斯基摩人的生活》和《暮光之民》所扮演的是与现代科学媒体相对应的历史角色，其目的是向公众普及环境危机的基础科学知识。

正如当时的人类学著作中经常见到的内容那样，这两本书都包括从探险到自然历史、考古，再到因纽特人身体测量等一系列不同的话题（Clifford，1988）。两部著作涉及的内容为读者提供了一幅全面的北方图景，但斯蒂芬森和詹尼斯都抓住机会在其作品中重复了一个一致的主题，即正如欧美社会尽所周知的那样，北极受到了威胁。读者在《暮光之民》的第一页就可以看到这样的信息。作者写道，与现代文明的接触"将扰乱（因纽特人的）整个生活及社会体系，他们必将沦落"（Jenness，1928：xi）。斯蒂芬森也强调了位于世界之巅的北极发生变化的速度和规模。他指出："从 1889 年到 1906 年，不过是几年的时间"，因纽特人在这段时间所遭受的损害，比加拿大北部地区"一百年内"所遭受的任何损害都要严重（Stefansson，1913：40）。20 世纪早期的读者也能读到训练有素的人类学家的类似描述，这些描述成为因纽特文化某种程度上正从地球上消失的证据，被当作进化带中的又一节点。

斯蒂芬森和詹尼斯通过观察因纽特人及自然环境对捕鲸者到达该地区后的反应，各自对北极的变化做了概括。斯蒂芬森指出，捕鲸者的到来，对作为当地人衣食之源的北美驯鹿群造成极大影响（Stefansson，1913）；詹尼斯预言，在不到一代人的时间里，远北地区"将再也找不到北美驯鹿"（Jenness，1921：550）。北美驯鹿数量的减少迫使因纽特人迁移出他们传统的猎场。科学家认为，更具破坏性的问题是因纽特人在接下来的时间里对捕鲸者所提供的外国货物的依赖，这在因纽特人的服饰选择、房屋建造习惯和宗教认同方面的变化中就可以看到（Stefansson，1909：601；1913：40-41）。按照进化论的观点，最后一点尤为重要。斯蒂芬森认为，"人类文化层级越低，其宗教成分就越多"。因纽特人曾经有过很多不同的宗教信仰，甚至"他们把手掌翻过来都有宗教意义"（Stefansson，1913：38）。因此，通过追踪所谓的文明对波弗特海因纽特人社区的渗透，例如通过北美驯鹿、棉花、帆布、基督教等进行的渗透，斯蒂芬森和詹尼斯不约而同地记录下了人类社会的"低级形式"及其消失的过程。

斯蒂芬森和詹尼斯对造成这些变化的根源予以指责。二者经常同捕鲸船签约进行旅行，通过捕鲸船将所收集的物品运回国内，但他们也对捕鲸业进行了谴责（Stefansson，1913：368）。事实上，利用因纽特人和捕鲸者建立起来的运输网，科学家可以更容易地观察到狩猎频率增加所导致的北美驯鹿种群的区域性变化（Palsson，2003：82-84）。詹尼斯在1910年提到约瑟夫·伯纳德（Joseph Bernard）这个特定时刻的特定捕鲸者，声称此人加速了因纽特人传统狩猎方法和社会结构的蚀变（Jenness，1917：91；1921）。传教士也成了反面人物。斯蒂芬森对针对因纽特人的"开化"计划提出谴责，并将之称为种族灭绝计划。为了凸显这一点，他鼓励传教站的赞助人收集因纽特人墓地的照片，旨在说明教会留给北极地区的遗产将是死去的因纽特文化（Stefansson，1909：601；Diubaldo，1978）。重要的一点是，人类学家认为因纽特人对周围发生的一切不承担任何责任。詹尼斯推测他的读者对美国西部水牛故事比较熟悉，从而让他们对因纽特人持科学上的同情态度："我们怎么能指望像因纽特人这样的原始人制定规则来保护他们的猎物呢？"（Jenness，1928：153）詹尼斯和斯蒂芬森都认为

30 步枪是导致北美驯鹿数量减少和因纽特文化遭受污染的主要原因。因此，人类学家再一次阐明捕鲸者和文明本身给北极造成了永久性破坏（Stefansson，1913：264）。

通过这样的言辞，斯蒂芬森和詹尼斯精心打造了一种强大的殖民主义叙事方式。他们运用了 20 世纪初期欧美科学著作中早已确立的三种比喻。首先，他们提出狩猎规则是开明社会的标志（Jacoby，2001）。没有规则，因纽特人就没有希望，原因是他们丧失了赖以生存的食物来源。其次，与此相关，两位人类学家含蓄地建议，只有限制持有步枪的因纽特人狩猎并阻止其他人获得步枪，才能够拯救北极（Sandlos，2003，2006）。最后，两位人类学家将自己定义为这一过程的最佳引路人，目的在于取代现有的殖民代理，如传教士、警察和教师等（Wheeler，1986；Clifford，1988；Gupta and Ferguson，1997：8-14）。有时候，两位人类学家并不仅仅是在暗示这一策略。斯蒂芬森毫不掩饰地推动科学管理干预，将一篇论文命名为《爱斯基摩人与文明：只有隔离才能防止新爱斯基摩部落的疾病和死亡以及那些有机会生存的人的贫困化，隔离允许文明进入该地但需放缓进程》（"The Eskimo and Civilization: Disease and Death for the New Eskimo Tribes with Pauperization of Those That Chance to Survive Can Be Prevented Only by a Quarantine Which Will Allow the Conditions of Civilization but Slow Entrance to Their Territory"）（Stefansson，1912）。这样，"正在消失的北极"往往又进一步推动了它所警告人们不要尝试的干预项目。

四 因纽特人对北极第一次环境危机的看法

本章对 20 世纪初科学家讲述环境变化的方式进行了历史性描述，因此有必要在我对过去的解读与被视作环境史基础的科学著作之间加入一段分析，回顾今天居住在该地区的因纽特作者笔下的历史——他们的祖先遇到过记录北美驯鹿数量和因纽特人生活方式变化的田野工作者。虽然因纽特人的叙述有其自身的偏见，但这些叙述有助于让非因纽特学者置身于主流科学世界观和欧美世界所关注的话题之外了解相关的社会和环境条件。因此，无论是过去还是现在，这些叙述都有助于我们看到"正在消失的北极"概念本身所涉及的过去或现在的社会关系。

加拿大西部北极地区的因纽维阿鲁特（Inuvialuit）作家参与撰写的近代历史著作，提供了解释历史和北极经验的另一种方法。根据这样的历史记载，欧洲和美国的陌生人［因纽维阿鲁特语中将之称为坦吉特人（Tan'ngit）］的到来，标志着从传统时期（1300 年到 1800 年）向现代土地权协议时代（20世纪 70 年代到现在）的过渡（Arnold et al.，2011）。因纽维阿鲁特人菲利克斯·努亚维亚克（Felix Nuyaviak，1892–1981）经常讲述一个故事，故事中的捕鲸者被描绘成巨人，他们"以吓唬猎物和人类为乐"（Arnold et al.，2011：53）。这些巨人迫使因纽特人从他们的居住地波弗特海沿岸分散开来，造成了因纽特人的分裂。捕鲸者成了因纽维阿鲁特人传奇故事的素材，如果将其与因纽特人历史上英国探险家相比较，其所起的作用会更好理解。19 世纪上半叶曾多次寻找西北航道（Northwest Passage）的海军军官们，在后来的欧美历史叙述中也颇为常见，但都没有被纳入因纽维阿鲁特人的历史叙述中。据当地的北方人说，这些来访者"在因纽维阿鲁特人中几乎没有留下什么持久印象"（Arnold et al.，2011：54）。

对时间的这种理解凸显了因纽维阿鲁特人的世界观，把处于欧美扩张叙事边缘的北极地区变成了他们生存、居住了数百年的家园。持这一观点的人坚信，因纽特人在 20 世纪初并没有消失。相反，这些历史著述者强调，过去的危机使因纽特人变得更加强壮，他们与土地之间的关系得到强化，他们并没有遭到毁灭。流行疾病、鲸鱼、北美驯鹿和毛皮动物灭绝、基督教在因纽特人社区的传播等，所有这些事件都在因纽维阿鲁特历史上占有一席之地，并"帮助下一代……建立信心，让他们感到自豪，从而继续支持因纽维阿鲁特文化和社会的发展"（Arnold et al.，2011：foreword）。这是因纽维阿鲁特人向包括考古学家和人类学家在内研究北极的学者所传达的信息，但这些学者曾提到因纽特社区的历史性灭绝（Cockney，2012）。

人类学家指责全球捕鲸业所采用的技术"污染"了"纯净"的种族，因纽维阿鲁特人则指出这些技术对因纽特个人与文化的重要意义。加拿大和阿拉斯加的因纽特人喜欢新型的捕猎、诱捕设备，比如腿夹式诱捕器，他们认为这种设备比他们现有的靠冰块来挤压狐狸的方法更加有效（Arnold et al.，2011：63）。凭借他们同北部边缘地带的因纽特人数百年来从事贸易所积累下来的技巧，因纽维阿鲁特人同捕鲸者进行以物换物的交易，获取这种捕猎设备。同样，因纽维阿鲁特人也认识到了帆动力船的优势，即可以逆风航行，而他们的木架蒙皮船（umiaks）却做不到（Arnold et al.，2011：63）。1910~1970年，因纽特人凭借着腿夹式诱捕器和帆动力船，增强了捕狐能力，为现代聚落布局和因纽维阿鲁特人的身份界定奠定了基础（Arnold et al.，2011）。这与人类学家所说的捕鲸者和步枪导致因纽特人走向灭亡的过程是一致的。

事实上，将非因纽特人的文化融入因纽特人的生活，使北方原住民受到的威胁比欧美技术或者说欧美疾病带来的威胁更大。捕鲸者到来后的几年里，因纽维阿鲁特人记录了他们族群中暴发的六次不同的疾病，包括麻疹、腮腺炎、天花和流感等流行病（Arnold et al.，2011）。席卷因纽特人社群的疾病也确切反映出北方原住民对欧美生物入侵缺乏免疫力（Piper and Sandlos，2007）。因纽维阿鲁特文化面临疾病给家庭生活带来的灾难仍然得以延续，但肯定无法保持其原貌。一旦证实萨满不能治愈病痛，人们就会"采用坦吉特人的方式"，包括接受基督教（Arnold et al.，2011：80）。为了保护自己的生活方式、管控越来越多的殖民组织与机构，因纽维阿鲁特人还需要与北方警察、捕鲸者和科学家进行更密切的交流。考虑到这些问题，因纽维阿鲁特人将捕鲸者及其疾病在北极的出现描述为加强因纽特人和非因纽特人融合的力量，而不是其中一个群体毁灭另一个群体。在这些叙述中，因纽特人充当了文化与自然的经纪人，而不是人类学家。他们决定了何为因纽特以及因纽特人如何在不断变化的北极环境中生活下来

（Arnold et al.，2011）。简言之，没有捕鲸者，因纽维阿鲁特人和北极地区就不可能是今天的样子。

同 20 世纪初期的科学家一样，现代因纽皮亚克人也将疾病与北极西部地区北美驯鹿数量的减少联系在一起。然而，如何理解北美驯鹿数量所蕴含的意义，他们的观点各不相同。赫舍尔岛（Herschel Island）是育空（Yukon）地区北部的港口，也是北极捕鲸企业的中心，仅仅在 1890 年至 1908 年，捕鲸者就在赫舍尔岛吃掉了 12000 多头北美驯鹿（Bockstoce，1980）。因纽皮亚克人声明，随着北美驯鹿数量减少，病例成倍增加，幸存下来的因纽特人转而从事捕鲸业。在该地区，因纽皮亚克人从商店购买食物、帆布和步枪等美国货物，代替北美驯鹿皮毛、骨头和鹿肉（Arnold et al.，2011）。阿拉斯加地区的因纽特人随着捕鲸业的扩张，沿着波弗特海岸向东迁徙，进入加拿大北极地区的马更些三角洲（又译：麦肯齐三角洲——译者注）。这些群落的后代还记得在该地区繁忙贸易之余寻找北美驯鹿、维持生计的过程（French，1992；Okpik，2005）。尽管这些都是关于他们失去亲人、失去所爱的土地的悲怆记忆，却常常凸显因纽维阿鲁特人面对环境变化时的适应能力和自我恢复能力（Arnold et al.，2011；Cournoyea，2012）。这与宣称北极生活即将终结，以此呼吁科学真理的叙述截然不同。

五 "正在消失的北极"的遗留问题：建立政府机构，限制因纽特人机构

不同的群体采用不同方式叙述北极变化颇为常见，但这种特殊现象的后果非同寻常。从波弗特三角洲地区的族谱到西北稻草河（Hay River）地区一所中学的名字，整个北部地区到处都可以看到斯蒂芬森和詹尼斯所产生的影响的痕迹（Palsson，2008）。事实上，我在这里所做的有关因纽维阿鲁特人历史的叙述，是斯蒂芬森和詹尼斯笔下因纽特社会前基督教时期的习惯、信仰和社会结构（Arnold et al.，2011）。然而，迄今未受重视，"正在消失的北极"这一说辞如何影响 20 世纪上半叶北极自然资源的管理，21

世纪上半叶又如何引领其发展？

在北美北部地区还没有计算机、飞机、卫星，还没有使用英语的时代，北极变化的图像和故事如果能引起政界的关注，需要人们付出令人难以置信的努力。在界定其为问题之前，必须注意到日渐稀少的北美驯鹿、贪得无厌的捕鲸者、行将消失的因纽特人等的特殊性，并由人将其汇编成可以触动大都市居民心弦的故事。我们已经看到了这些事件是如何在人类学田野调查、进化论、20 世纪早期社会问题论述以及科普著作中得以表述的。但是，为了能让这些叙述影响政府的行动，它们必须由可信赖的专家学者讲述给适当的听众。由于这项工作的重要内容是借助当今的通信技术得以完成的，因此往往不受公众监督。结果，北极因海冰融化而消失的概念可能与揭示这一现象的卫星图像一样，被看作客观存在，缺乏说服力，然而强化我们对科学的历史理解可以驳斥这样的结论。

斯蒂芬森和詹尼斯在《我与爱斯基摩人的生活》和《暮光之民》出版后，还一再地重述其中的故事情节。他们在巡回演讲、报纸社论和抛开历史叙述惯例的日常谈话中，多次宣称北极即将毁灭，也谈到他们拯救北极的计划（Swayze, 1960：52-94; Jenness, 1991; Diubaldo, 1978; Palsson, 2001, 2003）。对因纽特人及北方环境的关注，不仅让美国和加拿大两国政府在北极地区日益频繁的活动合法化，还凸显了殖民机构中人类学科学的重要性（Peyton and Hancock, 2008）。1919 年，斯蒂芬森和詹尼斯协助相关部门公开组织了一次关于北极状况的正式调查。在听取了这两位人类学家以及传教士、北方警察、捕鲸者、毛皮商等人的"见证"之后，加拿大内政部决定将北美北极地区没有的物种驯鹿（reindeer）引入该地区，作为一项文明工程以及对北极西部地区进行科学管理的工业化试验（Sandlos, 2007; Stuhl, 印刷中）。因此，这次调查让"正在消失的北极"叙事话语和物质化力量变得更加显而易见。

驯鹿计划的逻辑是将进化论、北极人类学及对冻土带的殖民愿望联系在一起。科学家希望驯鹿能够取代北美驯鹿在北极生态和因纽特文化中发挥作用，从而使二者都能得到保护。他们还希望因纽特人放弃狩猎，转向放牧，能够登上通往"开化"的进化阶梯。与此同时，畜牧业发展与加拿大开发北极的梦想恰好一致。从地理意义上讲，因纽特人畜牧业更容易控制，从而能为大范围的矿产勘探开辟空间。而且，通过饲养动物生产的多余的肉食还可以满足矿业发展的需要（Stuhl，印刷中；Demuth，2013）。

　　因纽维阿鲁特人接受了引进驯鹿的想法，这是因纽特人认可这些殖民计划基础条件的见证，尽管他们的阐释有所不同。曼吉拉鲁克（Mangilaluk）是一位生活在今天的图克托亚图克（Tuktoyaktuk）地区的因纽特人首领，他拒绝政府签订协议的提议，却建议加拿大官员把驯鹿引进到该地区（Hart，2001：14）。虽然因纽维阿鲁特人支持引进驯鹿，但他们对引进动物附带而来的东西感到恼火。斯蒂芬森和詹尼斯与加拿大政府就驯鹿引进计划进行磋商时，建议对因纽特人进行密切监督，理由是他们认为这些"原始猎人"缺乏经验、智慧和谨慎的态度（Stuhl，印刷中；Jenness，1923）。因纽维阿鲁特人也记得，他们与负责驯鹿计划的官员关系十分紧张。与他们苦心经营的毛皮贸易相比，因纽维阿鲁特人发现畜牧业的工作单调乏味，与他们偏爱的社会生活方式格格不入（Hart，2001；Stuhl，印刷中）。出于这些原因，马更些三角洲地区的人拒绝签约参与驯鹿计划，而是全力投资搞捕狐经济（Hart，2001；Arnold et al.，2011）。斯蒂芬森和詹尼斯认为因纽特人的这种反应进一步证明了他们的文化丧失以及北部地区工业社会的巩固与发展（Interdepartmental Reindeer Committee，1933）。尽管该计划未能招募到本地牧民，他们还是把驯鹿计划当作拯救因纽特人和北极的关键（Stuhl，印刷中；Hart，2001）。

　　驯鹿计划的影响是多方面的，但有一点值得强调，那就是科学家在公共领域讲述的故事对北极地区的政府机构和因纽特人机构的形成产生了独特的影响。因纽维阿鲁特人刻意回避该计划，以保证自己不受殖民统治者的控制，这是《我与爱斯基摩人的生活》和《暮光之民》所表达的殖民精神。目前媒体对北极地区变化的报道主要是针对海冰融化，而不是因纽特文化，但是其语言蕴含的殖民元素依然存在。用来描述这些变化的词语"消失"是承载着深厚殖民色彩的历史叙述，且依然发生着作用。

地理学家埃米莉·S.卡梅伦（Emilie S. Cameron）的论断令人信服，她认为这种权力机制在当今的气候科学中依然发挥作用，在有关脆弱性和适应性的论述中尤其如此（Cameron，2012）。她认为，对因纽特人及其与北极环境关系的科学描述，使用了"传统"和"本地"这种看似无害的术语，却最终传播了"殖民知识和实践"。科学家经常把因纽特人的生态认知界定为不适用于气候变化造成的环境状况。结果，因纽特人在自然资源管理决策中失去了话语权。卡梅伦的结论是："政府的干预对北方人来说从来都不是中立的，当它是善意的，刻意让因纽特人做好准备应对不断变化的世界的时候尤其如此。"（Cameron，2012：111）

气候科学家和传播他们研究成果的媒体无意通过报道北极海冰的面积来伤害因纽特人，他们可能认为他们的文章不可能有这样的功能。然而，正是他们用来记录气候变化并让全球认识到这一问题的文字，成了公众参与、政治参与、经济参与北极活动的条件。在当代北极的其他问题上，如维持生存所需的海豹捕猎、环境风险评估和石油勘探等，因纽特人对用来表述北极生活的话语中的殖民政治给予高度关注（MacNeil，2014；Inuit Tapirit Kanatami，2013；Cassady，2010）。同发生在远北地区的第一次环境危机一样，这些现代论争导致的摩擦使殖民历史得以复活，用以揭示科学叙事与人类行为之间的关系。

结 语

如果昔日殖民主义的幽灵可以用其他的词语加以概述，人们希望对语言的关注可以避免历史重演。我在本章中提供了科学史中一个片段，以此作为对谈论远北地区社会和环境变化的特殊方式这个文化包袱的沉思。这些历史观点是了解当今北极的有效工具。历史，尤其是科学历史，推动旨在尊重因纽特人主权、用科学方法去殖民化的各项进程及语言的发展。

事实上，人类学曾经参与提出一系列有关北极的压迫性话语，却正引领着科学、科学实践及科学叙述去殖民化的进程（Smith，2012；Harrison，1997）。这门学科直面自己的过去，把对人类学与殖民主义关系的质疑纳入对其从业者的培训中，并最终实现了这一目标。对科学的这种反思、批判和正确理解，促成了继梅森或博厄斯的发现之后人类学的又一次革命。那些曾经被视为"臣民"的人现在成了合作专家，博物馆也从殖民地档案馆变成了联络站（Clifford，1997）。这在北极西部地区尤其明显，那里正是人类学家奠定其学科基础和倡导进行政府干预的地方。考古学家现在直接与因纽维阿鲁特人和因纽皮亚克人合作，归还收藏品，建立博物馆或举办在线展览，讲述因纽特人在不断变化的世界中的身份意义（Lyons，2007，2009；Lyons et al.，2011）。

那么，这种伙伴关系对今天的气候科学家的意义绝不仅仅是新的科学实践标准。气候科学的本质就是为基于社区的北极环境监测所制定的重要协议，因此气候科学必须考虑历史因素（Cuomo et al.，2008；Government of the Northwest Territories，2014）。从田野调查到最终发表观点，当与北极居民一起工作时，科学家们必须考虑之前发生了什么，借以解释他们所看到的周围的变化。只有去除科学的殖民历史，我们前进的道路最终才会出现。

参考文献

Martin，Anne-Claude. 2014. "France Wants to Spearhead EU Strategy on Arctic Region." *Euractiv.* http：//www. euractiv. com/sections/sustainable-dev/france-wants-spearhead-eu-strategy-arctic-region-303559. Accessed 8 July 2014.

Arnold，Charles，Wendy Stephenson，Bob Simpson，and Zoe Hoe，eds. 2011. *Taimani: At That Time, Inuvialuit Timeline Visual Guide.* Inuvialuit Regional Corporation.

Avango，Dag，Annika Nilsson，and Peder Roberts. 2013. "Assessing Arctic Futures：Voices，Resources and Governance." *The Polar Journal* 3（2）：431-446.

Beregud, Arthur T. 1974. "Decline of Caribou in North America Following Settlement." *The Journal of Wildlife Management* 38 (4): 757–770.

Boas, Franz. 1887. "The Occurrence of Similar Inventions in Areas Widely Apart." *Science* 9 (224): 485–486.

Bockstoce, John R. 1980. "The Consumption of Caribou by Whalemen at Herschel Island, Yukon Territory, 1890 to 1908." *Arctic and Alpine Research* 12 (3): 381–384.

Bockstoce, John R. 1986. *Whales, Ice, and Men: The History of Whaling in the Western Arctic.* Seattle: University of Washington Press.

Bockstoce, John R. 2009. *Furs and Frontiers in the Far North: The Contest among Native and Foreign Nations for the Bering Strait Fur Trade.* New Haven: Yale University Press.

Bowler, Peter J. 1995. "The Geography of Extinction: Biogeography and the Expulsion of 'Ape Men' from Human Ancestry in the Early Twentieth Century." In *Ape, Man, ApeMan: Changing Views since 1600*, eds. Raymond Corbey and Bert Theunissen, 185–192. Leiden: Department of Prehistory.

Bravo, Michael. 2002. "Measuring Danes and Eskimos." In *Narrating the Arctic: A Cultural History of Nordic Scientific Practices*, eds. Michael Bravo and Sverker Sörlin, 235–273. Canton: Science History Publications.

Browne, Janet. 1983. *The Secular Ark: Studies in the History of Biogeography.* New Haven: Yale University Press.

Cameron, Emilie S. 2012. "Securing Indigenous Politics: A Critique of the Vulnerability and Adaptation Approach to the Human Dimensions of Climate Change in the Canadian Arctic." *Global Environmental Change* 22: 103–114.

Cassady, Josslyn. 2010. "State Calculations of Cultural Survival in Environmental Risk Assessment: Consequences for Alaska Natives." *Medical Anthropology Quarterly* 24 (4): 451–471.

Christensen, Miyase. 2013. "Arctic Climate Change and the Media: The News Story That W*as.*" In *Media and the Politics of Arctic Climate Change: When the Ice Breaks*, eds. Miyase Christensen, Annika E. Nilsson, and Nina Wormbs, 26–51. New York: Palgrave Macmillan.

Christensen, Miyase, Annika E. Nilsson, and Nina Wormbs. 2013. "Globalization, Climate Change and the Media: An Introduction." In *Media and the Politics of Arctic Climate Change: When the Ice Breaks*, eds. Miyase Christensen, Annika E. Nilsson, and Nina Wormbs, 1–25. New York: Palgrave Macmillan.

Clifford, James. 1988. *The Predicament of Culture: Twentieth-century Ethnography, Literature, and Art.* Cambridge, MA: Harvard University Press.

Clifford, James. 1997. *Routes: Travel and Translation in the Late Twentieth Century.* Cambridge: Harvard University Press.

Cockney, Cathy. "We Are Still Here: Inuvialuit Cultural Revival and Adaptation." Presentation before the 18th Inuit Studies Conference, October 26, 2012, Washington, DC.

Cole, Douglas. 1983. "'The Value of a Person Lies in His Herzenbildung: Franz Boas' Baffin Island Letter-Diary, 1883 – 1884." In *Observer's Observed: Essays on Ethnographic Fieldwork*, ed. George Stocking, 13–52. Madison: University of Wisconsin Press.

Cournoyea, Nellie. 2012. "Adaptation and Resilience: The Inuvialuit Story." A speech before the 18th Inuit Studies Conference, Washington, DC, October 26, 2012.

Cox, C. Barry, and Peter Moore. 2005. *Biogeography: An Ecological and Evolutionary Approach*. Malden: Blackwell Publications.

Cuomo, Chris, Wendy Eisner, and Kenneth Hinkel. 2008. "Environmental Change, Indigenous Knowledge, and Subsistence on Alaska's North Slope." *Scholar and Feminist Online* 7 (1): 14.

Darnell, Regna. 1998. *And along Came Boas: Continuity and Revolution in Americanist Anthropology*. Philadelphia: J. Benjamins.

Demuth, Bathsheba. 2013. "More Things on Heaven and Earth: Modernism and Reindeer in Chukota and Alaska." In *Northscapes: History, Technology, and the Making of Northern Environments*, eds. Dølly Jorgensen and Sverker Sörlin, 174–194. Vancouver/Toronto: University of British Columbia Press.

Diubaldo, Richard. 1978. *Stefansson and the Canadian Arctic*. Montreal: McGill-Queen's University Press.

Exner-Pirot, Heather. 2012. "Human Security in the Arctic: The Foundation of Regional Cooperation." *Working Papers on Arctic Security* 1 (July): 2–11.

Fienup-Riordan, Ann. 2003. *Freeze Frame: Alaska Eskimos in the Movies*. Seattle: University of Washington Press.

Fitzhugh, William. 2009. "'Of No Ordinary Importance': Reversing Polarities in Smithsonian Arctic Studies." In *Smithsonian at the Poles: Contributions to International Polar Year Science*, eds. Igor Krupnik, Michael A. Lang, and Scott E. Miller, 61–77. Washington, DC: Smithsonian Institution Scholarly Press.

Francis, Jennifer A., and Elias Hunter. 2006. "New Insight into the Disappearing Arctic Sea Ice." *Eos, Transactions American Geophysical Union* 87 (46): 509–511.

French, Alice. 1992. *My Name Is Masak*. Winnipeg/Manitoba: Peguis Publishers.

Goldenberg, Suzanne. 2013. "NOAA Report Says Arctic Sea Ice Is Disappearing at Unprecedented Pace." *The Guardian*. 6 August 2013. http://www.theguardian.com/world/2013/aug/06/noaa-report-arctic-ice-climate-change.

Government of the Northwest Territories. 2014. "Northwest Territories Cumulative Impact Monitoring Program." http://www.enr.gov.nt.ca/programs/nwt-cimp.

39

Gruber, Jacob W. 1970. "Ethnographic Salvage and the Shaping of Anthropology." *American Anthropologist* 72 (6): 1289-1299.

Gupta, Akhil, and James Ferguson, eds. 1997. *Anthropological Locations: Boundaries and Grounds of a Field Science.* Los Angeles: University of California Press.

Harrison, Faye V. 1997. "Anthropology as an Agent of Transformation: Introductory Comments and Queries." In *Decolonizing Anthropology: Moving Further toward an Anthropology for Liberation*, ed. Faye V. Harrison, 1-14. Arlington: American Anthropological Association.

Hart, Elisa with assistance of Inuvialuit Co-researchers. 2001. *Reindeer Days Remembered.* Inuvik: Inuvialuit Cultural Resource Center.

Hinsley, Curtis. 1981. *Savages and Scientists: The Smithsonian Institution and the Development of American Anthropology, 1846-1910.* Washington, DC: Smithsonian Institution Press.

Hossain, Kamrul. 2013. "How Great Can a 'Greater Say' Be? Exploring the Aspirations of Arctic Indgineous Peoples for a Stronger Engagement in Decision-making." *The Polar Journal* 3 (2): 316-332.

Huntington, Henry P. 2013. "A Question of Scale: Local Versus Pan-Arctic Impacts from Sea-ice Change." In *Media and the Politics of Arctic Climate Change: When the Ice Breaks*, eds. Miyase Christensen, Annika E. Nilsson, and Nina Wormbs, 114 – 127. New York: Palgrave Macmillan.

Interdepartmental Reindeer Committee. 1933. 18 January 1933, G79 – 069, File 1 – 3, NWT Archives, Yellowknife, Canada.

Inuit Tapirit Kanatami. 2013. "Press Release: Canadian Inuit Leaders Reject Environmentalist Campaign Pitting Indigenous Peoples against Arctic Resource Development." 14 May 2013. https: //www. itk. ca/media/media – release/press – release – canadian – inuit – leaders-reject-environmentalist-campaign-pitting.

Inuvialuit Cultural Resource Center. 2016. "Inuvialuit Pitqusiit Inuuniarutait (Inuvialuit Living History). " http: //www. inuvialuitlivinghistory. ca.

Jacoby, Karl. 2001. *Crimes against Nature: Squatters, Poachers, Thieves, and the Hidden History of American Conservation.* Berkeley: University of California Press.

Jenness, Diamond. 1917. "The Copper Eskimos." *Geographical Review* 4 (2): 81-91.

Jenness, Diamond. 1921. "The Cultural Transformation of the Copper Eskimo." *Geographical Review* 11 (4): 541-550.

Jenness, Diamond. 1923. "A Lecture Delivered at the Arts and Letters Club, by Diamond Jenness, Victoria Memorial Museum, Jan 9: 'Our Eskimo Problem'." Rudolph Martin Anderson Fonds, MG 30 40, Vol 14, file 1-eskimos, Library and Archives Canada.

Jenness, Diamond. 1928. *The People of the Twilight.* New York: The MacMillan Company.

Jenness, Stuart E. 1991. *Arctic Odyssey: The Diary of Diamond Jenness, Ethnologist with the Canadian Arctic Expedition in Northern Alaska and Canada*, *1913 – 1916*. Hull/Quebec: Canadian Museum of Civilization.

Jenness, Stuart E. 2011. *Stefansson, Dr. Anderson, and the Canadian Arctic Expedition, 1913-1918*. Gatineau: Canadian Museum of Civilization.

Kevles, Daniel J. 1985. *In the Name of Eugenics: Genetics and the Uses of Human Heredity.* New York: Knopf.

Kulchyski, Peter. 1993. "Anthropology in the Service of the State: Diamond Jenness and Canadian Indian Policy." *Journal of Canadian Studies* 28 (2): 21-50.

Levere, Trevor H. 1993. *Science and the Canadian Arctic: A Century of Exploration, 1818-1918*. New York: University of Cambridge Press.

Lovett, Laura. 2007. "Men as Trees Walking: Theodore Roosevelt and the Conservation of the Race." In *Conceiving the Future: Pronatalism, Reproduction and the Family in the United States, 1890-1938*, 109-130. Chapel Hill: University of North Carolina Press.

Lyons, Nastasha. 2007. "*Quliaq Tohongniaq Tuunga* (Making Histories): Towards a Critical Inuvialuit Archaeology in the Canadian Western Arctic." Ph. D. Deiss. Calgary: University of Calgary.

Lyons, Nastasha. 2009. "Inuvialuit Rising: The Evolution of Inuvialuit Identity in the Modern Era." *Alaska Journal of Anthropology* 7 (2): 63-79.

Lyons, Natasha, Kate Hennessy, Charles Arnold, and Mervin Joe. 2011. "The Inuvialuit Smithsonian Project: Winter 2009 – Spring 2011." Report produced for the Smithsonian Institution, Vol 1.

MacNeil, Jason. 2014. "Inuit Singer Tanya Tagaq's 'sealfie' Photo Supporting Seal Hunt Sparks Backlash." *Huffington Post*, 22 April 2014. http://www.huffington-post.ca/2014/04/02/inuit-tanya-tagaq-sealfie_ n_ 5077203. html.

McCannon, John. 2012. *A History of the Arctic: Nature, Exploration, and Exploitation.* London: Reaktion Books.

National Snow and Ice Data Center. 2012. "Arctic Sea Ice Extent Settles at Record Seasonal Minimum." 19 September 2012. http://nsidc.org/arcticseaice – news/2012/09/arctic-sea-ice-extent-settles-at-record-seasonal-minimum/.

Nyhart, Lynn. 2010. "Emigrants and Pioneers: Moritz Wagner's 'Law of Migration' in Context." In *Knowing Global Environments: New Historical Perspectives in the Field Sciences*, ed. Jeremy Vetter, 39-58. New Brunswick: Rutgers University Press.

Okpik, Abraham. 2005. *We Call It Survival: The Life Story of Abraham Okpik*, ed. Louis McComber, Life Stories of Northern Leaders, Vol 1. Iqaluit: Language and Culture Program of Nunavut Arctic College.

Palsson, Gisli. 2001. *Writing on Ice: The Ethnographic Notebooks of Vilhjalmur Stefansson.*

41

Hanover: University Press of New England.

Palsson, Gisli. 2003. *Traveling Passions: The Hidden Life of Vilhjalmur Stefanson.* Hanover: Dartmouth College Press.

Palsson, Gisli. 2008. "Hot Bodies in Cold Zones: Arctic Exploration." *Scholar and Feminist Online* 7 (1).

Paul, Diane. 1995. *Controlling Human Heredity, 1865 to the Present.* Atlantic Highlands: Humanities Press.

Peyton, Jonathan, and Robert L. A. Hancock. 2008. "Anthropology, State Formation, and Hegemonic Representations of Indigenous Peoples in Canada, 1910-1939." *Native Studies Review* 7 (1): 45-69.

Piper, Liza, and John Sandlos. 2007. "A Broken Frontier: Ecological Imperialism in the Canadian North." *Environmental History* 12: 759-795.

Rainger, Ronald. 2004. *An Agenda for Antiquity: Henry Fairfield Osborn and Vertebrate Paleontology at the American Museum of Natural History, 1890-1935.* Tuscaloosa: University of Alabama Press.

Revkin, A. C. 2007. "Arctic Melt Unnerves the Experts." *The New York Times*, 2 October 2007.

Ryall, Anka, Johan Schimanski, and Henning Howlid Waep. 2008. "Arctic Discourses: An Introduction." In *Arctic Discourses*, eds. Anka Ryall, Johan Schimanski, and Henning Howlid Waep, ix-xxii. Newcastle: Cambridge Scholars Publishing.

Rynor, Becky. 2011. "Indigenous Voices 'Marginalized' at Arctic Council: Inuit Leaders. Ipolitics." http://www. ipolitics. ca/2011/11/07/indigenous-voicesmarginalized-at-arctic-council-inuit-leaders/.

Sandlos, John. 2003. "Landscaping Desire: Poetics, Politics in the Early Biological Surveys of the Canadian North." *Space and Culture* 6: 396-409.

Sandlos, John. 2006. "Where the Scientists Roam: Ecology, Management, and Bison in Northern Canada." In *Canadian Environmental History: Essential Readings*, ed. David Freeland Duke, 333-360. Toronto: Canadian Scholars' Press.

Sandlos, John. 2007. *Hunters at the Margin: Native People and Wildlife Conservation in the Northwest Territories.* Vancouver: University of British Columbia Press.

Searles, Edmund (Ned). 2006. "Anthropology in an Era of Inuit Empowerment." In *Critical Inuit Studies in an Era of Globalization*, eds. Pam Stern and Lisa Stevenson, 89-101. Lincoln: University of Nebraska Press.

Simon, Mary. 2008. "Sovereignty from the North." *Scholar and Feminist Online* 7 (1): 1-3.

Smith, Neil. 2003. *American Empire: Roosevelt's Geographer and the Prelude to Globalization.* Berkeley: University of California Press.

Smith, Linda Tuhiwai. 2012. *Decolonizing Methodologies: Research and Indigenous Peoples*. London: Zed Books.

Stefansson, Vilhjalmur. 1909. "Northern Alaska in Winter." *The Bulletin of the American Geographical Society of New York* 41 (1): 601-610.

Stefansson, Vilhjalmur. 1912. "The Eskimo and Civilization: Disease and Death for the New Eskimo Tribes with Pauperization of Those That Chance to Survive Can Be Prevented Only by a Quarantine Which Will Allow the Conditions of Civilization but Slow Entrance to Their Territory." *American Museum Journal* 12: 195-203.

Stefansson, Vilhjalmur. 1913. *My Life with the Eskimo*. New York: MacMillan Company.

Stocking, George W. Jr. 1968. *Race, Culture, and Evolution: Essays in the History of Anthropology*. Chicago: The University of Chicago Press.

Stocking, George W. Jr. 1987. *Victorian Anthropology*. New York: Collier Macmillan.

Stocking, George W. Jr. 1992a. "The Boas Plan for the Study of American Indian Languages." In *The Ethnographer's Magic and Other Essays in the History of Anthropology*, ed. George Stocking, 60-91. Madison: University of Wisconsin Press.

Stocking, George W. Jr. 1992b. "Ideas and Institutions in American Anthropology: Thoughts toward a History of the Interwar Years." In *The Ethnographer's Magic and Other Essays in the History of Anthropology*, ed. George Stocking, 114 - 177. Madison: University of Wisconsin Press.

Stuhl, Andrew. 2013. "The Politics of the 'New North': Putting History and Geography at Stake in Arctic Futures." *The Polar Journal* 3 (1): 94-119.

Stuhl, Andrew. in press. "The Experimental State of Nature: Science and the Canadian Reindeer Project in the Interwar North." In *Ice Blink: Navigating Northern Environmental History*, eds. Brad Martin and Stephen Bocking. Calgary: University of Calgary Press.

Swayze, Nancy. 1960. *Canadian Portraits: Jenness, Barbeau, Wintemberg: The Man Hunters*. Toronto: Clarke, Irwin, and Company Limited.

Warren, Louis, ed. 2003. *American Environmental History*. Oxford: Blackwell Publishing.

Wheeler, Valerie. 1986. "Traveler's Tales: Observation on the Travel Book and Ethnography." *Anthropological Quarterly* 59 (2): 52-63.

Wormbs, Nina. 2013. "Eyes on the Ice: Satellite Remote Sensing and the Narratives of Visualized Data." In *Media and the Politics of Arctic Climate Change: When the Ice Breaks*, eds. Miyase Christensen, Annika E. Nilsson, and Nina Wormbs, 52-69. New York: Palgrave Macmillan.

Worster, Donald. 1994. *Nature's Economy: A History of Ecological Ideas*, 2nd ed. New York: Cambridge University Press.

第三章
北极的石油图像和挪威国家
石油公司的视觉形象

西诺薇·玛丽·维克[*]

挪威国家石油公司在地球北部地区石油和天然气开采方面投入了大量资金，并进一步加强了对北极地区化石燃料资源的勘探与开发。该公司将依靠北极地区的资源，保障全球对能源日益增长的需求。目前，该公司在巴伦支海（Barents Sea）经营着一个名为斯诺维特（Snøhvit，又译"白雪公主"——译者注）的气田，在挪威北部拥有全球最北端的液化气生产设施，还是加拿大和阿拉斯加沿海几个气田公司的合作伙伴。此外，该公司还在格陵兰岛进行油田勘探，在巴伦支海的俄罗斯部分以及鄂霍次克海（Okhotsk Sea）有重大的勘探活动，持有在挪威、俄罗斯、加拿大、美国和格陵兰等国家和地区北极水域作业的许可证。

当然，这样的生产规划会带来某种生态后果，既包括政府间气候变化专门委员会提出的继续依赖以化石燃料为基础的全球经济将会产生的长期有害的环境影响，也包括有可能发生的石油泄漏所造成的短期、局部的环

---

[*] 西诺薇·玛丽·维克（Synnøve Marie Vik），挪威卑尔根大学信息科学与媒体研究系。周玉芳（译），聊城大学外国语学院英语语言文学副教授。原文："Petro-images of the Arctic and Statoil's Visual Imaginary," pp. 43-58。

境影响。基于其开展研究、进行开发以及在具有挑战性的气候中长期开展工作的经验，挪威国家石油公司声称它的生产绝对安全并处于技术前沿。挪威政府拥有挪威国家石油公司 67% 的股份，相关收入一直是挪威政府养老基金（the Government Pension Fund of Norway，先前名为挪威石油基金）重要的财政支持，该基金也是世界上规模最大的养老基金。与此同时，挪威还将自己塑造为解决环境问题的领跑者。《挪威宪法》第 112 条规定，所有公民都有权享有健康、可持续发展的环境，资源分配应惠泽子孙后代，公民有权了解当前正在进行的及未来的自然资源开采可能会造成的影响（Constitution of Norway，1992/2014）。

挪威政府和挪威国家石油公司在财富和生态安全方面的利益冲突引发了关于该公司视觉形象的争论。本章参照视觉文化理论及历史规律，分析挪威国家石油公司的运营形象是如何推动占主导地位的石油叙事在有关经济和环境利益冲突的公众想象中赢得支配地位的。毫无疑问，石油公司的公关材料会把它对环境的影响进行最小化描述。然而，对相关图像的深入分析有助于我们理解北极地区的重工业被人粉饰的整个过程。

考虑北极的未来时，我们必须承认北极是一个令人垂涎的自然资源宝库，迟早会得到开发，从而会对当地和全球环境产生重大的生态影响。影响北极未来决策的，是由强大的意识形态、经济尤其是地缘政治行动所组成的复杂网络，但我们需要认识到北极建构在推进这些行动方面所起的作用。在当今瞬息万变的数字图像日益视觉化的时代，图像对我们的石油叙事产生了强大的影响，赋予图像的控制者巨大的力量。与全球市场和政治舞台上的任何一家石油企业一样，挪威国家石油公司也充分认识到了其视觉形象背后潜藏的强大力量，并广泛发布该公司在北极地区石油平台、油砂及水力压裂地点、勘探地点的照片。该公司的外部图像档案（Statoil ASA，2014）只是其中一个例子。这些图像，加上技术草图、图纸、通用商业和工业照片，构成了该公司的视觉形象，该形象在远北地区未来的石油叙事中起着至关重要的作用。这种视觉形象冲击并影响着我们对北极地区　45

的景观、美学和环境挑战的认知方式。

挪威国家石油公司的北极建构可以理解为它对远北地区的视觉殖民，能够改变公众对北极地区及其资源的理解。北极曾经被视为一个颇具浪漫色彩的，荒寂、纯净、壮丽的地区，是原住民和弗里德乔夫·南森（Fridtjof Nansen）、罗奥德·阿蒙森（Roald Amundsen）等极地探险家的王国，现在却变成了等待开采的石油、天然气等自然资源"应许之地"（the promised land）。对该地的自然资源无论是钻井抽取还是压力喷溢，或者间接地提高该地的温度，都将改变北极的地貌。本章认为石油公司（以挪威国家石油公司为例）不断推进的视觉帝国主义，使人相信自然资源唾手可得。我所采用的"帝国主义"一词是指广义上权力与权威在某一领土上的延伸。

挪威国家石油公司的运营形象、地理位置、工业运营及其与所处的自然环境之间的关系，都参与了公司视觉形象的构建。北极地区的自然资源刚刚开发的时候，对石油行业视觉形象的认识和理解是至关重要的。挪威国家石油公司参与建造了一个创造性的视觉场所，利用人造设施和技术大厦在原本不知名的场景内建立了一个视觉场所，将其经营场所打造成没有身份特征的空间，而自然界则被当作这个场所的背景。"背景"概念源于格式塔理论，从这个意义上说，它又源于生态女性主义对该词的使用，揭示的是人与自然之间的权力关系。哲学家瓦尔·普鲁姆伍德（Val Plumwood）曾经指出，在西方文化中，现代资本主义否认人对自然的依赖，这样自然和女性都被背景化了：

> 否定女性和自然最常见的形式就是我所说的"背景化"。二者的作
> 用在于为占主导地位、前景化的、公认的成就或因果提供背景。……
> 将自然背景化涉及否认对生物圈过程的依赖，认为人类与自然分离、
> 与自然无关，自然则被视为没有自身需求的无限提供者。（Plumwood，
> 1993：21）

　　普鲁姆伍德的观点与尼古拉斯·米尔佐夫（Nicholas Mirzoeff）关于视觉、权威和权力的分析中所提到的反视觉（countervisuality）概念相关46（Mirzoeff，2011）。米尔佐夫有关殖民历史的视觉反历史理论解释了权力所创造的"标准操作程序"，即吸引着我们，让我们觉得看起来"正确无误"，因为"这里没有什么可看的"而鼓励我们继续前进的美学。他认为这种美学思想是控制我们视觉文化的政治手段。通过主张"看的权利"和再次看的权利，我们可以将这些视觉形式概念化，并通过权力所呈现的图像建立一种"反视觉"，然后确定该美学思想的政治含义。

　　米尔佐夫所说的"视觉性"一词与该词最常见的用法不同。通常该词用来指一系列图像和人工制品的集合，或指某一领域的经验。在米尔佐夫看来，视觉性由特定的视觉结构组成，而这些结构使权力机构合法化，并使其文化权威自然化。他所说的视觉性是19世纪历史学家托马斯·卡莱尔（Thomas Carlyle）所提及的帝国主义符号建构。虽然认识到昔日遍布各地的帝国主义机构与挪威国家石油公司等小规模的当代资本主义机构截然不同，但我认为，在我们试图将挪威国家石油公司在北方的视觉形象概念化的过程中，依然有必要使用该意义上的"视觉性"一词。

　　接下来，我们按照米尔佐夫的思路考察挪威国家石油公司所设计的油气设施图像是如何给人以"标准操作程序"的印象的。为了主张我们看到不可再生能源开发真实状态的权利，出现了一种民主政治，即我们把环境问题当成未来能源讨论的部分内容。看的权利与开发自然的权利相抵触，危及地球的未来。主张看的权利，反对专制权威，起到了反视觉的作用（Mirzoeff，2011：29）。

　　挪威国家石油公司所采用的在加拿大的油砂场地和在美国北部的水力压裂地点的新闻照片，通过不同的媒介，如新闻、工业报道和公关等得到广泛传播。这些场所并不在北极所定义的地理范围内，但它们代表了挪威国家石油公司的视觉形象，尤其是新企业的视觉形象，能够揭示描述石油开采过程和周围环境的方法。挪威国家石油公司的行动受到环境非政府组织的严厉批评，其中遭受批评最严厉的是其在加拿大的油砂项目，因为该项目对周边环境的危害很大，而且已成为挪威政界的热门话题。然而，该公司有关这些场地的图像并没有告诉我们它们造成了什么破坏。在美洲地区，水力压裂开采页岩气备受争议，但毫不奇怪，挪威国家石油公司的场地图像也并没有显示任何冲突。

接下来，我们要讨论挪威国家石油公司生产基地的主导美学观念是如何在全球范围内创造某种视觉形象，以作为它在北极行动的重要背景的。考察它在远北地区正在进行的和计划进行的活动时，我们应该牢记这种视觉形象。该公司的视觉石油叙事建构了北极未来在我们心目中的形象。

一　挪威国家石油公司的视觉形象

挪威国家石油公司已公开了几张它们在加拿大油砂场地的图像。其中最典型的一张是由挪威摄影师海尔奇·汉森（Helge Hansen）拍摄的加拿大阿尔伯塔省雷斯默尔的航空照片，是以鸟瞰视角斜拍的（Hansen，2011）。图片上是一块正方形的平地，上面有几座房子和其他一些建筑，有些可断定是营房、竖井和飞机库，还有一条土路通向工地；大部分是泥地，零星地长着青草，色彩柔和、不刺眼；一个看似人工修建的小池塘位于场地中央。仔细一看，还能发现几辆轿车和卡车；场地边上是清晰可见的大树，周围的森林似乎一直延伸到远处，没有受到破坏；背景中还可以看到一个很小的湖泊。整个场景看起来就是一个很普通的工业场地，很难辨别这里正在进行的工作。总的来说，这个场地看起来规划得井然有序，但又安静得反常。我们看不到任何活动的场景，也看不到移动的卡车或来回走动的工人。重要的是，这个场地虽然看起来面积不大，但实际上占据了很大一片土地。

自然景观成为这张图片的背景，工厂作为前景看上去很不起眼，但从另一层意义上讲，工厂又显得异常突出；除了工厂占用的大小有限且安排布置井然有序的区域之外，自然景观似乎没有人为改动的痕迹。这一特点在宾夕法尼亚州页岩气生产基地的图片中更加突出（Hansen，2010）。在这张图片中，工业场地置身广阔的绿色森林中间，只占整个自然景观的一小部分。汉森有可能是在测绘该公司正在勘探的这个区域，而测绘图似乎也是有意不让该区域引起人们的注意。人们无须知道这到底在哪里，只知道该地位于一个不知名的地方，看不到地标性建筑物或可以辨认的山脉。这样的照片在我们的脑海中留下的印象是地点偏远、无足轻重、难以引起人的注意，而人们在这里活动的后果也微不足道。

　　起初，挪威国家石油公司的水力压裂场景图像似乎是另一种风格，图片经常展示美丽的景观。真的希望人们看到这些工业场地，甚至欣赏这种景观吗？例如，奥尔·约根·布拉特兰（Ole Jørgen Bratland）在北达科他州威利斯顿拍摄的页岩气水力压裂场景的图像，是在迷人的日落时刻在该州宁静、平坦的土地上拍摄的（Bratland，2012a）。水力压裂场地在广阔的景观中显得微不足道，俨然是一个不会造成任何破坏的技术结构。水力压裂发生在地下，因此地面上的活动并不能告诉我们这里到底发生了什么。生产设备也没有占用太大空间。前景中可以看到一条土路，尘土飘向左侧，颜色是暖红色和棕色。生产场地位于图像的左侧，落日在右侧，形成了两个视觉焦点，视角中心留给了远景。图像的中心不是生产场地，而是本地的自然景观。布拉特兰在同一地点拍摄的几张照片也都采用了这样的视角。落日把我们的关注点从生产活动移开，转向本地的景观。在其他图像中，焦点是伸向远方的土路，也将人们的注意力从生产场地移开，转而集中到广阔的自然景观上（Bratland，2012b）。而在另一张照片中，焦点落在水力压裂塔和一座山丘之间，几乎把这一技术结构从图片上和景观中挤了出去（Bratland，2012c）。

　　这些图像中作为前景的是自然景观，而非油砂场地。在一个水力压裂作业的视频中，生产场地前面甚至还有吃草的奶牛。这些图像以景观照片的形式得到呈现，水力压裂结构仅仅是图片上很不起眼的一部分。就像油

49

砂图像中的那样，水力压裂场景图像所涉及的美学观念被设计成标准操作程序的一部分，告知我们要继续前行，这里没有具体可看的东西。视觉文化学者 W. J. T. 米切尔（W. J. T. Mitchell）的著述在描述景观的力量时指出，景观通常不是根据其具体特性来定义的，而是根据那些可忽略的、不值得看的东西加以界定的。我们通常说："看看风景。"（Mitchell，2002：vii）同样，挪威国家石油公司请我们看的是风景，而非景观的细节。

50　　　就像风景图片一样，这些图像所采用的视角类似于蒂莫西·H. 奥沙利文（Timothy H. O'Sullivan）在 1860 年至 1880 年所拍摄的号称"应许之地"的美国大荒原图片。在乔尔·斯奈德（Joel Snyder）看来，这些图像：

> 提供了这片土地未知特性的视觉、影像佐证，暗示人们需要了解它，从而能够控制它。需要做的是探索这片土地，进行科学考察，了解它的过去以及将来如何利用它。（Snyder，2002：199-200）

挪威国家石油公司正在进行这样的探索。这些图像显示的是该公司对本地景观的控制并没有产生不利后果，从而有理由让其代表我们继续进行探索。

挪威国家石油公司作为景观控制者的自我形象塑造当然出于其长期以来对北海石油钻井平台的经营。在挪威语境中，海上石油钻井平台（oil rigs）的传统图片和水力压裂及沥青砂场地图片遵循相同的美学原则，其基础是让我们相信其执行的是标准操作程序。石油钻井平台几乎永远是图像的焦点，平静的海洋呈现为图像的背景。图像通常是在晴朗的天气拍摄的，景物在温暖的夕阳下熠熠发光（Hagen，2011）。向全球各地运送石油和天然气的货船的图像也遵循同样的美学原则，强化货船的外形和轮廓，将其置于平静的海洋中——同样，经常是在阳光下熠熠发光，从而使航运业的日常事务得到凸显（Nesvåg，2011）。

由于北极地区的生产仍处于规划阶段，其未来开发的可视化必然只是人们想象的投射，因此网络上和战略文件中的图像往往比常规图像更加模糊。例如《最后的边界：挪威国家石油公司的北极勘探文案与战略》中所呈现的视觉材料（Hansen，2012）。该文件严格考虑了用作插图的摄影素材，为该公司的北极计划提供了奇特视角。文中有三张较大的照片及五张较小的照片，被用作文本的背景。三张较大的照片中，有一张拍摄的是梅尔科亚（Melkøya）的加工设施。此处生产的天然气液化后出口到全球。这张图片与挪威国家石油公司陆地生产场地图像的风格大致相同，即将所有设施安置于一个风景优美的地方，使设施显得很不起眼（Hansen，2012：12）。在该图片中，设施周围基本没有人影，而另外两张图片所呈现的画面却是穿着工作服的挪威国家石油公司员工在凝视大海。其中一张照片在文档首页和最后一页各出现一次，呈现的是两名男子从镜头前走开，走向看似钻井平台边缘的地方，面朝大海和落日（Hansen，2012：1，17）。两名男子位于画面的中心，但被落日照亮的地平线把读者的目光引向宽阔的海洋。我们作为观看者，也同两个无名的钻井工人一道，开启了对未知世界的探索。第三张图片和挪威国家石油公司其他图像的视觉效果不同。图片的右下角有两个人，站在船的甲板上，凝视着冰冷的海洋（Hansen，2012：16）。这张照片有两个特别之处：一是我们可以看到其中一个人的脸；二是这张照片还有一个副标题，为"2012 年东格陵兰北极研究之旅"（Hansen，2012：16）。镜头靠近这两个人，聚焦范围小，可以看清两个人的表情，再加上副标题，使得这张照片有一种其他图片所没有的真实感。文案交给潜在的股东时，表达权威的方式会发生变化。

二　往前走，这里没什么可看的

挪威国家石油公司的图像所表达的常态是以纪录美学的形式转移我们的注意力，减少批评的声音。米尔佐夫认为，视觉性既不是人们通常所理解的图像集合，也不是某个领域的经验，而是视觉运作的"标准操作程序"。米尔佐夫的研究在很大程度上参考了哲学家雅克·朗西埃（Jacques Rancière）的著作及其对"警察秩序"与断裂的理解。简单地说，朗西埃把警察秩序，即我们日常所处的体制，同其权力、地位分配以及政治区分开来。这里指的是背离警察秩序的事件，比如那些在公共场合没有发言权的人发言的情况。对朗西埃而言，政治历来是民主问题，从这个意义上说，它显然背离了社会地位是固定的、事物的既定秩序具有倾向性这样的观点（Rancière，2010：30-31）。

米尔佐夫借用警察秩序与政治事件的关系，解释视觉性与反视觉性的关系，目的在于凸显反视觉性是如何背离视觉性固有的绝对权威的。为此，他提出了三个"视觉化综合体"概念，分别是种植园奴隶制、帝国主义和现代军工综合体，并通过分类、鉴别和美学呈现的手段将它们与权力进行关联。视觉材料通过这种方式被命名、分类和定义，然后区分、分类成组，防止可视者成为政治主体，最后变得赏心悦目，完成美学呈现。根据米尔佐夫的解释，视觉性是"那个告诉我们继续前行的权威，那个能看的独家声明"（Mirzoeff，2011：2）。米尔佐夫的论述参考的是雅克·朗西埃和路易·阿尔都塞（Louis Althusser）关于主体化（subjectivation）的不同描述。阿尔都塞著名的"质询"概念源于权威机构对其民众所说的："嘿，就是你！"而朗西埃所说的权威机构却引导人们"往前走！这里没什么可看的！"（Rancière，2010：37）

这就是历史的可视化，体现了可视化者的权威，这已成惯例。所有这些都由一个（我们这样的）顺从阶层坚持完成自己该干的工作，而没有去看决定。米尔佐夫对此提出质疑，声称"看的权利"是一种反视觉性，即"要求从这一权威那里获得自主权，拒绝分离，并自发地探索新的形式"（Mirzoeff，2011：4）。

看的权利可以说是民主的一种方式，是因为看与"被看"的权利相互关联，有助于对挪威国家石油公司的图像进行有益的分析。挪威国家石油公司拥有权威，控制着可视性。这种可视性是一个过程，可以说是正在形成的历史。米尔佐夫建议应该把可视性作为具有物质效果的话语实践。我们需要在继续前行和声称事实上"有"可看之物之间做出选择（Mirzoeff，2011：5）。在该例中，我们的目光与大自然相遇，并因此邀请它参与对话。大自然没有自己的议程，这可以被视为与人类的利益相冲突；然而，我们就是大自然，将大自然背景化是排除我们的存在的核心前提。这种排除对我们的能源政治话语具有重大意义。如果我们能够通过看的权利来宣称"拥有真相的权利"，这可能会起到"民主政治的关键"作用（Mirzoeff，2011：4）。通过研究挪威国家石油公司发布的图像，我们行使了对不可再生能源开采现实情况了解的权利，这是民主政治的关键，因为我们将环境问题作为未来能源讨论的一部分。

　　可视性模式，也就是这些图像呈现的权威与权力之间的关系与传统的风景画相似，实际上继承了传统风景画的可视性模式，尽管很有意思的是它模仿了甘蔗种植园的布局设计。种植园开发的是人力资源，石油公司开发的是自然资源；种植园主赋予自己剥削奴隶的权力，挪威国家石油公司赋予自己剥削自然的权力。种植园系统的可视性与当今石油产业可视性的关系，喻示全球化背景下权力和帝国主义的关系。种植园主将人类视为自然，而自然在过去和现在都被认为是与文化相对立的，因而受到人类统治。油砂开采和压裂场景的图像继承了长期以来"文化凌驾于自然之上"的视觉化传统。按照这一传统，文化等同于推崇"秩序"与"完美"的西方文明。西方文化秩序被认为是"正确的"，因为它看起来是完美的，它的美学品质从伦理层面证实了它的秩序与完美。挪威国家石油公司的图像就利用了权力和美学之间的这种关系。

　　海地种植园令人不快的景观通过欧洲的监管得到了改善，同样我们也可以说挪威国家石油公司将自然"秩序化"，将其从文化中分离出来，已经实现对石油景观的监管。不同国家的种植园，结构上差异很小，是参照整个殖民地通用的图纸和指导手册以同样的方式建立起来的。按照同样的逻辑，石油图像的美学标准也无多大差异。无论挪威国家石油公司在哪里投资经营，都会以同样的方式描绘它的石油生产场地。针对传教士让·巴普蒂斯特·杜特尔特（Jean-Baptiste Du Tertre）于1667年发布的一张种植园的图片，米尔佐夫写道：

> 即使是景观也证实了欧洲监管对杜特尔特所说的"没有协议的混乱群体"的原生土地状况确实带来了变化。在他这张图片的背景中，山脉和原生荒野让位于分隔规则、布局工整的种植园空间。（Mirzoeff，2011：52）

同样，挪威国家石油公司将资本监管视为权力机制，把荒野变成背景，让石油生产场地呈现为分隔规则、布局工整的空间。重要的是，这里采用的景观描绘方式效仿的是种植园景观，也就是说，景观描绘"将殖民空间变成单一的几何平面"，"将'开垦的土地'和'空旷'空间区分开来，导致殖民开拓变成有组织的审美感知的决定性原则"（Mirzoeff，2011：58）。随着挪威国家石油公司进入北极地区，开垦的土地和空地之间的这种关系变得显而易见，尽管它正在发生变化。

三 全球北方帝国主义

为了理解挪威国家石油公司的石油开采与其生产场地图像之间的关系，我们可以参考米切尔对空间、地点和景观概念的描述，即"可以从几个不同的角度，激活辩证三位一体概念结构。如果地点是特定的，那么空间则是'实践地点'，即由运动、行动、叙事、符号激活的生产场地，而景观则是指呈现为图像或'可看'事物的生产场地"（Mitchell，2002：x）。今天，任何关于石油和自然的讨论，其框架都是资本在全球市场经济内的自由流动，这一过程忽略并掩盖了所涉要素之间的所有差异。挪威国家石油公司的图像将生产设施置于非特定的空间内，根据米切尔的"辩证三位一体"

结构模型，我们发现，挪威国家石油公司的生产场地并不是特定的地点，而是不确定空间内的实践地点，或者换句话说，是一个非本地场所（non-local locality）。生产不可避免地具有地方性，哪怕该生产场地离我们很远，我们无法到达，但生产带来的后果也是地方性的。挪威国家石油公司图像具有普遍性的视觉性特征削弱了它所传达的地方性印象。

然而，当论及诸如全球气候变暖等问题时，蒂莫西·莫顿（Timothy Morton）认为，"地方性是一个抽象概念"（Morton，2013：47）。没有所谓的地方性，只有非地方性（non-locality），也就是说，地方性事件总是与发生在该地之外的事件及其过程相关联。挪威国家石油公司所属的经济网络是全球性的，因此该公司所生产的化石燃料是全球性的商品。不断由化石燃料造成的大气变化，从定义上看属于全球现象。挪威国家石油公司的生产场地图像对此做了精心处理，承认某种地方性，开发可以开采石油的地点，但同时又没有赋予这些地方真实的存在。这似乎是完美的实践行为可视化，强化其产品真实性的同时，又淡化其对本地和全球环境的影响。

我们在军事基地图像上才能够找到类似的视觉效果，这种类比在美国艺术家、地理学家特雷弗·帕格伦（Trevor Paglen）的作品中可以看到。通过拍摄美军位于内华达州和新墨西哥州沙漠的秘密基地（Paglen，2012）以及位于西弗吉尼亚州的美国宇航局（NASA）基地（Paglen，2010），帕格伦揭示了这些基地景观的全球化特性，即隐藏军事行动的隐蔽性景观。帕格伦的图片用长焦镜头记录下这些地方的控制塔、监视点、飞机库和车辆。丽贝卡·索尼特（Rebekka Solnit）与米尔佐夫观点一致。她在关于帕格伦图片的文章中声称，这些图片将战时社会的不可视性同它本身割裂开来（Solnit，2010：9）。她指出，"不可视性在军事用语中是一种防护屏障，而泄露秘密则导致自己容易被人发现并受到攻击"（Solnit，2010：10）。军事和太空项目的工作场地都是高度保密的，没有许可，确切来讲没有"看"的权利，任何人都不得靠近，更不会看到。政府希望这些场地是隐形的，人们无法找到。帕格伦选择了看，是主张他"看"的权利。

56 虽说挪威国家石油公司并不像美军基地或美国宇航局那样神秘，但令人吃惊的是，它们的可视性有着相同特征，而且挪威国家石油公司在许多情况下的运营操作与帕格伦镜头下美国荒野中的秘密基地并无二致。最好把帕格伦的照片看成非感官的凝视，或者说是军事化局势视觉性的反视觉性，帕格伦坚持不可见事物的可视性，因而被迫采用远景视角。从另一角度来看，挪威国家石油公司图像的远景视角是有意为之，旨在允许人们看到这些场地，却又坚持这些场地不应受到打扰。

挪威国家石油公司进入北极地区新领地时，可视性发生了变化，这种变化导致了可视性本身的危机。鉴于可视性的主要目标是将自己装扮成事物的自然状态，引起人们关注的可视性便指向该可视性本身的危机（Mirzoeff，2011：6）。当然，关注这一点的人都受过关于图像解读的专门训练，或者有其他方法能将图像放置在特殊的语境中，赋予它们和预期中不同的意义。洞察可视性"需要经过训练的眼睛"（Solnit，2010：15），但是这种特殊变化在某种意义上还可以教育旁观者，让他们认识到挪威国家石油公司能够进入北极地区是使用化石燃料导致的全球变暖，而北极地区依然恶劣的条件要求安装不同于其通常所使用的设备，这些设备是"不可见的"。

就石油和天然气开采而言，北极大部分地区仍属于未开垦之地，例外是挪威国家石油公司的第一个海底开采地，即巴伦支海海底的斯诺维特气田。该气田目前有 9 口井可开采天然气，原计划是 20 口井。从海面景观中看不到海底设施，开采出来的天然气通过长达 143 公里的管道网输送到梅尔科亚人可以看见的加工设备中。挪威国家石油公司未来的生产设施大部分将被置于海底，关于其可视性也就有了新问题。

该公司目前和未来在北极地区的投资主要是在这类设施上面，因此不能采用像陆地生产场地那样的标准的方式拍摄这些设施。这一技术变化，使该公司不可能再把资源开发行为置于更广阔的荒原背景之中，或者通过与这一荒原背景相对立的方式将其刻画为标准操作程序。从这个意义上说，就出现了反视觉性，不仅因为我们需要看、再看，还因为我们不可能在水下拍照时将自然背景化。事实上，这一变化或许有助于我们立足于依赖不可持续资源开发及化石燃料消耗的社会之中，审视我们所在的这片隐喻性场地。挪威国家石油公司的可视性危机就是一场生态危机。

参考文献

Hansen, Runi M. 2012. "The Final Frontier: Statoil's Arctic Exploration Portfolio and Strategy." *Science & Justice: Journal of the Forensic Science Society*. Stavanger: Statoil ASA. http://www.statoil.com/no/InvestorCentre/Presentations/2012/Downloads/Statoils% 20Arctic% 20exploration% 20portfolio% 20and% 20strategy% 2013% 20Dec% 202012. pdf. Accessed 20 Sept 2016.

Mirzoeff, Nicholas. 2011. *The Right to Look: A Counterhistory of Visuality*. Durham: Duke University Press.

Mitchell, W. J. T. 2002. Preface to the second edition of *Landscape and Power*. "Space, Place, and Landscape." In *Landscape and Power*, 2nd ed., ed. W. J. T. Mitchell, vii-xii. Chicago: The University of Chicago Press.

Morton, Timothy. 2013. *Hyperobjects: Philosophy and Ecology after the End of the World*. Minneapolis: The University of Minnesota Press.

Norway. 1992/2014. *Constitution of Norway*. Available at: https://lovdata.no/dokument/ NL/lov/1814-05-17/KAPITTEL_ 6#KAPITTEL_ 6. Accessed 20 Sept 2016.

Plumwood, Val. 1993. *Feminism and the Mastery of Nature*. New York/London: Routledge.

Rancière, Jacques. 2010. *Dissensus: On Politics and Aesthetics*. London: Continuum.

Snyder, Joel. 2002. "Territorial Photography." In *Landscape and Power*, 2nd ed., ed. W. J. T. Mitchell, 175-201. Chicago: University of Chicago Press.

Solnit, Rebekka. 2010. "The Visibility Wars." In *Invisible: Covert Operations and Classified Landscapes: Trevor Paglen*. New York: Aperture Foundation.

第四章

北极城市化：没有城市的现代性

托里尔·纽赛斯[*]

斯堪的纳维亚地区的北极城镇具有北极地区特有的形式及特点，但与世界其他地区的城市也有相似之处。北极城市可看作城市的悖论，挑战我们对城市性（urbanity）的认知与理解。这些论断看似十分简单，但也正因如此，本章的目的是双重的：以斯堪的纳维亚北部地区为重点，总结北极城市化的最新发展及其特点，继而思考可以替代的或者更具包容性的城市性话语。

北极经常被描述为一个无人居住的地方，但这里的城市在迅速发展，这需要我们改变一度认为该地区只有海豹和北极熊的看法。城市化进程在某些地区颇为极端，这和与自然资源开发相伴而生的过度工业化（hyper-industrialization）有关。发展必要的软件基础设施和"轻型机构"，目的是助力资源开发，这一需求推动了城市化进程。知识中心、社会和公共服务、研究机构、金融基础设施和其他各种便利设施，都能够增加该地对新居民及投资者的吸引力。在斯堪的纳维亚北部地区的首府，如特罗姆瑟（Tromsø）（挪威）、罗瓦涅米（Rovaniemi）（芬兰）、于默奥（Umeå）（瑞

---

* 托里尔·纽赛斯（Torill Nyseth），挪威特罗姆瑟北极大学社会学、政治学和社区规划系。周玉芳（译），聊城大学外国语学院英语语言文学副教授。原文："Arctic Urbanization: Modernity Without Cities," pp. 59-70。

典）等地正在进行类似基础设施的建设，这些城市是本章研究的案例。小一些的城市，如挪威的阿尔塔（Alta）、哈默菲斯特（Hammerfest），瑞典的基律纳（Kiruna），规模也在不断扩大，部分原因是受到了资源开采业的推动。这些城市在各个地区的功能和作用也在发生变化。其中有些城市在竞争中"获胜"，而另外一些则停滞不前；有些城市将成为金融、生产和经济等全球性跨国服务网络的一部分及流动中产阶层的家园，因此必须调整它们的基础设施和特征，以适应这些力量及人们的生活方式。

这些力量正在改变该地区的生活条件，也在改变城市本身，包括城市所代表的东西、那里所发生的事情以及城市的设计等。北极城市产生于"北极化"（Arctic-fication）时代工业化、文化变迁和高北地区（the High North）新的政治语境中。我所说的"北极化"是指当前有关北极的象征性话语正在挑战有关该地区的旧神话，构建新神话的过程（Guneriussen，2012）。北极荒野已经变得美丽、壮观，再也看不到以前冷清、黑暗和荒凉的景象。最近，人们在最不可能的地方和事件中不断"发现"北极的"魅力"。北极已成为新的边地、神奇的地区，代表未来工业的繁荣发展（Guneriussen，2008）。这些城市还是多民族、多样的，具有多方位杂糅的特征。

大卫·贝尔（David Bell）和马克·杰恩（Mark Jayne）认为，小城市长期以来被城市理论家忽略（Bell and Jayne，2009），北极城市也是如此。尽管全球化和城市化进程在北部地区已非常明显，但北极城市直到最近几年才被纳入研究议程（Dybbroe et al.，2010）。北极城市大多数规模小、人口少，但代表不同形式的城市化，象征城市形式的多元化。接下来，我将更深入地探讨北极城市化的特殊性、北极城市化的不同驱动因素及其表现形式。北极城市的本质是什么？它普通在哪里，又有什么特殊性？怎样描述北极城市？城市生活中的哪些元素变得更加重要？我们是将其他形式的城市化出现视作城市发展、资源开采工业发展的结果，还是认为其由北极的地理特性所致？61

一 关于规模和角色的说明

我们发现，北极和亚北极地区的城市按结构可分为较大城市、较小城镇、定居点。人们可能会想知道这些地方作为城市具有哪些特征。该地区有些较大的城市，特别是俄罗斯的摩尔曼斯克（Murmansk），人口超过 30 万。按照经典定义，城市是一个人口密集、规模庞大、社会异质性强、功能多样、劳动力专业化的多用途空间（Wirth，1938/2003），但斯堪的纳维亚北部地区的城市主要是规模较小的定居点。在亚北极地区，我们还发现了一些中等规模的城市（人口 5 万~10 万），如特罗姆瑟、于默奥、奥斯陆（Oslo）、博多（Bodø），还有些较小的城镇（人口 1 万左右），如哈默菲斯特、希尔克内斯（Kirkenes）、纳尔维克（Narvik）、哈尔斯塔（Harstad）、阿尔塔、罗瓦涅米、基律纳。冰岛只有一个城市，即雷克雅未克（Reykjavík），该地作为首都占有主导性地位。格陵兰的努克（Nuuk）被认定是大都市，但人口只有 1.7 万。这些城市中有许多因规模小而不具备城市资格，但有一些仍像大城市那样"行事"，尤其是努克。努克能成为大都市与它作为格陵兰首府的角色有关，也与它在全球经济中所起的作用有关。

北极地区的城市化需要参照其他地区按规模和功能被定义为农村居住地和小城镇的那种情况。考虑到重塑北部地区的各种力量，必须认识到我们所看到的变化标志着新型小规模城市的发展。尽管北极的城市化速度很快，北极城市却并没有被纳入主流城市化理论的框架之内。这些城市的职能因地而异，包括在政治、行政、经济生活中没有决定权的区域性城市，以及在国民经济中发挥重要作用的首都城市。如果全球性城市意味着是世界经济的指挥中心（Sassen，1991）或者是与全球网络相连、提供先进服务的生产和消费中心（Castells，1996），那么它们就不在这类城市之列。然而，北极北部地区的城市预计将会成为区域增长的动力，尤其是在目前这段时间，理由是经济变化的多样性大大增加了其创新和实验潜力。由于南

北之间存在一种不平衡的等级关系，北极城市同其跨国界及领土语境的关　62
系，在政治权力、战略决策、经济关系及互联互通等方面还很不清晰。这
些城市的政治、经济与南部地区国家的首都联系在一起，而不是与北极的
其他城市相关联。

　　这种城市化模式也有明显的例外。位于挪威与俄罗斯边境的希尔克内
斯，自苏联解体、边境开放以来，与俄罗斯一侧的城市（Viken and Nyseth,
2009）建立了密切的联系。北极理事会于 20 世纪 90 年代成立，2013 年在
特罗姆瑟设立了秘书处，从而使整个区域实现了广泛连通。因此，北极城
市的特点可以通过它们对外部的开放程度和连通水平得以体现。开放性和
外部性的结合，加上地域性，造就了它们的动态潜力。几个北极城市，由
于这种连通性所带来的交流而有了新的发展潜力和机遇。然而，这些城市
仍然被视为传统意义上的固定不变的实体存在，位于相对稳定的、闭塞的
地域，以出口产业为主，如渔业、矿业、石油、天然气等，被跨国政治、
经济、商业利用。这种观点表明，人们在认知北极地区及其城市方面有潜
在的殖民倾向。

二　北极城市与北极城市自然

　　那么，北极城市是什么呢？参照城市理论标准，也许可以更容易地描
述北极城市不是什么，而不是它是什么。当世界一半的人口生活在城市里
的时候，城市无处不在，也无所不是，很难确定什么不是城市。根据阿敏
（Amin）和斯瑞夫特（Thrift）的说法（Amin and Thrift, 2002），我们很难
再就城市是什么形成一致意见，但我们仍然认为城市不同于其他地方。把
城市看作一个过程而不是一个固定的地方，可能有助于理解。弗朗索瓦·
阿舍（Francois Ascher）提出的"大都市"概念（Ascher, 2007）有助于描
述北极城市化。可以将大都市视为第三次现代城市革命的产物，这得益于
区域流动性的增强，以及通过生产、知识、经济的新区域集聚而实现的区

63 域城市化和通过跨国运输和通信网络实现的区域连通。有研究发现，北极地区存在某种特殊的城市"风气"，这在该地区的年轻人当中尤其如此（Bæck，2004），但这种城市化在北极城市中是如何得以表达、实践和执行的呢？它是否以特定的空间性为标志？在这种气候条件恶劣的偏远地域，城市之间距离十分遥远，如何产生城市空间？在大景观的小聚落中，空间驱动力及其结果又是什么？

近几十年来，北极地区的定居结构发生了重大的转变，人们为了在更大的城镇定居而离开小村庄。北极地区的人口增长点主要在城市中心。在北极某些区域，自然代表此处"空无一人"（empty），没有永久性的定居点。人们生活在大山脚下人口比较稠密的城市或较小的村庄里，如芬马克（Finnmark）沿岸。这里有分散的港口城镇，而在这些城镇之间，除了曲折的海岸线外"什么都没有"，人们无法建造房屋或乘船出海。在峡湾里，仍然可以找到传统生活方式的痕迹；在人口稀少、远离城镇或城市的地区，渔业与农业相结合的家庭经济仍然存在。近年来，由于年轻人搬离此地，留下的都是老年人，这种生活方式越发少见（Bæck and Paulgaard，2012）。北极城市化的空间特征之一是人口增长点多在边界分明的城市中心。它们就像荒野中的小城镇，没有郊区，周围人烟稀少。在密度、经济文化多样性及活力方面，这些中心与周围环境相比更能提供一种"城市生活方式"（Munkejord，2009）。这些城市越来越成为当地的行政管理和知识、金融等的服务中心。

北极地区的城市靠近自然，在一定程度上可以说就是大自然的一部分。这些城市的文化与自然之间有密切的关系。此处兴起的旅游业等后现代产业，正是凭借其看似"空无一人"的自然空间吸引人们，使发展旅游业成为可能（Viken，2011）。对大多数游客来说，这里的城市是荒野探索过程中的休憩地。这里的城市，因为生活方式代表荒野状态的例外，与世界上其他地方形成鲜明的对比。因为在其他地方，由于城市扩张，很难将一个城市与另一个城市区分开来，在那些地方，唯一的"自然"就是城市公园。

64 此处已形成一种独特的城市"风气"（Bæck，2004），人们通过"野外"的极限表演（extreme performances）打造与非城市环境的亲密关系。生活在北极城市的人全年大部分的空闲时间都在大自然中度过。这种与自然的亲密关系很可能是使北极城市适宜居住的因素之一。这些城市的特别之处在于便于人们参加极限体育活动，如在崎岖的山地滑雪或爬山，这吸引着越来越多的高水平运动员前来挑战和探险。

自然也是北极城市生活的一部分。雪橇狗被称为北方的"城市狐狸"。在挪威的阿尔塔，芬马克比赛已成为一项大型全球体育赛事。在为期一周的赛事中，来自北极各地的狗拉雪橇队伍齐聚一堂（Granås，2015）。城市变成了人类与狗以及其他非人类的聚会场所。人类与自然的关系挑战了城市和野外的空间界限，出现了欣奇利夫（Hinchliffe）和沃特莫尔（Whatmore）所说的"异质城市居民"（Hinchliffe and Whatmore，2006：124）。英国的"城市狐狸"象征自然对城市的适应，而这在北极城市则是一种关系实践。在北极，人类活动极度依赖他们对自然的适应，自然就在他们周围，还延伸到城市居住区。例如，在哈默菲斯特，栅栏不仅是为了把驯鹿挡在外面，同时也是为了让城市居民待在里面。

三 北极多样性：原住民多元文化城市

从特定意义上讲，北极城市具有多元文化特征。这里的城市是多个不同民族群体的聚集地，包括原住民，也包括来自世界各地的其他民族。例如，在特罗姆瑟，有130多个不同的民族聚集在一起；特罗姆瑟将自己定义为原住民城市，是除挪威萨米核心区以外萨米人口最多的城市。由于俄罗斯人较多，希尔克内斯已成为一个双语城市。从历史上看，挪威北部人口是三个"部落"的混合体，包括萨米人、克文人（Kvens，芬兰人）和挪威人，在某些地区还有俄罗斯人。几百年来，这些地区一直是不同民族、不同文化背景的人的家园。自17世纪以来，俄罗斯人、芬兰人和萨米人一直共享着芬马克东部的土地。苏联解体以来，俄罗斯移民数量增加，这并非 65

全新事件，而是历史的延续。

　　许多北极城市位于原住民生存的土地上，尽管这些国家的主流群体并不承认原住民对这片土地的所有权。去殖民化是一个不断发展的过程，在城市中形成了复杂的民族结构。目前，生活在城市中心的大多数原住民的身份和传统文化都与偏远的农村地区相关。原住民人口日益城市化是最近的现象，既涉及身份认同，又涉及从农村到城市日益频繁的人口流动。多元文化主义在该地区具有悠久的历史，但其目前的呈现形式是新的，原因在于该地区的人口流动性增强，包括临时流动，如短期内到达希尔克内斯的俄罗斯渔民，也包括各类游客、商人和临时工人的到来（Viken and Swencke Fors，2014）。

　　如果城市是形成新身份的关键场所（Sassen，2012），北极城市肯定位列其中。针对原住民身份所做的各种实验是一个持续的过程，出现了在其发源地的农村社区并不存在的新文化习俗。原住民抛弃了与城市环境"格格不入"的历史形象，声称这些城市是他们的，他们同其他任何人一样也拥有合法身份，从而具有了新形式的杂糅身份（Nyseth and Pedersen，2014）。一个世纪前，对进入城市的原住民来说，融入主流文化是他们唯一的选择，这剥夺了他们的文化独特性。而今天的北极城市却能够将原住民文化纳入文化多元城市的形象建构中，当然过程中依然存在冲突，还需要沟通。

　　目前，萨米人机构正试图让萨米人"扎根"于城市的日常生活之中。通过比较相关研究发现，这同世界上其他地方鲜有相似之处。其他地方的原住民群体高度城市化，例如加拿大、美国和澳大利亚。在这些地方，人们关注的重点是边缘化、贫困、吸毒和无家可归群体（Kishangani and Lie，2008），但是这些问题在斯堪的纳维亚地区的福利国家十分少见。这是因为与萨米地区更为统一的亚文化相比，北极城市具有异质性，因此这些城市作为不同文化的交汇之地尤其值得研究。在如何表达和争取原住民身份方面，北极城市之间也有差异。例如在特罗姆瑟，城市现代性似乎让萨米人身份的个性表达得到加强，而在罗瓦涅米，为了吸引更多游客，萨米文化被旅游业高度商业化，并用非常奇怪的方式加以展示。在芬兰拉普兰（Lapland）的部分地区，萨米符号及萨米传统的商业化比在挪威或瑞典程度更高（Viken and Pettersson，2007）。在不同的国家和城市，萨米人的复兴进程也有不同的表现，因为成立萨米人机构的相关政策以及有关萨米语言的各类政策共同在塑造城市性方面发挥作用。

（一）城市化和过度工业化

北极城市化背后的驱动力量与后工业城市的全球化趋势有所不同，后者的符号经济是建立在文化产业、网络和信息技术等"软"能力的基础上的，而北极城市化在一定程度上是由过度工业化驱动的（Benediktsson，2009）。由于气候、技术、经济、文化、政治方面的变化，该地区的"开放"使其成为地缘政治关注的"热点"。地缘政治环境的变化似乎正让北极地区成为先进工业生产的繁荣地带。许多城市是作为工业城市建立的，例如1900年前后建立的希尔克内斯、基律纳和纳尔维克等矿业城市。其他城市正面临新的工业化阶段，其根由是全球对鱼类、石油、天然气和各种矿产资源的争夺。哈默菲斯特是个典型例子，它正从以渔业生产为基础的小城市转变为全球网络中以石油经济为基础的城市。

这些城市的经济特征不仅体现在生产过程中各个层面自然资源的输出上，还体现在资本输出上。这些经济体高度全球化，但回流至当地经济中的出口收入几乎没有，即使有也微乎其微，而且这些行业中也几乎没有本地企业。以希尔克内斯的煤矿为例，直到1996年关闭，该矿场一直由一家国有公司经营，现在却归澳大利亚一家矿业公司所有。全球市场引入了来自遥远国家的力量，在地方、公司和个人之间建立了新的关系网络。

在这些新兴的工业城镇中，有些看起来就像大型建筑工地，其人口增长主要是因为跨国建筑工人大量涌入；有些则像工业"营地"，劳动力"飞入，飞出"。正在建造的新住宅成本很低，无论是设计还是选址都没有太多考虑。用水泥填充的大型竖井排列在码头，是正在施工的明显标志。俄罗斯的北极地区、瑞典和芬兰北部的部分地区都在飞速发展，国际矿业公司也正在敲开挪威北极地区的大门。如上所述，希尔克内斯矿场于 1996 年关闭，今天国际资本又将其重新开放。该矿场位于目前控制不太严格的俄罗斯边界处，俄罗斯在这里影响力较大。希尔克内斯逐渐成为挪威和俄罗斯边境地区人员、货物、知识交流高度密集的地方（Viken and Nyseth, 2009; Viken and Swencke Fors, 2014）。尽管有跨国交流，矿业生产仍然在其经济和城市形象上留下了印记。

（二）现代北极城市的文化经济、政治与设计

北极城市的文化经济有其特殊性。像特罗姆瑟国际电影节和希尔克内斯的巴伦支奇观这样的节日，都在最冷的 1 月举办，吸引了大量游客。2014 年，于默奥被授予欧洲文化之都的称号；特罗姆瑟申办过 2014 年和 2018 年的冬季奥运会，虽然没有成功，但这种尝试显示了其雄心壮志和承办大型体育赛事的责任意愿。所有这些都是对该地区落后、守旧等古老神话的挑战，具有新的象征意义，建构了其奇特、魔幻、壮观的外在形象（Guneriussen, 2008）。尚不清楚这种文化经济会遭受规模不断扩大的新工业发展的哪些影响，然而在这些城市的品牌塑造过程中，文化问题可能会充满争议乃至冲突，但对这些城市而言形象就是一切。

冷战期间，对安全的考虑决定了北极国家政策中的优先事项，这影响了挪威一侧的希尔克内斯和俄罗斯一侧的摩尔曼斯克等城市的经济基础建设。在此期间，国家对希尔克内斯的西德-瓦兰热矿业公司（Syd-Varanger A/S）的支持主要出于军事目的，而不是为了经济发展（Eriksen and Niemi, 1981）。柏林墙倒塌，苏联解体，这里的采矿业也关停了（Viken and Nyseth, 2009）。将军事利益合法化的国家工业支持在冷战结束后成为历史。目前，这些城市当中有些扮演着国家层面的角色，其中哈默菲斯特是挪威开发巴伦支海天然气方面的领头羊，希尔克内斯是挪威通往俄罗斯的门户，

而特罗姆瑟则扮演着国家角色，包括拥有大学城和北极首都的称号。

有些北极城市是新出现的，只有不到 100 年的历史，它们的出现或是因为有矿井、港口，或是因为有舰队基地。像特罗姆瑟这样的一些老城市，有 200 多年的历史，则是因为商业贸易和海上交通发展起来的。因此可以说，许多北极城市的发展在很大程度上都不是自身可持续增长的结果，这意味着这些城市同推动其发展的资源与政治一样十分脆弱。与中欧城市相比，这些城市相对年轻，而且因为它们的发展往往是工业生产的结果，所以主导其城市视觉美学的多属于战后现代建筑设计，具有历史价值的建筑物较少。像哈默菲斯特和希尔克内斯这样的城市，在二战期间被彻底摧毁，它们现在的形态形成于 20 世纪五六十年代。仍然保留小木屋的特罗姆瑟是北极地区的例外，尽管城市发展、城市规划，几场城市大火，摧毁了该市 18、19 世纪的大部分建筑。

四　北极城市定义：新都市？

对斯堪的纳维亚北部地区城市化进程的概述，揭示了北极城市相对于城市性普遍理解的矛盾所在。斯堪的纳维亚北极地区的城市具有特殊性，但它们同世界其他地区的城市发展是有可比性的。仔细观察可以发现，在跨越北极景观及国家边界且具有全球影响力的关系网络中，小型定居点和城镇正面临变革。斯堪的纳维亚地区的福利国家为这些社区提供了公共机构及基础设施，满足它们作为现代世界区域城市中心的职能需求。在这个地区，成为城市的方式和创造新型城市未来的方式是多样化的（Robinson，2006；Hubbard，2006）。像斯瑞夫特在论及城市和现代性时所讲的那样，"一个尺寸并不适合所有人"（Thrift，2000）。参照罗宾逊（Robinson）的后殖民城市研究，我强烈建议城市理论应该建立在更加丰富的城市经验基础上。

参考文献

Amin, Ash, and Nigel Thrift. 2002. *Cities: Reimagining the Urban.* Cambridge: Polity Press.

Ascher, Francois. 2007. "Multimobility, Multispeed Cities: A Challenge for Architects, Town Planners and Politicians. " *Places* 19 (1): 36-41.

Bæck, Unn-Doris. 2004. "The Urban Ethos: Locality and Youth in North Norway. " *Young* 12 (2): 99-115.

Bæck, Unn-Doris Karlsen, and Gry Paulgaard (ed). 2012. *Rural Futures? Finding One's Place within Changing Labour Markets.* Stamsund: Orkana Akademisk.

Bell, David, and Mark Jayne. 2009. "Small Cities? Towards a Research Agenda. " *International Journal of Urban and Regional Research* 33 (3): 683-699.

Benediktsson, Karl. 2009. "The Industrial Imperative and Second (hand) Modernity. " In *Place Reinvention: Northern Perspectives*, eds. Torill Nyseth and Arid Viken, 15-31. London: Ashgate.

Castells, Manuel. 1996. *The Information Age*, Vol 1. Oxford: Blackwell.

Dybbroe, Susanne, Jens Dahl, and Ludger Müller-Wille. 2010. "Dynamics of Arctic Urbanization. " *Acta Borealia* 27 (2): 120-124.

Eriksen, Knut Einar, and Einar Niemi. 1981. *Den Finske Fare. Sikkerhetsproblemer og Minoritetspolitikk i Nord.* Oslo: Universitetsforlaget.

Granås, Brynhild. 2015. "Fra Stedsteori til Teori om Sammenkastethet: Materialitet, Historie og Geografi i Lesninger av Hundekjøring i Norge. " In *Med Sans for Sted. Nyere Teorier*, eds. Marit Aure, Jørn Cruickshank, Nina Gunnerud-Berg, and Britt Dale, 299-316. Bergen: Fagbokforlaget.

Guneriussen, Willy. 2008. "Modernity Re-enchanted: Making a 'Magic' Region. " In *Mobility and Place: Enacting Northern European Peripheries*, eds. Jørgen Ole Bærenholdt and Brynhild Granås, 236-244. London: Ashgate.

Guneriussen, Willy. 2012. *Arctification.* Unpublished lectures. Tromsø: UiT, The Arctic University of Norway.

Hinchcliffe, Steve, and Sara Whatmore. 2006. "Living Cities: Towards a Politics of Conviviality. " *Science as Culture* 15 (2): 123-138.

Hubbard, Phil. 2006. *City.* London: Routledge.

Kishigami, Nobuhiro, and Molly Lie, eds. 2008. *Inuit Urbains/Urban Inuit.* Special issue, *Études/Inuit/Studies* 32 (1): 5-11.

Munkejord, Mai Camilla. 2009. "Reinventing Rurality in the North." In *Place* 70
Reinvention: Northern Perspectives, eds. Torill Nyseth and Arvid Viken, 203 - 219. London:
Ashgate.

Nyseth, Torill, and Arvid Viken, eds. 2009. *Place Reinvention: Northern Perspectives.*
London: Ashgate.

Nyseth, Torill, and Paul Pedersen. 2014. "Urban Sámi Identities in Scandinavia:
Hybridities, Ambivalences and Cultural Innovation." *Acta Borealia* 31 (2): 131-151.

Robinson, Jennifer. 2006. *Ordinary Cities: Between Modernity and Development.* London:
Routledge.

Sassen, Saskia. 1991. *The Global City: New York, London Tokyo.* Princeton: Princeton
University Press.

Sassen, Saskia. 2012. "When the Centre No Longer Holds. Cities as Frontier Zones."
Cities 34: 67-70.

Thrift, Nigel. 2000. "Not a Straight Line but a Curve, or Cities Are Not Mirrors of
Modernity." In *City Visions*, eds. David Bell and Azzedine Haddour, 233-251. Prentice Hall:
Harlow.

Viken, Arvid. 2011. "Naturbasert Turisme i Nord. Ytre Påvirkning-lokal Tilpasning." In
Hvor Går Nord-Norge? Tidsbilder fra en Landsdel i Forandring, eds. Svein Jentoft, Jens Ivar
Nergård, and Kjell Arne Røvik, 175-188. Stamsund: Orkana.

Viken, Arvid, and Bjarge Schwenke Fors. 2014. *Grenseliv.* Stamsund: Orkana.

Viken, Arvid, and Torill Nyseth. 2009. "Kirkenes-A Town for Miners and Ministers." In
Place Reinvention: Northern Perspectives, eds. Torill Nyseth and Arvid Viken, 53 - 73. London:
Ashgate.

Viken, Arvid, and Robert Pettersson. 2007. "Sámi Perspectives on Indigenous Tourism in
Northern Europe: Commerce or Cultural Development?" In *Tourism and Indigenous Peoples*,
eds. Richard Butler and Tomas Hinch, 176-187. London: Thompson.

Wirth, Louis. 2003 [1938]. "Urbanism as a Way of Life." In *The City Reader*,
eds. Richard T. LeGates and Frederic Stout, 97-105. London: Routledge.

第五章

鳕鱼社会：现代格陵兰的技术政治

克里斯蒂安·维特费尔德·尼尔森[*]

　　北极是世界上狩猎及捕鱼产业同其所依赖的资源之间关系最脆弱的地区之一。自然资源的可利用程度不断变化，加上气候条件的周期性波动，意味着在北极地区繁荣与贫穷将会交替出现。格陵兰鳕鱼捕捞产业的变迁就是这种脆弱性的极端例子。20 世纪初期，北极气温升高，格陵兰鳕鱼捕捞产业大规模扩张，导致海豹捕猎产业受损。20 世纪 60 年代，鳕鱼捕捞产业迅速衰退，导致格陵兰鳕鱼捕捞经济向虾类捕捞经济转型（Hamilton et al.，2003）。从海豹到鳕鱼，再从鳕鱼到虾类，两次转变都是自然和社会力量相互作用的结果。北极生态及文化的转变是渐进的，是一个技术政治综合体慢慢地补充或超越了另一个技术政治综合体的体现。本章追溯了二战结束后格陵兰"鳕鱼社会"的形成。所谓的"鳕鱼社会"，是有意识地以鳕鱼产业为经济支柱进行规划、组建的社会。本章将特别分析丹麦政府官员和不同领域的专家所组成的格陵兰委员会（Greenland Commission）于 1950 年发表的格陵兰白皮书，该白皮书将工业规模的鳕鱼捕捞产业视为该国经

　　* 克里斯蒂安·维特费尔德·尼尔森（Kristian Hvitfeldt Nielsen），丹麦奥胡斯大学科学研究中心。周玉芳（译），聊城大学外国语学院英语语言文学副教授。原文："Cod Society：The Technopolitics of Modern Greenland," pp. 71-86。

济增长和社会福利的最重要来源之一。关注自然资源、新技术和社会变革之间关系的同时，我审视了格陵兰委员会宏伟现代化计划的意外后果。

在马克·科兰斯基（Mark Kurlansky）的传记中，作为"改变世界的鱼"（Kurlansky，1997），鳕鱼是人类与自然关系出现全球危机的象征。科兰斯基认为，鳕鱼一直是战争和革命背后的自然驱动力，养活了人口，成为整个经济的基础，还是欧洲人第一次横渡大西洋的原因之一，曾为探险的欧洲人提供所需的营养。梳理 20 世纪下半叶鳕鱼储量下降的过程，科兰斯基发现，工业捕鱼技术的引进导致过度捕捞，造成了极其严重的生态及社会经济后果。科兰斯基认为，鳕鱼是社会发展的原动力，随着社会科技发展而来的工业化鳕鱼产业是鳕鱼储量减少的主要原因；而我要强调的是，格陵兰鳕鱼社会的形成是自然资源、科技基础设施、法律行政体系等内在混合力量共同作用的结果。鳕鱼无疑可以作为 1950 年以来格陵兰政治改革背后的推动力，但是其推动作用必须结合丹麦针对格陵兰的主权控制、北极环境中的科技基础设施建设、人口稀少地区实现独立政治管理等极其多样化的力量进行考量。作为对科兰斯基有关鳕鱼储量下降这一论述的补充，我认为应该就鳕鱼和社会之间相互作用的转变和置换进行历史性描述。科兰斯基的作品从根本上来说是为败落的狩猎社会所唱的挽歌，与之不同，我不想怀旧（nostalgia），而是想强调无意造成的后果或者说生产过剩不一定会导致退化，但有可能催生新形式的专业技能、新形式的技术政治综合体。

蒂莫西·米切尔（Timothy Mitchell）的著作有助于我们了解自然、技术、社会与政治之间的关系。米切尔关注的是现代埃及及其当代"碳民主国家"的建设，但他在《专家规则》（Rule of Experts，2002）中的理论阐释同样适用于格陵兰岛的现代化进程。米切尔探讨了疟疾寄生虫等自然实体是如何同政府行为、金融交易、新的计算与流通方法相互作用，形成他所称的现代埃及"技术政治"的。需要多种专业知识才能产生如阿斯旺大坝（Aswan Dam）那样的众多社会科技工程所运用的新知识，才能借助这些工程项目利用自然，构造埃及社会的现代结构。米切尔强调，事实已证明工

73

程专业知识不足以遏制自然力量和社会力量。例如，阿斯旺大坝的修建反而使疟蚊滋生，导致新的流行病，威胁了新技术政治秩序的稳定，促进了公共卫生领域新形式专门知识的发展。

米切尔颇具影响力的著作《碳民主》（*Carbon Democracy*，Mitchell，2011）阐明了自然力量、科技力量和社会力量是同等重要的。米切尔认为民主运动的兴起与煤炭开采之间有密切的联系，煤炭开采为第一批工业社会提供了必需的能源。通过想办法阻止煤炭生产，或以其他方式（比如蓄意破坏）来调节碳流动，19 世纪下半叶矿业工人赢得了一定的权力，能够迫使政府和行业领袖满足他们的要求。以煤炭为基础的工业社会与大众民主的结合，导致工人、管理者和从政者的思维方式发生了重大变化。随着 20 世纪石油使用量的增加，工人越来越难阻断碳流动，公司和政府的控制却变得越来越容易。生产石油需要更少的劳动力，因为通过管道、火车和油罐船运送石油只需要极少的人力。此外，由于石油的流动性和轻质性，人们可以实现跨洋运输。由于地质变化，在远离已有工业中心的、政治上不稳定的地区，特别是中东地区，发现了庞大的石油储藏，这使新的控制机制成为可能。比如将制造业外包给工资较低、工会组织较少的国外工人，从而威胁了西方工业化国家工资较低和失业的人员；将石油流动与美元挂钩，将石油回收付款用于武器采购，加剧了政治动荡，从而最大限度地减少了地方对石油生产的政治控制。

技术政治概念体现了政治权力与科技体系的共同建构，不仅意味着战略上利用科技来实现政治目标，也让我们警惕科技和政治不可预测的影响。
由于 20 世纪早期的气候变化，鳕鱼捕捞产业变得可行，这使格陵兰能够将其种类有限的丰富资源之一用于社会经济发展。海豹捕猎产业局限于沿海地区，只能维持海岸附近有限数量人口的生活，而商业化鳕鱼产业能够显著提高人均基础生产力，从而使该地区发展强大成为可能。远洋捕鱼船队活跃起来，辅以大规模的陆上加工设施，使丹麦本土和格陵兰改革人士所鼓吹的集中发展理念所描述的现代性成为可能。然而，格陵兰鳕鱼这个技术政治案例也清楚地表明，人类和非人类行为在适应现代主义规划和技术知识结构配置的过程中是难以被控制的。

一　鳕鱼技术政治

1920 年前后，海洋暖流将大西洋鳕鱼和其他一些鱼类带到格陵兰岛西部水域。与此同时，由于气候变化和过度捕捞，作为格陵兰人传统生活来源的海豹捕猎产业迅速衰退。当时，格陵兰岛仍处于丹麦的殖民统治之下，除了开展经认证的科学活动外，并不对外界开放。格陵兰岛的贸易由丹麦的一家国有企业管理，很大程度上以易货交易为基础。1918 年，一个丹麦公务员表达了与科兰斯基一样的对狩猎的怀念之情。他声称"如果原住民继续保留他们数百年来的海豹捕猎职业，会更加快乐"，然而格陵兰岛的鳕鱼捕捞产业在 20 世纪 20 年代不断扩张，并在 1930 年达到一个小高峰（Mattox，1973：116）。1950 年以前，鳕鱼捕捞一直相对简单，格陵兰渔民使用小划艇或平底小渔船，徒手或用长线捕鱼，只在夏季作业，然后他们把鱼放在贸易垄断企业指定的地点出售，还可以在这里腌制新鲜的鳕鱼和晒鱼干。

对格陵兰人来说，鳕鱼捕捞是一项季节性和辅助性活动，然而到第二次世界大战爆发时，鳕鱼捕捞已成为格陵兰岛南部地区的主要职业。对许多格陵兰人而言，他们所享受的独立推动了要求更大自决权的政治运动。战争年代也为格陵兰人提供了看待外部世界的新视角，因为丹麦当时被纳粹德国占领，而根据与华盛顿特区的丹麦流亡政府签订的协议，格陵兰由美国军队控制。无线广播于 1925 年开始使用，服务范围逐渐扩大，这主要归功于丹麦的新报纸《格陵兰邮报》（Grønlandsposten）的编辑。战争期间，美国在格陵兰建立了军事基地，意味着格陵兰人能够接触西方音乐和美国生活景象，其中有些格陵兰人是有生以来第一次接触这些东西（Beukel et al.，2010；Nielsen，2013；Kjær Sørensen，2006）。

　　战后，格陵兰岛和丹麦重新建立政治联系，但出于种种原因，回到以前的状态已不现实。国际上对去殖民化的重视，加上格陵兰新出现的对自我决定权的要求，人们需要重新界定丹麦在该地区的存在。与此同时，美国正谋求扩大在格陵兰岛的军事影响，因此最终于 1946 年提出从丹麦手上购买该岛。丹麦政府拒绝了这一提议，也清楚地意识到必须采取更加积极的立场。为了在格陵兰建立新的后殖民制度，同时也为了确立丹麦的主权，丹麦政府认为有必要着手制定长期的社会技术发展计划。此外，因为格陵兰的贸易一度被格陵兰皇家贸易公司（Den Kongelige Grønlandske Handel）垄断，丹麦渔民和渔业协会呼吁在格陵兰开放贸易（Beukel et al., 2010; Kjær Sørensen, 2006）。

　　格陵兰领导人与丹麦当局进行谈判之后，一致认为丹麦应启动旨在使格陵兰现代化的改革。为此，格陵兰委员会于 1948 年 11 月 29 日成立，"以审查格陵兰在社会、经济、政治、文化和行政发展方面所面临的问题，并在此基础上提交了一份报告，提出有关这些问题未来指导方针的建议"（Grønlandskommissionen, 1950: Vol.1, 5）。格陵兰委员会有 16 名成员，包括格陵兰两个省议会的 4 名代表。委员会下设 9 个分委员会，共有 105 名成员，其中只有 12 名格陵兰人。根据委员会的建议，格陵兰将从易货经济转变为货币经济，开放国外投资和国际贸易市场，逐步引入卫生、教育、工业、政治管理等现代化基础设施。在格陵兰委员会讨论如何应对该地区未76 来的挑战时，鳕鱼捕捞业被视为新经济最重要的推动力：

　　　　委员会认为，鳕鱼捕捞将是格陵兰今后的主要产业，因此，如果格陵兰社会要以自己的方式维持目前的生活水平，在可能的情况下改善生活水平，就必须增加人均生产量。委员会最重要的任务就是提出增加捕鱼量的措施和建议。（Grønlandskommissionen, 1950: Vol.1, 83）

　　委员会的最终报告在许多方面都不失为一份出色的文件，不仅表达了当时全球流行的高度现代主义的发展思想，还表现了丹麦对多年殖民统治导致的格陵兰岛特殊局势的敏感性。报告包括对现代格陵兰的总体构想，其前提是格陵兰人进入现代社会需要帮助，还需要适当关注该地区特殊的环境和文化条件。严酷的北极气候、人烟稀少（1950 年约有 2.2 万人居住在格陵兰岛）的广袤土地，意味着必须为该地区专门设计新的技术和行政基础设施。丹麦人的专业知识还是有用的，但必须加以改造，以便适用于格陵兰的情况。格陵兰人要有自己的语言、历史和文化习惯，这意味着在该地区推行的新的技术政治绝不应该使其与丹麦完全一致。报告一再强调，即使现代化进程必然会导致结构上的重大变化，格陵兰的独特性必须保持不变（Grønlandskommissionen，1950：Vol. 1）。

委员会在其报告中强调，由于格陵兰人的生活和职业条件不断发生变化，从海豹捕猎和易货经济到鳕鱼捕捞和货币经济，是时候让格陵兰人成为丹麦社会的平等成员了，同时要开放并建立格陵兰与世界其他地区的经济和文化关系。到目前为止，关于委员会报告的大多数历史性解释都集中在该报告关于格陵兰和丹麦的政治影响上，但我更关心该报告关于技术、自然资源、政治管理和社会经济发展等方面的问题。报告特别强调，委员会对现代格陵兰岛的愿景是鳕鱼技术政治。其前提是，该地区的新兴经济可以得到集中在较大城镇的工业化鳕鱼产业的支持，而社会其他领域的发展，如卫生、教育、文化、宗教、行政和技术基础设施等，也必须进行相应规划。

鳕鱼技术政治表明丹麦和格陵兰改革者试图加强和重新界定二者的政治关系，通过鳕鱼产业提高收入，并在此基础上在格陵兰建立一个现代福利社会。人们认为格陵兰的现代发展需要拥有先进的技术设施和称职渔民的新型鳕鱼捕捞船队，这再一次证实建立现代福利社会的必要性。公民都受过教育、遵规守纪，生活在更大规模的社区，社区的教育、行政和文化生活都能够蓬勃发展，而这样的福利社会能够保证捕捞足够的鳕鱼并在该地进行加工。鳕鱼行动获得了大量的公共援助；鳕鱼技术政治意味着新的捕鱼技术将被用来造福人民，但也需要后者在人口与教育方面采取相应的行动。

二　格陵兰的集中与发展

格陵兰的海豹捕猎需要人口分散开来。在一个海豹资源丰富的地区聚集更多的人口，必然会导致海豹的过度捕猎，也会让海豹离开此处寻找较安静的区域。……换言之，以前分散的人口不仅有利，而且绝对必要。……然而，从事渔业的居民并不一定需要分散的定居点。对于渔民来说，首先，最好住在富饶的渔场附近，以避免往返交通花费太长时间；其次，他还必须居住在靠近可以购买商品、出售其捕获的鱼类以赚取收入的地方。……在格陵兰，从海豹捕猎到鳕鱼捕捞导致的结构变化，有利于或更确切地说需要格陵兰人口集中在面积更大、数量更少的定居点。（Grønlandskommissionen，1950：Vol. 1，22-23）

集中和发展是委员会报告中描述鳕鱼技术政治的关键词。要使足够数量的鳕鱼从格陵兰岛西部海域流向国际市场，首先需要引进新的现代渔船，以增加基础产量。这需要把最常用的小划艇或摩托艇变成 10 吨到 15 吨的大快艇。所需快艇的数量要少于摩托艇，但需要更多使用这种快艇的船员。部分得益于丹麦政府提供的高优惠贷款，个体渔民很容易就能获得摩托艇，但更昂贵的快艇则必须通过签署更严格的协议才可以获得资金。通过增大渔船的尺寸来减少渔船的数量，同时完善每艘渔船上的技术设备，都被视为提高鳕鱼捕捞效率的方法（Grønlandskommissionen，1950：Vol. 5，77 - 102）。

随着渔船、渔民的集中和发展，委员会建议将鳕鱼的加工方法从晒干和腌制改为速冻。第二次世界大战后，格陵兰岛大约有 100 个规模较小的鱼类加工作坊，经营晒鱼干或腌制鳕鱼（和其他鱼类）。干燥过程大约需要三

个月，由于室内空间不足，大多数情况下不得不露天干燥。而且气温低于
0℃时，咸鱼生产容易受到影响。尽管困难重重，格陵兰鳕鱼一直被公认为
质量上乘，主要出口到意大利、希腊、埃及、西班牙、葡萄牙等地。速冻
或闪冻技术是 20 世纪 30 年代由美国发明家克拉伦斯·伯德赛（Clarence
Birdseye）发明的，目的是让生活在远离沿海地区的人们也可以享用速冻鱼
类，而这样处理过的鱼类"在各方面都与鲜鱼一样令人满意"（Hilder,
1930）。丹麦格陵兰渔业公司（Danish-owned Greenland Fishing Company）在
托夫库萨克（Tovkussak）建造了第一家速冻工厂。在盈利空间最大的捕鱼
点增设速冻工厂，使鳕鱼全天候和全年加工成为可能。该委员会认为，在
不久的将来，速冻将会补充而不是替代干燥和盐渍工艺，最终捕鱼点的数
量减少，但是每个地点加工的鳕鱼数量增加，鳕鱼加工技术也将得到改进
（Grønlandskommissionen, 1950：Vol. 5, 110-116）。

　　通过对格陵兰的渔业进行技术改进并对人员进行培训，格陵兰委员会
预测来自海洋的鳕鱼不仅会集中起来，其分布范围还会扩大。委员会还对
格陵兰人口流动做了同样的预测。人口问题在很多方面比鳕鱼问题更加微
妙。鳕鱼在理论上可以通过先进的捕鱼设备得到控制（除非气候变化不可
控制，这一点委员会很清楚），格陵兰的人口却必须通过间接的方式加以处
理。委员会注意到该地区的人口变化路径符合集中与扩散的模式。格陵兰
人口以每年 2% 的速度增长，是丹麦其他地区人口增长速度的两倍，人口正
从该国北部和南部地区迁往西海岸中部地区更大的定居点。这种变化与传
统的海豹捕猎产业退化和鳕鱼捕捞产业逐渐兴盛有关，一部分原因是北极
气候变暖，另一部分原因是人们对北大西洋海豹的过度捕杀。人口被吸引
到日益增长的渔业贸易行业以及与格陵兰自然资源开发有关的其他行业，
比如库特利格萨特（Kutdligssat）的煤矿开采。不出所料，这种自发的集中
被视为一件积极的事情，不仅是因为渔业和贸易中出现的新的可能性，还涉
及公共卫生、教育、行政管理、文化经济，实际上涉及格陵兰委员会各小组
委员会所探讨的所有问题（Grønlandskommissionen, 1950：Vol. 1, 21-27）。

关于规模最小和经济条件最差的定居点，委员会提出的问题是：最边远地区的人口难以维持生计，那么是否有必要违背他们的意愿重新进行人口安置？答案绝对是否定的，因此委员会提出了其他相对而言不具强制性的手段，如信息宣传。

> 委员会一向很清楚，必须放弃强行重新安置人口的做法，因为这违背了丹麦社会所推崇的自由和民主原则，也违背了格陵兰人所珍视的自由和个人主义精神。然而，有必要通过书面和口头（广播）的形式让格陵兰人意识到，有充分的理由将人口集中在规模更大的定居点，因为那里的就业和从商机会都很好。此外，委员会还认为，有适当的职业和行业，良好的学校、医院服务和医生以及其他文化产品，特别是有优越的住房条件，都会使人口迁移具有吸引力，那样人们自己就会有兴趣迁移到最合适的地方。(Grønlandskommissionen，1950：Vol.1，28)

80   1953 年，政府为了确保美国图勒空军基地（the US Thule Air Base）的扩建符合美国的安全政策，格陵兰委员会所强调的自由和民主原则被推翻，迫使有116人的27个因纽特人家庭从他们在乌玛纳克（Uummannaq）的家园搬迁到其原住地往北大约150公里处的加纳克（Qanaaq）。当时，搬迁被描述为自愿的，并符合上文中提到的政策。因纽特人从当地贸易点获得了新建房屋以及货物或设备形式的补偿。这次搬迁发生在格陵兰正式从殖民地变成丹麦一个郡的前一个月。然而1996年就赔偿要求进行的调查得出结论是，搬迁并非自愿的（Walsøe，2003）。

三 初期城市化

格陵兰人在文化、政治和经济方面的成熟是丹麦在格陵兰开展各种工作的最终目标，但目前低下的生活水平阻碍了这一目标的实现。

可以毫不夸张地说，提高格陵兰的生活水平是充分实现格陵兰委员会在卫生、文化、政治和经济领域各项主张的先决条件，尤其是不应低估恶劣的生活条件对格陵兰目前较低的经济效率所产生的直接或间接影响。（Grønlandskommissionen，1950：Vol. 4，51）

学界研究了 20 世纪中叶高度现代主义和技术进步理念是如何驱动北极、亚洲、非洲和其他地区的发展项目和规划的（Engerman et al.，2003；Cullather，2010）。加拿大北极城镇伊卡卢伊特（Iqaluit，当时称为弗罗比舍湾，Frobisher Bay）和因纽维克（Inuvik）两个案例，显示了联邦官员推进精心设计的城市发展计划以吸引北方地区原住民接受现代生活的整个过程。跟格陵兰岛一样，加拿大北极地区也经历了法瑞什（Farish）和拉肯鲍尔（Lackenbauer）所称的"初期城市化"（Farish and Lackenbauer，2009：539）（以斯堪的纳维亚大陆为重点有关北极城市化的论述，参见"北极城市化：没有城市的现代性"一章）。这一转变也发生在格陵兰岛，从半游牧的生活方式或一起生活在非常小的社区，到人口集中的大城镇。考虑到格陵兰的特殊情况，这些城镇越来越像丹麦城镇那样设备齐全，有供水设施，有翻新工程和现代化住房就比较出人意料。 81

格陵兰委员会注意到，与丹麦标准相比，格陵兰的生活条件即便不是非常恶劣，整体上还是较差。大多数房子只有一个房间，更糟的是又冷又湿、四面透风。低下的住房标准导致了健康问题，许多格陵兰人患有风湿病和肺结核，而且因为生活在黑暗、寒冷和狭窄的房间里无法读写，造成文化退化。考虑到每套房屋平均居住人数约为 6 人，因此委员会建议建设不同大小的标准房屋。大多数格陵兰人习惯于自己建造房屋，但这一传统不得不终止，部分原因是他们当中许多人效率不高，且缺乏足够的设施。实施这项计划需要引进丹麦建筑专业知识，也需要丹麦政府以优惠条件提供贷款（Grønlandskommissionen，1950：Vol. 4，44–78）。

1950 年，第一批访问格陵兰的城市规划者完全支持集中和初期城市化的技术政治。规划者认同发展鳕鱼产业应选择数量较少但规模较大的部门，但他们也认为应选择在城镇发展类似的业务，城市发展必须因地制宜。在委员会建议将木材作为最保险的建筑材料的地方，建筑师却主张用混凝土作为未来的建筑材料。有人认为，鳕鱼产业的发展会导致出现比当时在格陵兰可以看到的"更集中的定居形式"，而混凝土最符合这一目的（Andersen，1951：36）。格陵兰曾建议将地方规划作为初期城市化的要求，城市规划者比委员会设想的更进一步，他们认为既然格陵兰所有的小型独立社区都将联结成"同一个格陵兰社会"，那么港口、渔业、住房、学校、医院、电影院甚至面包店的建设，就不再仅仅是地方事务（Andersen，1951：113）。

82　　现代城市规划最典型的例子是在戈特霍布（Godthaab，格陵兰语为Nuuk）修建的 P 区，其灵感来自丹麦当时流行的功能主义建筑风格，1967年竣工后一度是整个丹麦王国最大的住宅区。这栋建筑共有 5 层，每层有 64 套公寓，容纳了格陵兰大约 1% 的人口。在公寓楼里人和人住得很近，这与传统的小而分散的居住形式大不相同。有些格陵兰人住在 P 区会感到不舒服，有些人却喜欢这里的自来水等现代化设施，很快就找到了将传统生活融入小公寓的方法，比如利用阳台晒制肉干或进行皮肤治疗。随着人们对 P 区的热情逐渐减弱，该住宅区也从前卫住宅慢慢变成了贫民窟，批评之声也随之出现。有人认为 P 区是丹麦政府试图通过现代化便利设施重新殖民格陵兰的物证，也有人对北极自然与这些城市"居住机器"（living machines）之间鲜明的美学反差感到不适。2012 年，当地政府拆除了 P 区（Hilker and Diemer，2013）。

83　　**四　变化布局**

人们习惯认为丹麦努力实现格陵兰现代化的尝试象征两个世界的碰撞。一方面，丹麦的改革者虽然总是谨慎地强调启动现代化进程是为了格陵兰自身的利益，但他们也的确发起了一项更为宏大的发展计划。他们一定程度上赞同当时的现代主义规划理念，从根本上讲是想把格陵兰变成一个现代福利社会，拥有完备的技术及行政基础设施，拥有受过良好教育、健康和高度自律的工业社会公民。另一方面，格陵兰人的传统文化是建立在小规模、高度自治的社区基础上的，昔日这些社区与外部世界的联系相对较少，导致他们完全不习惯现代生活的节奏和复杂性。丹麦专家撰写的包含从排水到法律事务等各种问题的报告含蓄地表达了这一观点。他们在 1948 年和 1949 年夏天曾经到格陵兰收集供委员会报告使用的资料，除了少数例外情况，他们从丹麦的角度将格陵兰的情况描述为"骇人听闻"。20 世纪 50 年代，文化碰撞概念颇为流行，丹麦社会科学家开始关注现代化对格陵兰人口的影响，发现现代社会的弊病也伴随而来，而在格陵兰，由于两个世界的文化碰撞，强度增大（有关格陵兰和解委员会应对这种文化碰撞的论述，参见"格陵兰和解委员会：族群民族主义、北极资源与后殖民身份"一章）。

两个世界碰撞的话语在关于人与环境相互作用的叙述中也很常见。这在科兰斯基的文章中可以看到，隐含在他对过度捕杀海豹以及后来过度捕捞鳕鱼行为的简要论述中。我认为这种说法有其可取之处，部分原因是它们能够为复杂的问题提供简单的解决方案。如果"传统"的生活方式受到现代文化的冲击，那么我们必须对之加以保护，至少减轻现代性对它们的影响；如果自然资源由于工业化渔业发展的影响而枯竭，那么我们必须保护自然资源。

正如格陵兰委员会所设想的那样，鳕鱼技术政治作为一种手段能给格陵兰带来福利，可以在经济和社会方面将格陵兰与世界其他地方联系起来，并在新的后殖民语境中重新塑造丹麦-格陵兰关系。我把自然环境——本例中涉及的是鳕鱼——作为格陵兰历史变化叙事的基础，探讨构建这种复杂关系的另一种方式，即从一种技术政治结构到另一种技术政治结构的转变。格陵兰新出现的"鳕鱼社会"，从根本上讲与过去的格陵兰社会相似，采用了某些技术来构建其与世界其他地区（特别是丹麦）之间以及人类与自然之间的关系。我认为，两者之间的差异最终并非本质差异，而是规模和时间上的差异，这和文化碰撞所喻示的一样。

格陵兰委员会的报告详尽审查了格陵兰现有的"海豹技术政治"，以便找到构建新形式"鳕鱼技术政治"的方法。鳕鱼是建构的中间媒介，可以在现有技术政治结构与未来技术政治结构之间建立联系。由于鳕鱼产业已在格陵兰发展得比较成熟，为丹麦改革者提供了一个"抓手"（hook），它不仅可以伸向未来，还可以延至最近的过去。委员会提出的打造格陵兰鳕鱼社会的总体设想，是现有的和想象中的自然与文化因素的复杂整合。

参考文献

Andersen, Hugo Lund. 1951. *Byplanforslag i Vestgrønland: Narssaq, Sukkertoppen, Egedesminde, Godthaab*. Copenhagen: Greenland Department, Ministry of the State of Denmark.

Beukel, Erik, Frede P. Jensen, and Jens Elo Rytter. 2010. *Phasing Out the Colonial Status of Greenland, 1945–54: A Historical Study*. Copenhagen: Museum Tusculanum Press.

Cullather, Nick. 2010. *The Hungry World: America's Cold War Battle against Poverty in Asia*. Cambridge, MA: Harvard University Press.

Engerman, David C., Nils Gilman, Mark H. Haefele, and Michael E. Latham, eds. 2003. *Staging Growth: Modernization, Development, and the Global Cold War, Culture, Politics, and the Cold War*. Amherst: University of Massachusetts Press.

Farish, Matthew, and P. Whitney Lackenbauer. 2009. "High Modernism in the Arctic: Planning Frobisher Bay and Inuvik." *Journal of Historical Geography* 35 (3): 517–544.

Grønlandskommissionen. 1950. *Grønlandskommissionens Betænkning*, 9 Vols. Copenhagen.

Hamilton, Lawrence C., Benjamin C. Brown, and Rasmus O. Rasmussen. 2003. "West Greenland's Cod-to-Shrimp Transition: Local Dimensions of Climatic Change." *Arctic* 56 (3): 271–282.

Hilder, John Chapman. 1930. "Quick-frozen Food Exactly Like Fresh." *Popular Science Monthly*, September, 26–27.

Hilker, Martin, and Rikke Diemer, eds. 2013. *Blok P: En Boligblok i Nuuk*. Copenhagen: Nordatlantens Brygge.

Kjær Sørensen, Axel. 2006. *Denmark-Greenland in the Twentieth Century*. Copenhagen: Museum Tusculanum Press.

Kurlansky, Mark. 1997. *Cod: A Biography of the Fish That Changed the World*. New York:

85

Walker and Co.

Mattox, William G. 1973. *Fishing in West Greenland 1910–1966: The Development of a New Native Industry*. Meddelelser om Grønland 197. Copenhagen: C. A. Reitzel.

Mitchell, Timothy. 2002. *Rule of Experts: Egypt, Techno-politics, Modernity*. Berkeley: University of California Press.

Mitchell, Timothy. 2011. *Carbon Democracy: Political Power in the Age of Oil*. London: Verso.

Nielsen, Kristian H. 2013. "Transforming Greenland: Imperial Formations in the Cold War." *New Global Studies* 7 (2): 129–154. doi: 10. 1515/ngs–2013–013.

Walsøe, Per. 2003. *Goodbye Thule: The Compulsory Relocation in 1953*. Copenhagen: Tiderne Skifter.

第六章
重读克努特·汉姆生
与吕勒-萨米-诺尔兰的地域合作

奇基·杰恩斯莱腾　特洛伊·斯托菲杰尔[*]

对许多人来说，"北极"（Arctic）是一个奇特又抽象的地理概念，与众不同、富有魅力，是"另一个国度"的存在。对我们中间的一些人来讲，这种抽象概念难以理解，原因是我们所熟知并深爱的北极一角仅仅是我们的"家"，熟悉又具体，难以抽象为其他概念。这是萨米人的居住地，是我们的地方，是让我们成为萨米人的地方。我们与这里的风景、植物、动物、人和其他生物的关系可以追溯到几代人以前，甚至几千年前。对我们来说，这种关系也与那些曾经流传、现在仍然存在的精神和故事有关。这个地方造就了我们，因为我们实际上是在自己所处的复杂关系网中产生的。同许多原住民一样，我们认识到自己就是这复杂关系的组成部分（Wilson，2008：69-79）。

在本章中，我们将探讨原住民萨米人关于时间和空间的理解对我们有

---

* 奇基·杰恩斯莱腾（Kikki Jernsletten），挪威哈斯塔德独立学者；特洛伊·斯托菲杰尔（Troy Storfjell），美国华盛顿州塔科马港太平洋路德大学。孙利彦（译），聊城大学外国语学院讲师。原文："Re-reading Knut Hamsun in Collaboration with Place in Lule Sámi Nordlándda，"pp. 87-105。

关北极特定区域的知识体系所产生的影响。这里指的是与我们有具体关系的那个区域的知识体系。虽然这些知识体系可能与传统的学术认知方式有很大的不同，但我们相信我们的认知及知识传统也可以在高等院校扎根。我们将与来自世界各地的其他原住民学者一道，在学术领域为原住民知识体系争取一席之地。在本章当中，我们将从某一地域的萨米人视角来审视一部著名的北极文学作品，其作者是挪威最具权威也最具争议的作家克努特·汉姆生（Knut Hamsun，1859-1952）。我们将分析汉姆生的《大地的成长》（1917）在虚构挪威北部地区的内陆景观时是如何把萨米人的存在抹去的。从小说中我们可以清晰地看到汉姆生创作的具体地点，汉姆生也承认这个地点蕴藏着萨米人的过去历史与现在。接下来，我们将考察汉姆生对诺尔兰郡（Nordland）、蒂斯菲尤尔（Tysfjord）、哈马略（Hamarøy）、斯泰根（Steigen）等萨米人社区的话语干预对生活在那里的吕勒-萨米人（Lule Sám）产生的影响，借以表达几代萨米人不断抗议的挪威殖民政府对他们的蔑视与漠视。然而，我们拒绝简单地接受萨米人受害者形象的叙事。我们还将考察萨米人的这片土地是如何塑造汉姆生本人以及萨米人在小说中是如何呈现的。一个世纪以来，学术界几乎没有人注意到萨米人及我们与《大地的成长》之间的关系。为此，我们以萨米人的土地、声音、故事为中心，分析这部小说及其作者。这样，我们认为以空间为基础，基于原住民研究的研究，不仅有助于萨米人对汉姆生和吕勒-萨米人土地的理解，也有助于理解汉姆生及其小说。

雅克·德里达（Jacques Derrida）曾经说过，每个文本都有自己的方法论（Derrida，2005：199-201）。同样，每一个空间也有它自己的方法论。诚然，空间也是一个独立的文本，多层指称和互文性交互并存。人们倾向于把这一定义看作读写文化对非书面文化的殖民，因为人们怀疑任何口头文化都会用一个书面术语指称空间概念。我们可以暂且不谈这个问题，继续进行类比。我们选择写这篇文章时，已经同意进入文学的领域。我们认为有必要采取折中的态度，这不仅能够涉及更广泛的非萨米人学科领域，

88

89 还可以和我们许多萨米人同事进行对话。同时在两个不同的领域说话，这
也是萨米人古老传统的又一例证（Gaski，1993）。

确切地讲，我们原住民学者必须经常保持这种平衡。例如，地理学家
卡利·佛曼泰兹（Kali Fermantez）认为，本土学者需要依靠自己的多种身
份，协调本族社区世界观及需求同学术界世界观及需求之间的关系，采用
不同的身份同不同的群体交流（Fermantez，2013：103）。他的话反映了许
多当代原住民学者的观点（Johnson，2013：128；Kuokkanen，2007：51-
54；Smith，1999：37-38，69；Acoose，1995）。我们是原住民，但我们也
是学者；我们在大学的殖民环境下接受教育，并在某种程度上受到大学的
体制结构和传统的约束。对我们这些从事原住民研究的人来说，重要的是
开放我们已生活于其中的大学空间，为原住民的认知腾出空间。我们正努
力在学术机构内开创原住民空间（或者说原住民场所），同时沿用传统的学
科结构和研究方法。这些结构与方法是通用的，本质上源自 19 世纪德国非
常特殊的文化时刻（Anderson，2010）。

一 原住民研究

与学术界文化特性的接触，促使许多原住民学者开始挑战学术界认知
传统和认知方式中所隐藏的种族中心主义。自 2000 年以来，原住民研究为
学术界新知识的出现提供了越来越多的平台，这些新知识不仅与我们的文
化，还与学术界的文化及哲学传统兼容并蓄。我们在高等学府内为原住民
认知及其范式开创空间，并不是为了完全取代旧的行事方式。然而，仅仅
呼吁高等学校向更多特定的文化传统和特殊研究开放这么简单的行为却产
生了深远的影响。仅仅要求大学承认其主要的认知及本体论框架的文化特
殊性，既不是生产知识的普遍方式，也不是唯一有效的方式，而是为了呼
吁高等学校进行根本性的转变，或借用萨米人学者劳纳·库奥卡宁（Rauna
90 Kuokkanen）的话，"接纳看待知识，看待同其他个人、群体、知识的关系，

看待我们应该承担的责任并将其概念化的新方式"（Kuokkanen，2007：159）。

库奥卡宁并不是唯一一个呼吁高等学校接纳原住民知识与认知的萨米人学者。参与这项工作的学者日益增多，其中最核心的人物是哈拉尔德·加斯基（Harald Gaski）。加斯基多年来一直撰文强调学者个人同其所研究材料的重要关系。他还研究萨米人观念、萨米人故事以及萨米人的传统美学，例如杂谈、幽默，以及为了向局外人、向自己社区一知半解的人及真正懂行的局内人传达信息所精心选择的分层交流（Gaski，1993，2015）。萨米人的审美观念拒绝简洁和概括性的陈述，一定程度上偏爱模棱两可的话或可以多角度理解的人际交流，奇基在其论文中将这一点当作萨米研究策略（Jernsletten，2012），特洛伊也曾进行过一两次尝试（Storfjell，2016）。这部分是因为，如果不受直白、僵化语言的约束，就有了多种阐释的自由；还因为知识在本质上具有对话性，源于人与人之间，人与地方、故事和非人类存在之间的持续对话。知识不可能完全固定下来，而这种认知行为本身就可以给学术界带来重要的启示。

原住民研究仍相对年轻，但很显然已经得到学界认可。实践者一致认为，原住民研究需要社区群体参与设计研究项目和研究问题，并付诸实施。此外，原住民研究需要与这些群体有关，且研究成果应同参与其中并做出贡献的社区共享。开展此类项目研究还必须尊重当地居民的传统和情感，遵循当地的文化礼仪。开展项目研究应强调协作，遵循"责任相关"的道德（Wilson，2008：7），或者遵守我们都处在关系网中且每种关系都伴随着责任这样的观念。我们对与我们有关系的空间、人和其他存在负有责任（Kuokkanen，2007：44 - 45；Smith，1999：10，173，176 - 77；Wilson，2008：80-96）。

值得注意的是，传统的欧洲中心学术思维同被视为客体的世界是分离的，原住民研究并不接受这一观点。相反，原住民研究认为，人的思维是世界的一部分，只能从局内人的视角观察世界（Kuokkanen，2007：60；Ingold，2000：101，108）。原住民研究认为客观性是无法获得的意识形态建

91

构，是绝对有害的，有非人性化的潜在可能。简尼特·阿姆斯特朗（Jeannette Armstrong）提道，"我尝试不将任何事物客观化。我害怕没有感情，只要有机会，我就会寻求他人的情感回应。我不会默默地站在一边。我要和你一起应对混乱"（Armstrong，2012：40）。

二 了解"这个"空间

> 空间是指位于特定场所或地区的人类和非人类关系的整体。实践者认为，若要使田野调查保持公平、有益、有影响力，就必须保证空间里的复杂现实、行动者能够真正进行合作。（Johnson and Larsen，2013：8）

要想理解我们所看到的空间，即迪夫塔绍德那（Divtasvuodna）、哈布莫尔（Hábmer）、斯塔志戈（Stájgo）镇，没有其他方法，只能通过讲述当地的压迫和不平等、将空间标示为萨米和挪威空间时的竞争与粉饰，以及讲述萨米人被定义为"劣等民族"的可怕历史。英戈·卡尔森（Inga Karlsen）的自传体文章《我作为萨米人成长的一段时光》（Part of My Upbringing as a Sámi，2011），有助于解释许多城镇居民深刻的心理创伤。身为从迪夫塔绍德那来的吕勒-萨米人，首先意味着他就是这一创伤的继承者。这也是拉尔斯·马格纳·安德烈森（Lars Magne Andreassen）的文章《隐藏在纳尔维克的萨米人》（Hidden Sámi in Narvik，2011）所表达的观点。

当然，挪威化和种族主义只是迪夫塔绍德那和邻近城镇遭遇的一部分。创伤是存在的，但除了创伤还有其他许多东西：有对这片土地的热爱，有数代人记忆中的峡湾、对山脉中具体地点的认同，有采摘浆果的云莓沼泽，有夏日同家人、朋友一起徒步走过的山间小路，有冬日前往林中小屋的路上滑冰的湖泊（Myrvoll，2010）。对当地特定地点的认同，可以追溯到几代人以前的萨米人村落，那是父母、祖父母曾经居住过的地方，尽管现在有些地方已多年没有人居住。一个人即使在别处出生，在别处长大，不管它是阿志洛科塔（Ájluokta）、嘎斯洛科塔（Gásluokta），还是哈布莫尔，或者其他更远的地方，只要他的家人曾在沃德那巴塔（Vuodnabahta）还是永久定居点的时候在那里住过，只要夏天他还回来，还认识在其他地方度夏的人，他就仍然还是沃德那巴塔的人。

这一点在名为"海尔莫库朋"（Hellmokuppen）的竞技活动中表现得最为明显。"海尔莫库朋"是在马斯肯（Musken）举行的年度足球比赛，来自迪夫塔绍德那峡湾沿岸各个城镇和村庄的萨米人组成的球队都会参赛。能否成为这些球队以及来自峡湾内外的老牌球队的成员，不一定取决于他们目前住在哪里，而往往参考他们的家人属于哪个地方或来自哪个地方。这反映了萨米人和其他原住民的世界观以及同西方主流的世界观在时间尺度上的差异。我们都熟知西方的时间观念是线性的，由时钟调节，指涉过去最近的相关或及时视界。但是，我们还熟悉另一种时间概念，一种非线性的时间，在这种时间中，相关或及时视界可以延展到更远的过去（Bergman，2008：19-20）。我们可能来自一个自己目前不再居住的地方，但我们的家族来自那里，这就意味着我们本人也来自那里。

类似的时间观念也适用于其他原住民（和原住民学者）理解他们与空间的关系。弗曼特兹认为，"对于原住民学者来说，除了在原住民社区度过很长时间，甚至一生，时间深度还可以追溯到几代人之前。当然，这涉及族群历史及我们从祖先那里获得的知识"（Fermantez，2013：112）。作为原住民研究人员，由于自己在复杂的关系网中所处的位置，我们有更多的资料来源。土地、树木、湖泊、溪流、山脉、沼泽、海湾、岛屿、峡湾都是我们的一部分，或者说我们是它们的一部分，因为同它们的关系才让我们成为独立的个人。它们不仅是事物，还是一种力量；它们可以发声，也是包括人及动物的社区群体的一部分，它们是过往的见证者。

迪夫塔绍德那、哈布莫尔和斯塔志戈是说吕勒-萨米语的萨米人土地的一部分。这是一条文化和语言的狭长地带，沿着驯鹿迁徙的路线，从迪夫塔绍德那和哈布莫尔传统的夏季牧场出发，越过山脉，到达瑞典境内，进

93

入吕勒河两岸的山丘和森林地区，包括约克莫克（Jokkmokk）和卡拉科（Kallak）这样的地方。2013 年夏天，卡拉科的萨米抗议者与瑞典警方和贝奥武夫矿业公司（Beowulf Mining）发生对抗，起因是这家总部设在英国的跨国公司想将萨米人使用了几个世纪的冬季牧场变成露天铁矿开采场。卡拉科具有重要的文化意义。问及当地人对采矿规划的看法时，贝奥武夫矿业公司的总裁克莱夫·辛克莱-普顿（Clive Sinclaire-Puolton）将这里描述为"无主地"，即空地，还反问："什么当地人？"（Tuorda，2014；Saamicouncil，2012）。这里并非空地，吕勒-萨米人自最后一个冰河时代以来，至 1751 年被挪威和瑞典瓜分之前，一直居住在这里，这里早已成为拥有自己的文化和语言的吕勒-萨米人的社区。

三　对汉姆生的回应

汉姆生在《大地的成长》中也把这片土地描绘为荒无人烟。这部小说讲述的是开荒者艾萨克的故事。艾萨克在诺尔兰荒无人烟的原野上建造了一个农场。虚构的环境让人惊讶，因为它与哈布莫尔的克拉克莫（Kråkmo）内地的农场惊人地相似，而汉姆生正是在此地租了一个房间，他小说的大部分章节就是在这里写成的。

小说中的艾萨克多年来不知疲倦地工作。他从建造一个简陋的茅草屋开始，逐渐把这里发展成了一个繁荣的农场，为乡村定居点的建立打下了基础。然而汉姆生，这位诺贝尔奖得主，在他这部最受欢迎的小说开头明确地将这片土地定义为"荒无人烟"：

> 一条长长的小路，穿过沼泽，进入森林，是谁踩出的这条路呢？人，第一个来到这里的那个人。在他到来之前，这里本没有路。后来，动物沿着模糊的足迹穿越荒野和沼泽，小路就变得更加清晰。再后来，拉普人发现了这条小路，沿着小路跨过一座山又一座山去放牧驯鹿。

如此便形成了这条穿过"荒无人烟"的大荒原的小路。（Hamsun,   94
2007：4；挪威语原文参见 Hamsun，1992：145）

    当然，在挪威殖民者到来之前，诺尔兰北部内陆地区并非无人居住。大约从四个世纪前开始，就有人到这里放牧驯鹿，这里就成了吕勒-萨米人驯鹿牧场的一部分。在此之前的一千年里，他们的祖先在这里狩猎、采集食物，他们以土地划分社区（称为 siidat），这里人人平等。这是萨米人的领地，有人居住，属于萨米人，哪怕汉姆生对它的虚构也不能完全消除萨米人在此居住的痕迹。在小说的前半部分，萨米人已出现在文中描绘的荒野上。他们被刻画为流浪者、乞丐和小偷，还被比作蛆和害虫。

    从萨米人的视角来看，《大地的成长》是一本读起来令人非常痛苦的小说。我们两个人在过去的几年里各自发表了几篇评论文章，讨论了小说宣扬的殖民主义和种族主义思想（Jernsletten，2004，2006；Storfjell，2003，2011a，2011b）。我们从萨米人的视角阅读这本书时的反应，以及许多萨米人对这本书的敌意，促使我们对书中备受赞美的、与自然和谐相处的理想生活方式提出质疑，并尝试揭露其阴暗的一面。这是我们在罗姆萨（Romssa）读书时就有的目标。

    虽然梳理、分析权威民族文学中的殖民话语有其价值，但是我们所采用的批判手段只能带我们走这么远，我们各自尝试用新的方法研究汉姆生及其作品。奇基在自己的博士学位论文中探讨了基于对话的萨米人诗学，采用的是萨米文化实践中固有的以空间为基础的协作方法论，例如先取得地方许可，再着手建设这样的文化实践观念（Jernsletten，2012）。特洛伊利用假期担任特罗姆瑟大学（University of Tromsø）客座研究员的机会，梳理了对不同原住民的研究，以及针对萨米人的原住民研究。奇基进行博士学位论文答辩时，我们又见面了。答辩结束后，通过交流，我们决定合作，采用一种基于空间的新的研究方法来分析《大地的成长》及克努特·汉姆生，以及迪夫塔绍德那、哈布莫尔和斯塔志戈三个邻近城镇的吕勒-萨米人。

95 　　我们从吕勒-萨米人讲述的有关汉姆生的故事开始，这些故事是通过我
们共同的朋友特赖茵·卡尔斯塔德（Trine Kalstad）得到的。特赖茵·卡尔
斯塔德来自哈布莫尔，他的叔叔尼尔斯·卡尔斯塔德（Nils Kalstad）住在这
里。汉姆生成年后回到这里生活和工作时，尼尔斯还是个小孩。20世纪80
年代尼尔斯曾接受挪威国家广播电台的采访。当我们听采访录音和阅读录
音的脚本时，有一件事给我们留下了深刻的印象，即无论是在语言应用还
是在叙事技巧上，它们都与汉姆生的作品非常相似。奇基已经研究过，小
说的复调中包含萨米人的反话语（Jernsletten，2004，2006），但是尼尔斯叔
叔使用的挪威语清晰地证明他的母语是吕勒-萨米语，这一事实让我们质疑
汉姆生在其他方面有多少是受益于他家乡的萨米人？他成长的这片多民族、
多语言的土地，对他的艺术及主题风格有怎样的影响？当然，同样重要的
是，今天他又对当地萨米人居住地造成了什么影响？

　　在原住民研究中，研究人员的出身地域很重要。我们与同我们合作的
社区的关系以及这些关系赋予我们的责任，决定了我们的工作需要坦诚相
告。所以有必要指出，我们也都是萨米人，但不是吕勒-萨米人。我们两个
都属于萨米人当中说北萨米语的群体，奇基是迪特努河（Deatnu River）流
域的沿河-萨米人（River Sámi），特洛伊是特若姆斯（Troms）南部和奥弗
特恩（Ofoten）的玛克-萨米人（Mark Sámi）。除了萨米人居住地，我们还
分别与挪威南部地区和美国有关系。此外，由于个人生活和个人关系，我
们两个都与迪夫塔绍德那和哈布莫尔的吕勒-萨米人社区有多年的联系，在
那里我们不是陌生人。

　　我们这个研究得到当地人很好的配合。我们见了哈布莫尔的普瑞斯忒
德汉姆生中心（Hamsun Centre in Presteid）和迪夫塔绍德那的埃伦吕勒-萨
米人中心（Árran Lule Sámi Centre）的工作人员，从他们那儿我们了解到安
娜·艾·马克维奈特（Anna I Makkvatnet）的故事。安娜·艾·马克维奈特
是萨米人，是汉姆生在克拉克莫农场逗留时的管家和徒步旅行时的同伴。
我们在这两个研究中心收获颇多，获得了有关当地的大量知识，我们和上

述这些人交谈，参观了这些地方。在埃伦的友好访问还促使我们与当地的萨米文化专家和知识分子合作，确定了研究的方法、问题和目标。我们和埃伦中心主任拉斯·马格尼·安德烈亚森（Lars Magne Andreassen）、特赖茵·卡尔斯塔德一起工作。后者是我们的向导兼摄影师，会搭建拉芙（萨米人的帐篷），她和我们一起在她家族位于克拉克莫农场湖边的土地斯特林达（Strinda）待了一段时间。除此之外，我们还走访了该地区的许多家庭，与他们谈论他们与这片土地的关系，谈挪威化和种族主义对他们生活的影响，还有他们对汉姆生的看法。在户外，我们真正地走进乡村，倾听它的声音，与它合作；我们征得当地的允许在当地建立学术机构。一年后，我们又回到这个居民区，在埃伦做了一个公开的工作报告（并从当地居民那里得到更多有用的反馈），又访问了当地一些重要的地方。

我们的研究方法突破了我们所接受的文学研究和文学批评的传统方法。它假定真实的超文本空间在文本（甚至是虚构的文本）中至关重要，空间的文学呈现及学术呈现参与构成空间的关系网络，因此可以被看作这个空间的一部分。我们也重视口头传说和空间非人类存在的参与。这对主流学术界可能会是一个冲击，但它非常符合原住民的认知方式，并在这种新兴学术研究中得到强有力的支持。例如，琳达·图伊瓦伊·史密斯（Linda Tuhiwai Smith，毛利人）指出，区分原住民族和主流社会的关键因素是我们"与宇宙、景观、岩石、昆虫和其他看得见或看不见的事物之间的精神关系"，她认为基于这些关系的主张一直是"西方知识体系难以处理或接受的观点"（Smith，1999：74）。杰伊·T. 约翰逊（Jay T. Johnson，彻罗基族人）和苏林·C. 拉森（Soren C. Larsen）声称，在原住民研究中，空间作为积极的参与者，其重要性不容低估。作为人类和非人类存在聚集的地点或场所，知识的对象可以根据适当的语境和关系进行构建、欣赏和理解（Johnson and Larsen，2013：14）。

非原住民研究资料也有可以支撑田野调查的学术价值。例如，蒂姆·英格尔德（Tim Ingold）和乔·李·韦尔岗斯特（Jo Lee Vergunst）指出了建构空间知识的重要性。他们写道，"行走……不是知识的附属物，就像支持课堂实践的教育理论中的内容一样。相反，行走本身就是一种认识方式"
（Ingold and Vergunst，2008：68）。约翰逊和拉森补充道，基于空间的研究
"需要我们行走和居住。不仅是传统的参与性观察，而且是习惯于具体的景
观，以了解自己同他人的关系"（Johnson and Larsen，2013：15）。

四 围绕汉姆生

在考察这里的景观时，我们是围绕汉姆生展开的（就像过去萨米猎人
冬天打猎在熊窝附近打转一样）。但是我们提出了新问题，即这位挪威作家
面对萨米文化空间时所享有的自由问题。我们首先把萨米人看作影响汉姆
生的生活和写作、他的史诗、他开放的诗性语言以及他可信世界的必要条
件。我们认为萨米文化的影响帮助他塑造了这个世界，尽管作者名义上成
长于挪威的现实环境，但萨米文化的影响总潜藏其后，指向另一个现实，
它潜移默化地进入了这个地方的故事中。口头文化并不应该因为其来源而
遭受歧视。故事只是推销自己，四处运动，等待人讲述。萨米人的影响在
当地故事中明显存在，与众不同，随之而来的是各种各样的生物、怪物、
传闻和魔法。儿童时代的汉姆生在哈布莫尔长大，在大众传媒征服世界之
前，他不得不接受北方鲜活的萨米人的口头文化的影响。

大自然就在户外，近在咫尺，无时不在，汉姆生所听到的故事塑造了
他的自然观念。这些故事是最早影响他的因素。人在一种文化下成长，无
法撇开预先形成的观念和他看待、思考事物的方式。但是，正如德里达所
解释的那样，这些理解体系从来都是不完整的，它们抑制了那些挑战或破
坏体系结构的因素，必须把这些碎片掩盖起来，才能够在混乱中建立某种
秩序。

然而，开放又敏锐的头脑有时能理解这一点，而艺术感知力通常试图
突破文化构建的边界，打破它们对世界及我们理解世界的限制。许多现代
艺术家认为，在对人类状况做出任何真实的描述之前，有必要跨越这些边

界。在用这种思维寻找方法去记录头脑中的潜意识生活时，全然不同的文化可能会被当成一种出路、一个机会，或一扇来往两个世界（两个天堂）之间的自由之门（Jernsletten，2012）。 98

我们的研究基于萨米人的交流模式，而这种模式源于生动活泼的故事传统。抒情表达生动活泼，常见于儿童故事、谜语、词组，其中包含人类经验，在日常使用中传承了民族价值。抒情表达还见于萨米歌谣尤伊克（yoik，尤伊克是萨米人传统的歌唱形式，表演者在歌唱过程中召唤某个人、某个地方或某个动物。如今，尤伊克表演成了萨米人对自我身份感到自豪的标志），人们相信口头叙事包含希望、生活及规范。抒情表达还扮演着"有声地图"的角色，多见于描述性的、富有诗意的地名当中。如果一切都是口口相传、由集体记忆来维持，那么所有的知识都是活的。口头传说在交流及价值观、世界观的传承中起着核心作用。它应用的范围很广，包含整个文化遗产，例如法律和规则、世界观和文学（或者可能是口头文学）、经济知识，包括当地的植物学、生物学、气象学领域的一切知识，也包括关于冰雪状况、河流、水流和海洋生物的知识，更包括涉及艺术和手工艺品、地理、历史、哲学的知识。

萨米人对自由的理解贯穿我们的研究过程，也一定给汉姆生提供了无尽的可能性。其中不仅有描述不可理解事物的自由，也有对包括人性在内的自然的特殊理解；除了置身自然的自由之外，还有自然生存的自由，像一个婴儿离不开母亲，与对大自然的惊喜和奇想共存。也许，汉姆生对这种渴望最形象的表达就是他在文中反复呈现的流浪汉形象，即效仿所谓的拉普人乞丐创造的自由流浪汉形象。当然，也可以是一个农民，依靠大地生存，这是他经常颂扬的。但是我们似乎能从他的叙事中发现一点嫉妒心理。书中刻画了一种令人震惊的生活方式：在山里流浪，显然是无所依靠、没有羞耻，甚至没有特别强烈的在定居者的农场里乞讨的需要。我们要如何利用这种知识和魔法，让整个民族从土地中或直接从山上获取生活的营养？这是另一个奇迹，一个来自诺尔兰荒野的不解之谜，一种不受土地束

缚随意流浪的自由，一种用语言、用非母语人士的洋泾浜挪威语来表达的
99　自由，小有特别之处，但缺乏对赋予它生命、令其欢快、重要、生动的语
言的尊重。它在语法上甚至不正确，但确实有效，且效果更好。

五　美国和无政府状态

我们的目的不是对克努特·汉姆生之谜进行过多的推测，但支离破碎
的现代主题同它对已逝自然理想的渴求之间的对立激发了我们的兴趣。这
种张力贯穿了作者的整个作品，而作者对无意识内心生活的持续关注凸显
了它的不可能性。

青年时期的汉姆生生活在美国，艰苦的工作条件以及令其窒息的债务、
疾病和苦难激起了他对劳工组织和工人权利运动的同情。当然，后来随着
社会地位的提高，他开始鄙视工人运动，并否认自己曾是工人运动的支持
者（Ferguson，1988：115）。但在早年，他倾向于认同无政府主义批评家的
观点，谴责把移民当作廉价劳动力对其进行剥削。汉姆生写道，在美国，
外国工人已经取代了奴隶。这样的结论无疑是基于他在芝加哥和达科他领
地达尔林普农场做移民工人时的亲身经历（Hamsun，2003a，2003b）。

在1889年出版的《现代美国的精神生活》一书中，汉姆生考察了美国
的自由问题。他的基本假设是这种自由实际上并不存在。相反，他把美国
的自由视为一种幻觉，是资本家宣传的噱头，目的是吸引移民工人进入
美国。

精神和文化自由是汉姆生作品中反复出现的主题。虽然他可能没有意
识到他个人的自由理想及亲密接触自然的简单但富有责任感的愿望，同萨
米人有诸多相似之处（例如，格莱恩少尉需要一只松鸡，他就射杀了一只，
不是两只）。用"自由与责任"来描述已进入现代的传统萨米社会是一种不
错的方式，但反过来，这又指出了萨米社会同无政府主义理论之间的共鸣。

然而，涉及美国资本主义的另外一个非人道主义的问题时，即为了给

货币经济和服务货币经济的人腾出空间，原住民不得不背井离乡时，汉姆生在感情上进一步疏远了萨米人。他不断重复陈旧的说辞，承认发展无形中给"高贵的野蛮人"造成的悲剧，但又认为发展是必要的、不可避免的。他承认强者有权征收土地和水域，有权掠夺土地，将其商品化并纳入资本主义体系。他并没有认真看待原住民同当局谈判所做出的努力。但幸运的是，时间证明中西部的原住民事实上能够在谈判中取得有利于当代人的成绩。

汉姆生第一次去美国期间，对肖尼（Shawnee）文明表现出极大的同情（汉姆生误以为是肖尼部落，但很有可能是霍-昌克人，又称圣语族，英语是 Ho-Chunk）（Žagar，2001，2009：263）。他讲述的事件很可能是虚构的，但事实上，有些人和他生活在同一地区，他们的遭遇和外来移民的经历大不相同，就像他家乡哈布莫尔的萨米人生活在挪威殖民者的阴影下一样。和萨米人一样，美国原住民也承受着殖民者的偏见。透过这样的视角，汉姆生的描述传达出一种失落感：

> 看到印第安人逐渐衰落，不免让人伤感。他们曾拥有地球上最肥沃的土地，占据全球三分之一的土地。他们住在棚屋（帐篷）里或广阔的狩猎场，打猎、捕鱼、打仗、抓俘虏，尽情地享受森林，他们是自由的森林儿女。（著者译。参见挪威语原文 Hamsun，1998：115）

我们不难读出其中的理想主义，尽管掺杂着种族主义意识形态（racialist ideology）。虽然有偏见，但此时的汉姆生认识到了被殖民者的困境。他看到了那些懂得自由并且不会忘记自由的人引以为傲的回忆。在游历了半个地球后，他发现了真实的东西，涉及人们对土地、水域的权利，涉及有钱人的攫取、开发、投资、提现。

除了战斗民族那一部分，汉姆生笔下萨米人的故事是一样的，不同的是萨米人距离他们的家乡近。身在美国，作为外国人，汉姆生能认清为了

101 有钱人的发展而让原住民搬离背后的权利关系。汉姆生后来在他的文章
《红黑白》（Red, Black, White / Røde, Sorte, Hvite, 1891）中，对伤膝谷
大屠杀（Wounded Knee Massacre）的态度与此虽略有差异但大体相似，然
而考虑到当时占主导地位的种族主义意识形态还算比较进步。他的语言克
制、冷静，似乎经过谨慎的选择，但他仍然对其认为发展过程中不可避免
的事物持一种被动的态度。虽然很关心这场悲剧，但他依然参与到殖民话
语中来，坚持所谓的野蛮原住民和高贵野蛮人神话。

　　几年后，汉姆生回到挪威，参与了那里的殖民主义国家建设，即在萨
米人的土地上发展挪威。挪威像美国一样，建立在从别人那里偷来的土地
上，以牺牲他人的利益为代价。有责任心和社会意识的公民会忽略他们生
活中的谎言，因为种族主义的知识秩序已将其隐藏。也许是为了遏制人们
所意识到的这一点，汉姆生走向了反动的一面，一生都在寻找真实的东西，
极力维护自己的观点，不让人们的自觉形成威胁，从而使一切保持正常。
这一点在《大地的成长》中体现得尤为明显。文中的社会达尔文主义和殖
民主义的阴影笼罩一切，将所谓的"进步"与发展解释为不可避免的事情，
但同时又在途中踩下刹车，试图阻止这个不可避免的进步和发展。在无解
的悖论中寻求和解，希望将一切控制在安全范围内，不去逃避：这里的牢
笼美丽而充满绿意，人们会完全忘记对自由的追求。

六　回到出发点

　　我们沿着汉姆生的萨米女管家安娜·艾·马克维奈特的足迹，走在斯
特林达（Strinda）和马克瓦奈特（Makkvatnet）之间的山路上，听着风声和
松鸡的叫声，遇到了来自卡尔斯塔德牧场的驯鹿，100 年前这片大地编织的
三角关系网开始呈现：汉姆生坐在位于克拉克莫某个偏远、繁华农场的家
里，四周是花岗岩山脉、林地沼泽、松树林，安娜会定期来这里工作。她
是一个骄傲的、能自给自足的萨米女性，住在山的那一边。根据当地的传

说，她是唯一能挫这位挪威作家傲气的人。这个三角关系网的第三方是斯特林达，卡尔斯塔德驯鹿牧人的基地。他们去放牧的路上，经过农场时会停下来喝杯咖啡，聊聊天。这里被汉姆生虚构成开荒者的农场赛兰拉（Sellanrå）。小说中的萨米人被从这里驱逐出去，但现实中，他们直到今天仍然生活在这里。

　　或许小说中的他们仍然留在那里。因为我们发现艾萨克的妻子英格尔和管家安娜之间有诸多相似之处，汉姆生和安娜之间有一种特殊的关系（根据当地的口头传说，是一种非常特殊的关系）。在小说中，汉姆生竭力想要抹除英格尔的萨米人身份，却没能完全去除她的克马戈（komager，萨米人的一种鞋子）或她的杏仁眼。汉姆生这个具有挪威种族优越感的人，怎么会允许自己对山那边来的、强壮的萨米女人大加赞赏？他是否找到了一个发泄自己消极情绪的出口，并将其体现在英格尔的亲戚昂兰（Oline）身上（Jernsletten，2004，2006）？或者我们可以看一下他在另一部作品《人生永存》（*The Road Leads On*，1933）中塑造的人物阿瑟（Åse），看是否能更好地理解他对安娜的矛盾情感。

　　我们和乔伦·克拉克莫（Jorunn Kråkmo）坐在客厅里听她讲过去的故事时，过去和现在交织在一起。汉姆生在克拉克莫的家庭农场逗留期间，乔伦已故的丈夫当时还是个孩子。乔伦至今还记得特莱茵的父亲和叔叔们。乔伦年轻时他们曾在这个地区放牧，经常聊起当地的风景和人。她似乎对尼尔斯叔叔记得特别清楚，讲到他时容光焕发，声音柔和，仿佛回到了过去。夏季的夜晚，乔伦还给我们讲了汉姆生的故事和他的暴躁脾气。谈话的主题逐渐转向挪威与萨米人的关系，这对萨米人来说几乎一直是一个很难的话题，但在这个案例中，它不是。汉姆生可能在这个问题上存在矛盾，但克拉克莫现在的主人并不矛盾。

　　对于原住民研究而言，研究过程本身往往比发表的结果更重要（Smith，1999：128）。与家乡人们交谈后，我们与汉姆生中心和埃伦中心的同事会面，一年后我们与埃伦的萨米人部落和非萨米人居民再次相会，并由此建

102

立或加强了联系。与人们交谈、与非人类互动，我们运用了肖恩·威尔逊（Shawn Wilson）所说的研究，即仪式。肖恩·威尔逊认为，任何仪式的目的都是建立更牢固的关系，或者在宇宙和我们自己之间架起一座桥梁。我们作为原住民所做的研究也是一种仪式，它能提高我们对世界的认知能力和洞察力（Wilson，2008：11）。

103

在这里与大家分享我们研究的过程，旨在进一步扩大这个仪式，让读者也参与进来。下一步，我们将发表一份涵盖内容更广泛的研究报告，包括我们在研究过程中提出的用挪威语和研究区域的吕勒-萨米语撰写的研究宣言。最重要的一点是，我们要把自己的知识回馈给原住民社区，和他们分享我们的见解，也就是说，克努特·汉姆生这个挪威民族文学中有时带有种族主义色彩的巨匠，他的成就得益于此地萨米人的存在，现在他已成为当地萨米人口头传说中的人物。

参考文献

Acoose, Janice. 1995. *Iskwewak-Kah'Ki Yaw Ni Wahkomakanak: Neither Indian Princesses Nor Easy Squaws*. Toronto: Women's Press.

Ahluwalia, Pal. 2013. Derrida. In *Global Literary Theory: An Anthology*, ed. Richard J. Lane, 81–93. New York: Routledge.

Anderson, Robert. 2010. "The 'Idea of a University' Today." Last modified March 1, 2010. http://www.historyandpolicy.org/policy – papers/papers/the – ideaof – a – university – today. Accessed 23 Aug 2014.

Andreassen, Lars Magne. 2011. Skjult same i Narvik. In *Samisk skolehistorie 5: Artikler og minner fra skolelivet i Sápmi*, ed. Svein Lund, 390–401. Kárášjohka: Davvi Girji.

Armstrong, Jeannett. 2012. "Sharing One Skin." In *Asserting Native Resilience: Pacific Rim Indigenous Nations Face the Climate Crisis*, ed. Zoltán Grossman, and Alan Parker, 37–40. Corvallis: Oregon State University Press.

Bergman, Ingela. 2008. "Remembering Landscapes: Sámi History beyond Written Records." In *L'Image du Sápmi*, ed. Kajsa Andersson, 14–24. Örebro: Örebro University.

Derrida, Jacques. 2002. "Hospitality." In *Acts of Religion*, ed. Gil Anidjar, 356 –

420. New York: Routledge.

Derrida, Jacques. 2005. "There Is No One Narcissism' (Autobiographies). " In *Points...Interviews, 1974 - 1994*, ed. Jacques Derrida and Elizabeth Weber, 196 - 215. Stanford: Stanford University Press.

Ferguson, Robert. 1988. *Gåten Knut Hamsun*. Oslo: Dreyers.

Fermantez, Kali. 2013. "Rocking the Boat: Indigenous Geography at Home in Hawai'i. " In *A Deeper Sense of Place: Stories and Journeys of Collaboration in Indigenous Research*, ed. Jay T. Johnson, and Soren C. Larsen, 103-124. Corvallis: Oregon State University Press.

Gaski, Harald. 1993. *Med ord skal tyvene fordrives: Om samenes episke poetiske diktning*. Kárášjohka: Davvi girji. 104

Gaski, Harald. 2015. "Journeying with the Son of the Sun: South Sámi Yoik and Literature in a Pan-Sámi Perspective. " In *Visions of Sápmi*, ed. Anna Lydia Svalastog, and Gunlög Fur, 149-170. Røros: Arthub.

Hamsun, Knut. 1992. *Markens grøde*. In *Samlede Verker*, Bind 7, 145 - 397. Oslo: Gyldendal Norsk Forlag.

Hamsun, Knut. 1998. Røde, Sorte og Hvide. In *Hamsuns polemiske skrifter*, ed. Gunvald Hermundstad, 115-116. Oslo: Gyldendal.

Hamsun, Knut. 2003a. "On the Prairie. " In *Knut Hamsun Remembers America: Essays and Stories 1885 - 1949*, edited and trans. Richard Nelson Current, 72 - 79. Columbia: University of Missouri Press.

Hamsun, Knut. 2003b. "Vagabond Days. " In *Knut Hamsun Remembers America: Essays and Stories 1885 - 1949*, edited and trans. Richard Nelson Current, 91 - 121. Columbia: University of Missouri Press.

Hamsun, Knut. 2007. *Growth of the Soil*. Trans. Sverre Lyngstad. New York: Penguin Books.

Ingold, Tim. 2000. *The Perception of the Environment: Essays on Livelihood, Dwelling, and Skill*. New York: Routledge.

Ingold, Tim, and Jo Lee Vergunst. 2008. "Introduction. " In *Ways of Walking: Ethnography and Practice on Foot*, ed. Tim Ingold, and Jo Lee Vergunst, 1 - 20. Burlington: Ashgate.

Jernsletten, Kristin. 2004. The Sámi in *Growth of the Soil*: Depictions, Desire, Denial, *Nordlit* 15 (Special Issue on Northern Minorities), 73-89.

Jernsletten, Kristin. 2006. Det samiske i *Markens grøde*: Erfaringer formidlet og fornektet i teksten. In *Hamsun i Tromsø IV: Tid og rom i Hamsuns prosa II*, ed. Even Arntzen, and Henning H. Wærp, 117-138. Hamarøy: Hamsun-selskapet.

Jernsletten, Kristin. 2012. "The Hidden Children of Eve: Sámi Poetics: Guovtti ilmmi gaskkas. " PhD dissertion. University of Tromsø.

Johnson, Jay T. 2013. "Kaitiakitanga: Telling the Stories of Environmental Guardianship. " In *A Deeper Sense of Place: Stories and Journeys of Collaboration in Indigenous Research*, eds. Jay T. Johnson and Soren C. Larsen, ccf-138. Corvallis: Oregon State University Press.

Johnson, Jay T. , and Soren C. Larsen. 2013. "Introduction: A Deeper Sense of Place. " In *A Deeper Sense of Place: Stories and Journeys of Collaboration in Indigenous Research*, ed. Jay T. Johnson, and Soren C. Larsen, 7-18. Corvallis: Oregon State University Press.

Karlsen, Inga. 2011. "En del av min oppvekst som same," *Bårjås* 2011: 24-32.

Kuokkanen, Rauna. 2007. *Reshaping the University: Responsibility, Indigenous Epistemes, and the Logic of the Gift.* Vancouver: University of British Columbia Press.

Myrvoll, Marit. 2010. " Bare gudsordet duger": Om kontinuitet og brudd i samisk virkelighetsforståelse. PhD dissertion. University of Tromsø.

Saamicouncil. 2012. What local people? Saami Resources. Last modified January 3, 2012, http: //saamiresources. org/2012/02/03/what-local-people/.

Smith, Linda Tuhiwai. 1999. *Decolonizing Methodologies: Research and Indigenous Peoples.* London: Zed Books.

Storfjell, Troy. 2003. Samene i *Markens grøde*-kartlegging av en (umulig) idyll. In *Hamsun i Tromsø III: Rapport fra den 3. Internasjonale Hamsun-konferanse*, 2003; *Tid og rom i Hamsuns prosa*, ed. Even Arntzen, and Henning H. Wærp, 95-112. Hamarøy: Hamsun-Selskapet.

Storfjell, Troy. 2011a. " A Nexus of Contradictions: Towards an Ethical Reading of *Markens grøde.* " In *Hamsun i Tromsø V: Rapport fra den 5. Internasjonale Hamsun-konferanse*, ed. Even Arntzen, Nils M. Knutsen, and Henning Howlid Wærp, 243 - 253. Hamarøy: Hamsun-Selskapet.

Storfjell, Troy. 2011b. "Worlding and Echoes of America in *Markens grøde (Growth of the soil)* . " In *Knut Hamsun: Transgression and Worlding*, ed. Ståle Dingstad, Ylva Frøjd, Elisabeth Oxfeldt, and Ellen Rees, 189-203. Trondheim: Tapir Academic Press.

Storfjell, Troy. 2016. " Dancing with the Stállu of Diversity: A Sámi Perspective. " In *New Dimensions of Diversity in Nordic Culture and Society*, ed. Jenny Björklund, and Ursula Lindqvist, 112-128. Newcastle Upon Tyne: Cambridge Scholars Publishing.

Suchet-Pearson, Sadie, Kate Lloyd, Laklak Burarrwanga, and Paul Hodge. 2013. "Footprints across the Beach: Beyond Researcher-centered Methodologies. " In *A Deeper Sense of Place: Stories and Journeys of Collaboration in Indigenous Research*, ed. Jay T. Johnson, and Soren C. Larsen, 217-231. Corvallis: Oregon State University Press.

Tuorda, Tor Lundberg. 2014. "What Local People?" YouTube. Last modified January 28, 2014. http: //saamiresources. org/2012/02/03/what-local-people/.

Wilson, Shawn. 2008. *Research is Ceremony: Indigenous Research Methods.* Winnepeg: Fernwood.

Žagar, Monika. 2001. "Imagining the Red-skinned Other: Hamsun's Article 'Fra en Indanerleir' (1885)." *Edda* 88 (4): 385-395.

Žagar, Monika. 2009. *Knut Hamsun: The Dark Side of Literary Brilliance*. Seattle: University of Washington Press.

第七章
极地英雄的进步：弗里德乔夫·南森、精神性与环境史

马克·萨夫斯卓姆[*]

　　1897年，在挪威人的精神生活中出现了一位可以称得上传奇人物的真实英雄。这一年，弗里德乔夫·南森（1861～1930）出版了《最北端》（*Farthest North*）一书，书中讲述了1893年至1896年，"弗雷姆"（Fram）号远征北极时，船员们所表现出的令人难以置信的勇敢和运动精神。在他的叙述中，探险队的科学发现同人类的生存维度相比黯然失色。意识到这一点，南森将他的论述置于人类数百年来寻求哲学及精神意义的大背景之下（Nansen，1897a：2）。在挪威语版本的序言中，他甚至向读者指明了自己思考的主观性。他的精神发展分散在整个文本中，他同自然环境的抗争和对自然的服从推动了他的精神发展。我对这部作品的研究结论是，这种叙述反驳了维多利亚时代极地探险家的假说，即反对他们代表理性、运动精神和男性力量战胜中世纪对荒野的宗教认知和迷信的观点。甚至最近一本关于北极探险的文集，在某种程度上也延续了这种假设。该文集提出的

---

* 马克·萨夫斯卓姆（Mark Safstrom），美国伊利诺伊州伊利诺伊大学厄巴纳-香槟分校德语语言文学系。孙利彦（译），聊城大学外国语学院讲师。原文："The Polar Hero's Progress：Fridtjof Nansen，Spirituality，and Environmental History，" pp. 107-123。

观点是，古老的基督教对荒野的看法毫无疑问是消极的，19世纪的探险家 108
或科学家代表了一个全新的观点（Wråkberg，2004：23）。南森对现代假设
进行了反思，但也不可避免地重述、复兴了早期的传统。最重要的一点是，
南森同样将他的发现置于宗教信仰的背景之下。按照传统的欧洲观点，他
的这种看法通常被认为是女性化的、消极的（例如，教会是基督的新娘）。
南森的作品借用中世纪禁欲主义的宗教意象，致使他的叙述具有女性化特
点，这体现了南森针对英雄主义和男子汉气概所表现出来的内在混乱以及
由此导致的性格分裂。

　　本章的重点是要揭示南森在叙述在北极所经历的诱惑时所采用的方
式及其包含的生态和精神意义。本章将参照西方传统荒野禁欲主义来评
价南森的叙述，并将其与生态哲学中的类似主题进行比较，也就是参照
阿尔纳·内斯（1912～2009）的深层生态学（或生态智慧T）来加以评
述。南森对荒野颇具想象力的定义在内斯的著作中也可以找到痕迹，特
别是其中蕴含的精神与科学、女性与男性、浪漫与理性的二元对立。希
望这项调查有助于发展一种反叙事，探究荒野禁欲主义的生态精神传统
的持久性并对其提出质疑，因为这一精神传统仍然持续影响北极文化文
学研究并使之复杂化。

　　以"诱惑"一词为主线，我将试图回答以下几个问题：在多大程度上
可以对《最北端》进行寓言式解读？如果如此，该著作是如何作为诱惑寓
言（叙事技巧、象征）而起作用的？它又传达了什么样的意识形态或精神？
如何将南森的叙述与中世纪寓言传统进行比较？他有关环境的叙述和深层
生态学观点有何相似之处？主人公（南森）穿越荒野的过程中所取得的进
步同他的读者为解救城市及工业环境中的人类而可能取得的进步之间有什
么关系（如果有的话）？我认为，南森的叙述的确具有寓言功能，为读者提
供了一个视角，可以把北极视为个体活动并取得成就的舞台，或者企业和
文明进步的灵感源泉。最终北极的图景是这样的：读者作为探险者，有理 109
由将南森视为极地英雄，认为那里的环境吸引着英雄前往。

一 荒野禁欲主义和深层生态学

南森的禁欲主义倾向暗示着人类行为出于生态考虑对自然的有限屈服，展现出传统的女性化（被动、宗教）姿态，这使得他的人类中心自然观复杂化。由于他的生态观在很大程度上是借助精神层面的词汇来定义的，特别是考虑到荒野禁欲主义对他的影响，我们有理由将他的生态观定义为精神生态。为理解中世纪修道院式的荒野观和南森的荒野观在概念上的差异，可以借用阿尔纳·内斯的生态哲学所提供的信息。荒野禁欲主义和内斯的生态哲学涉及人类探索的不同领域，但二者有一个重要的共同点，那就是两者都认为荒野在伦理上是等同于或大于人类文明的空间或实体。对于3世纪的埃及禁欲者来说，荒野提供了一个让他们神圣化（使人变得神圣和完美的过程）的地方，因为荒野可使人们放弃多余的（财富），帮助人们在对抗诱惑的过程中得到精神上的提升：精神上对抗无聊、无所事事和性诱惑；肉体上对抗饥饿和野兽的威胁。对于这些精神斗士来说，跟随基督就意味着放弃城市（或乡村），进入荒野。当禁欲者通过放弃获得救赎时，也有集体影响的因素在内。苦行者也可以作为先知象征，迫使其他人对抗文化上的错误，改变他们的方式，有时甚至鼓励他们加入修行群体。沉浸并屈服于荒野的诱惑是对社会物质主义和过度消费的批判（Louth，1997）。

虽然出于不同的原因，但深层生态学也表现出了类似的倾向。内斯解释道，这样的行为致力于减少消费、抑制人口增长，同时可以提高生活质量。其中隐藏的是意识形态的回归，或者说回归到可以看作前现代的消费态度（少用少做策略）。方式转变的结果是恢复了人类和环境之间的平衡。内斯指出，二战以来，无论是前工业时代的还是宗教的，西方社会对"落后"文化和"落后"世界观表现出系统性的不尊重。这种偏见尤其延伸到主观世界观，即将自然现象人格化或用精神词汇来解释自然现象。工业社会偏爱不带个人情感客观地定义自然世界，导致对自然世界的过度开发和破坏。深层生态学的目标是改变工业社会对自身的定位（以及前工业社会对工业社会的定位）。当然，这是一种先进的回归，可持续的回归，而不是回归到旧的社会形式（Naess，1995：130-146）。

值得注意的是，内斯偶尔也会用"诱惑"这个词来描述这种回归。他指出，把我们这些富裕工业国家的人定义为"现代"具有诱惑力，这或多或少地忽视了90%的人类。他们也活在今天，属于当今社会，却被认为是过去的痕迹（Naess，1995：143）。如果深层生态学把自己定义为有害意识形态及实践的抵抗力量，那提倡深层生态学就有潜力重新定义现代性。深层生态运动的目标就是迈向所谓"后工业"的新社会，而不是退回前现代的社会状态。

本章关注的焦点是南森如何构建他同北极非人类存在之间的关系的，以及他的叙述与内斯的叙述有何相似之处，对内斯的叙述起到了怎样的预示作用。二者都认为重新定义自然是必要的，可以矫正有害的现代自我概念。在重新定义自然的过程中，内斯试图让他的读者看到这种新的整体性意象的好处，并抵制接受现状的诱惑。南森面临的诱惑表现为一个自我实现的过程，但它能够影响社会对人类与环境之间关系的看法。面对两位作者对自我的看法，有评论指出对自我和自然的这种认知，忽视了他们的性别立场和国家的特权地位。理解这些文本复杂的寓言功能，可以大大缓解这个问题。

二 诱惑寓言《最北端》

人们主要把《最北端》作为探险读物，除此之外，南森的叙述还提供了另外一种有意思的解读。有两点需要说明。首先，叙述中引用了其他寓言文本。当南森将自己同歌德和易卜生笔下的英雄人物（例如浮士德和布兰德）放在一起做比较时，他看上去也成了同样的寓言式英雄，一个为了充分发挥自己的潜力而与诱惑做斗争的普通人。南森将自己视为民族英雄

111

的角色观与托马斯·卡莱尔（Thomas Carlyle）宣扬的伟人史观之间也有明显的联系。其次，南森使用的关于诱惑的词语，同约翰·班扬（John Bunyan）和索伦·克尔凯郭尔（Søren Kierkegaard）等精神寓言家对此种经历的解释是一致的。与人们对极地探险家的期望相反，南森极少把北极地区和北极描述为诱惑之物。他使用的关于诱惑的词语表明，最强烈的吸引力总是指向家庭（或持家的女性的自我），或者指向潜在的不同自我（现代的自我与原始的自我等）。笔者仔细阅读南森作品的挪威语版本和英语译本，列表统计了表示诱惑的词语出现的频率，包括近义词语，像渴望、期望、欲望、吸引等。南森使用了近 100 次这样的词语，其中大部分是经过深思熟虑的选择（不是口语词汇）①。南森把他的旅程描述为富有诗意、充满想象的生存考验。

判定这部作品是否为寓言，起决定作用的是南森的词汇在多大程度上可以被看作"编码的语言"，是否假定读者和作者都意识到了多种潜在的含义。当时的读者对寓言传统非常熟悉，《最北端》出版时寓言传统正在斯堪的纳维亚地区复兴，其中最具代表性的是约翰·班扬 1678 年创作的《天路历程》（The Pilgrim's Progress）②的新译本，在当地十分流行。它得以流行的一个原因是当时的社会运动和宗教复兴都强调个体的力量，读者与小说寓言式的主人公产生了共鸣。主观反思是社会转型过程中强调个人决策重要性的各种运动的自然结果。在文学和哲学中，自我和群体的区别是相通的，或许索伦·克尔凯郭尔的表述最为彻底。本章涉及的概念是克尔凯郭尔关于心灵迈向成熟陈述中的孤独和诱惑。诱惑被描述为多向的，即在内在旅程中的绝望时刻个体受到诱惑趋往目的地、远离目的地，甚至有时对

---

① 这项研究基于来自英语文本的 96 个例子和来自挪威语文本的 81 个例子。英语翻译可能强调"诱惑"一词。本研究也不是详尽无遗的。英文版本中出现最频繁的词语是"longing"（渴望），在挪威语中为"længsel"，还有这些词的各种变体。

② 以丹麦语和挪威语出版的书名为 En Pilegrims Vandring，瑞典语版本书名为 Kristens Resa。1924 年，历史学家贡纳·威斯汀（Gunnar Westin）指出，该书至少有 20 个瑞典语译本（不仅是版本）。

目的地感到反感。这是一个反复出现的严重危机，但对于个体能够在主观 112
上认同生活经验的真实性至关重要。

南森同这种传统诱惑之间的自然关系可见于易卜生的戏剧《布兰德》
（1865）之中，而《布兰德》的创作灵感部分地来源于克尔凯郭尔的《畏惧
与战栗》（*Fear and Trembling*，1843）中的亚伯拉罕。弗雷姆图书馆有一本
《布兰德》，图书馆的登记记录表明南森在探险期间借阅了这本书。根据这
一记录，审视南森的语言时就会与克尔凯郭尔的诱惑概念产生共鸣。南森
表达他的不安时，这一点尤其明显，并为他想要离开"弗雷姆"号去北极
探险的愿望找到了合理的解释（Nansen，1897a：227）。一个贯穿始终的主
题是诱惑和渴望是富有成效的体验："但渴望——哦，还有比这更糟糕的事
情！一切美好的事物都可以在它的庇护下茁壮成长。如果我们停止渴望，
一切都会结束。"（Nansen，1897a：217）

南森明确地提到了托马斯·卡莱尔的《论英雄、英雄崇拜和历史上的
英雄事迹》（*On Heroes，Hero-worship，and the Heroic in History*），对卡莱尔
英雄主义思想的欣赏也表现得非常明显（Nansen，1897a：2：46）。卡莱尔
于 1841 年出版的这个演讲集强调了一系列的历史事件，以此说明人类需要
英雄供其他文明效仿，从而为人类进步铺平道路。卡莱尔对北欧神话
（Norse mythology）的赞美包括他对雷神托尔（Thor）远征巨人之家
（Jotunheim）的寓言式解读，以及他对穆罕默德沙漠经历的描述，似乎这些
最能引起南森的共鸣；北欧神话和有关伊斯兰教的内容在《最北端》中出
现了多次（Carlyle，1893：41，58）。南森关于英雄和自然关系的看法也得
益于卡莱尔的启发。卡莱尔认为，"人首先将自己同自然、自然力量、自然
奇迹以及对自然的崇拜联系在一起"。原始英雄（"第一个挪威天才"）意
识到他与自然斗争的道德含义时就被唤醒并发展成为"思想家、精神上的
英雄"（Carlyle，1893：24）。因此在自然奇迹的启发下，这个英雄只是少
数人中的一员，他必须把自己的思想传递给其他人："在这场伟大的斗争中，
大自然本身就是裁判，永远公平。我们所称的最真实的东西，深深扎根于自

然中，它最终会成长起来，而不是其他东西。"（Carlyle，1893：69）作为这场斗争的一部分，英雄的内心将面临诱惑（困难、克己、受难和死亡），这些诱惑会使他偏离路线，阻碍他和整个种族的进步（Carlyle，1893：79）。

南森对卡莱尔的特殊解读，在某些方面与内斯的深层生态学是一致的。内斯经常使用比喻，例如"生活就像旅行"或"山中探险"，他认为深入自然和对自然保持好奇是一个人情感成熟的关键因素（Naess，2002：1-2，35，94）。自然认同需要通过想象把自己置身于自然，让自然帮助个体看到所有存在相互联系的整体图景（Naess，2002：20）。与卡莱尔暴力的自然形象相对，内斯的特维加斯坦（Tvergastein）的山间小屋则呈现了一种温和的自然形象，它是一种后退，但也是一种进步所需的后退。内斯找到了灵感，重新确立了启蒙原则，即斯宾诺莎（Spinoza）的"相信个人进步可能性"（Naess，2002：75），但他也提到这些启蒙思想需要有"更深层次、以价值为导向的前提"（Naess，2002：63），包括将感受和情感（重新）引入对科学研究和环境可持续性的讨论中来。科学对冷理性的偏爱导致人们对情感的偏见，内斯认为，情感成熟是人类进步并实现可持续发展和实现自我的必要条件。实现情感成熟需要对抗各种诱惑，同样，社会模式和内在化的群体规则必须实现从外部义务向内在价值的发展（Naess，2002：121）。个体会接受诱惑，逃避对所有生物网络应该承担的责任，但当他们成熟时就可以抵制这些诱惑。内斯和南森的主要区别是，内斯的观点不适合孤军奋战的英雄。个体自我的成熟通过经历诱惑得到强化，这随着深层生态学成为一种集体运动而兴盛起来。

三　北极禁欲主义认同

根据中世纪荒野观的普遍假设，自然是人类的敌人，需要用斧头和犁铧加以征服。在森林和树丛中、在高地和冰川上居住着恶灵或充斥着令人厌弃的异教徒活动（不同的观点，参见 Wilson，2003）。相比之下，维多利亚时代的探险家或科学家可能支持一种新的看法，即将荒野提升为实现运动成就、精神革新、科学进步和资源开发的场所。居伦达尔（Gyldendal）出版社最近出版的一本关于挪威极地探险的文集就是这样开篇的，它声称 114 极地探险家表达了对中世纪思维方式的摒弃（Wråkberg，2004：23）。这种新观点有一定的合理性，但也有一个重要的限定条件。这种想要提升荒野地位的浪漫主义倾向采用的策略是重新利用和重新定位早期的禁欲主义传统，而不是抛弃。南森就是一个很好的例子。基督教的禁欲主义利用《圣经》对荒野的阐释，把它当作一个空间，虽然是敌对的，但这个空间可以形成积极的精神性。对于那些把服从于荒野看作自律的人来说，荒野可以成为一个内省、开化、净化和为行动做准备的空间。这种精神自律让人从熟悉的和分散人精力的环境中脱离出来，从而获得成功。这样，北极就是理想的所在，因为它的极端条件剥夺了文明的基础，甚至缺乏温暖和食物。禁欲主义词汇不加修饰地描述空间，将空间分为文明的和荒野的、干净的和不纯洁的、世俗的和神圣的。进入这样的空间需要净化仪式，至少要有一种能接受转变的精神状态。南森对这种做法表现得非常熟悉。在离开文明的最后一个哨卡之前，他以适用于净化仪式的语言描述船员们最后一次沐浴的机会："（船员们经过了）最后一次文明的净化盛宴，然后开始野蛮的生活。"（Nansen，1897a：69）

然而，与沙漠之父不同的是，对南森来说孤独是罕见的。因此，它必须是人为的或想象的。书是他最终的归处，南森讽刺地抱怨道他是"孤独的"，只有大自然和书的陪伴（Nansen，1897a：309）。读者可能会好奇，想知道其他十几个船员怎么样了。最初，北极是避世之地，但现在，图书成了能远离北极和他人的所在，"在这茫茫冰原中……一片小小绿洲"（Nansen，1897a：152）。对南森来说，阅读是一种复杂的诱惑，这是他从小就养成的习惯。当他还是孩子时，阅读英国探险类图书使他对自然充满了敬意："我儿时的所有幻想都因展现在面前的景色和对景色的渴望而奇怪地战栗着。"（Nansen，1897a：2：14）现在，身处北极，他要对抗的是退入精神生活的诱惑，而不是走出去，走进自然中（Nansen，1897a：2：341）。

禁欲主义可以看作对现实的逃避，因此改革运动中对它的评价是负面
的。内斯谨慎地解释道，他所提到的俭朴不能与禁欲主义混淆，并指出甘
地也反对这种策略（Naess，2002：169）。然而，他又承认想要脱离主流规
范，就需要另外的禁欲主义生活方式："在我们这样的社会，以一种生态上
可持续的方式生活，也许并不要求一个人做隐士，但要求他是一个不同寻
常的社会异类。"（Naess，2002：129）无论是在特维加斯坦山还是去喜马
拉雅山探险，首先选择在自然深处度过一段时间，似乎是禁欲主义的一种
变体，它让个人成熟起来，成为"正确的那种"社会异类。在这种情况下，
这些作者推荐的自律涉及对荒野的想象构建，而往往不承认所想象的画面
中遗漏了什么（例如其他人类、文明的痕迹，与环境纯净概念相矛盾的杂
质，或者观察者的特权地位）。

四　南森面临的诱惑的复杂性和矛盾性

关于南森在北极遇到的诱惑，值得注意的是，最大的吸引力不是指向
北极，而是指向家乡。南森忽视了到达北极准确的理想地点的重要性，使
用了精神编码的术语"虚荣"（七宗罪之一）（Nansen，1897a：224）。北极
似乎携带了负电荷，有效地把南森赶回了家：

> 但是，北极的夜啊，你像一个女人，一个可爱至极的女人。你那
> 高贵又纯净的轮廓，带着古香古色的美和大理石般的冰冷。……哦，
> 我对你冷冰冰的美多么厌倦！我渴望回归生活。让我再次回到家乡吧，
> 不管是征服者还是乞丐；那又怎么样？就让我回到家乡，重新开始生
> 活。（Nansen，1897a：213）

南森面临的诱惑重新指向他所向往的地方。人们对男性运动员的期望

是去拥抱困难、放弃家庭和舒适的生活（因此是女性化的）。南森却经常把家作为最终的目标。女性的身体本应是具有吸引力的，这里却排斥、混淆了把北极作为征服对象时常用的性别隐喻。

也有例子表明南森把非人类世界视为理解他的诱惑的媒介。在多个场合，他反思了雪橇狗的困境，并由此深入思考了达尔文的理论。弗雷姆图书馆收藏了一本查尔斯·达尔文的《物种起源》（*On the Origin of Species*, 1859），南森借阅过此书。南森曾多次对狗的经历进行哲学思考，思考雪橇狗要经受的严寒、熊的袭击、内斗以及看护人的虐待。这些狗是这场探险的终极悲剧，它们一个接一个地被杀死，然后喂给剩下的狗。南森将它们的困境隐喻为人类的诱惑。狗与狗之间的冲突暗示了"文明"的船员之间隐藏的紧张关系，这种争斗也影射了寓言故事中英雄的困境，一方面要抵制野蛮和竞争的诱惑，另一方面还要抵制悲天悯人的道德规范。小说挪威版中有两幅插图并列放在一起，展现了狗的情绪变化。在第一幅素描中，两只狗幸福地打着盹，鼻子轻轻地蹭着对方，这幅画的标题是《两个朋友》（*To Venner*）（*Two Friends*）；另一幅标题为《两个敌人》（*To Fiender*）（*Two Enemies*），图中两只狗恶狠狠地咬着对方的喉咙，有两名船员试图把它们分开：拉着它们的尾巴，把它们悬在半空，就像一根有生命的拔河绳索（Nansen，1897b：420-421）。

艰苦的生存条件要求探险者采用可持续的生活方式，而环境的制约让南森成为一种新型猎人。在行程早期，南森发现自己把俄罗斯游牧民族的生活方式浪漫化了，在描述游牧生活对他的诱惑时，有一瞬间他曾试图逃离文明，去过自由自在的自然生活："（游牧民）没有奋斗目标，不需要忍受焦虑，他只需要生活！我多希望拥有他这样平静的生活，与妻子和孩子一起在这无边无际的开阔平原上自由、幸福地生活。"（Nansen，1897a：81）随着南森逐渐习惯了捕猎北极动物，他曾试图模仿游牧猎人，耐心跟踪猎物，伺机进行致命攻击，也曾试图模仿游牧猎人对捕猎的克制。这位欧洲绅士猎人在无聊地等待大型猎物时可以射击一切移动的东西，然而南森也很高兴，因为他能抵制住这种诱惑，并十分享受进攻时的刺激，就像一只野兽爬过岩石，在泥泞中匍匐前行（Nansen，1897a：108）。后来，南森和他的伙伴夏尔马·约翰逊（Hjalmar Johansen）能够完全依靠自己进行狩猎时，这种原始的、可持续的狩猎活动标志着他向成熟靠近了一步。所有这些冲突、困惑的隐喻表达都清楚地表明，南森所渴望的和他所面对的诱惑同样复杂。

五 多元生态精神的教育诉求

在旅程的早期，南森评论说原住民的宗教分立也已出现（Nansen，1897a：85）。他提出一个假设，即文明的北部地区应是一个原始的、没有教派分立的宗教荒漠。然而，在前往北纬86度的路上，他极具讽刺意味地背负着千年宗教思想的包袱，却比以往任何一个人向北走得都远。他对精神主题的大胆选择和对意象的戏谑运用是对多元主义的探索，接近一种批判的、开放的不可知论。这些宗教意象已具有了文化意义，但它们允许改变并被赋予新的寓意。南森运用宗教意象对北极所进行的洗礼，是一个创造性的过程。在这个过程中，他解释了身处这片土地时的紧张感，并用古老的词语以可理解的方式将这些感受传达给读者。这种不可知论显示了从教条的无神论向开放的求知姿态的转变，是一种潜在的、更加谦卑的、偏离人类中心的世界观。

南森定义环境时运用的多元意象与内斯倡导的多元主义相似。内斯认为宗教观点的多样性同深层生态学并不冲突，相反，它的支持者"团结在同一个运动中……幸运的是，存在的是多样性，而不是共识"（Naess，2002：6）。传统的西方科学已成功发展了一种文化，要求人们"驯服"想象力，用内斯的话讲，"削弱了人类的创造力"（Naess，2002：71）："在很长一段时间里，对上帝表达感激经常出现在真正意义上的科学文献中。如今，期刊文献的文体或多或少已经变得十分枯燥。"（Naess，2002：68）为了促进个人情感的成熟，他指出"我们迫切需要神话般的想象"，他有时把哈林斯卡维特山（Hallingskarvet）想象成"活的"，从喜马拉雅山地民族的传统中寻求灵感（Naess，2002：111）。内斯阐明了工业社会重新定义自然的过程中理想和情感的融合，指出这一过程的关键就是创造一种教育环境，让学生感受到对某事的火一般的"热情"（Naess，2002：85，147）。对生物学的学术兴趣不应再从教科书中习得，而必须来自同有生命的自然的真实互动，这是将一般兴趣磨炼成成熟热情的方式（支持实地教学的一个论据）。这种热情也使深层生态学成为一种运动，而不仅仅是一门学科。内斯的"幸福公式"表明，这种热情是从精神与肉体所遭受的痛苦中提炼出来的（Naess，2002：179）。同样，南森似乎从卡莱尔对但丁史诗《神曲》（1320）的赞美中获得了灵感，因为这部史诗阐释了但丁通过苦难实现完美的主题（Carlyle，1893：102）。这在一定程度上解释了为什么南森的北极之旅被认为是他自己的炼狱之旅。当他公开把进入的北极地区（指布兰德）描述为"冰雪教堂"时，读者也可以把他的旅程想象成一个环形车站，类似于天主教的"苦路十四处"。南森对苦难的沉思为其提供了塑造品格的机会，使他在每一站都能得到启示。除了其他品质，北极变成了一所"耐心学校"（Nansen，1897a：312），南森甚至在给一个营地命名时表达了他对"理想营地"（Længselens Leir）的敬畏（Nansen，1897b：2：149）。至此，两位作者所提出的做法都是让个体在精神上屈从于占主导地位的自然环境所施加的苦难。

118

　　许多经典的中世纪寓言中经常提到"恶魔"概念，南森也对此做了引用：

　　　　是什么恶魔在编织我们的生命之线，让我们欺骗自己，把我们送上我们未曾安排的道路，以及我们根本就不想走的道路？仅仅是一种责任感驱使着我吗？哦，不！我只是一个渴望去那未知之境来场大冒险的孩子。（Nansen，1897a：338）

安格斯·弗莱彻（Angus Fletcher）认为，"恶魔"指代的是痴迷于某个想法或专心于某个目的，不一定是消极的（Fletcher，1964：40-68）。南森的经历让他看清了自己旅行的目的、他的生命以及他与自然互动的意义。他所面临的诱惑包括各种各样的自我欺骗、情绪波动以及对自己的力量和命运摇摆不定的信念。他不满足于等待冰块把他赶到南方，他渴望斗争和行动。尽管他的显微镜和他的研究"诱惑"了他，但他宣称他很乐意放弃这些东西而采取行动（Nansen，1897a：304）：

119

> 渴望，哪怕强烈而悲伤，也并非不快乐。如果命运允许一个人去追求他的理想，使他免于日常生活的劳累，使他有更清晰的视野去追求崇高的目标，他就没有权利不快乐。（Nansen，1897a：223）

就像克尔凯郭尔对颓废时代的抱怨，即总是缺乏想做一件事的激情，南森也得出了类似的结论："一切似乎都变得越来越冷漠。一个人只渴望去做一件事。"[1]（Nansen，1897a：2：187）南森治疗自己注意力不集中的办法就是把自己隔离在北极深处，在那里除了回家就没什么重要的事情了。南方成了新的目标，这在他用温暖的地中海意象来描述法兰士约瑟夫地群岛（Franz Josef Land）和斯堪的纳维亚半岛时，体现得十分明显（Nansen，1897a：327，2：219，2：222，2：228）。他的世界地图被重新定位、修整，试图到达北极的原因也改变了。现在，最遥远的北极地区是有价值的，因为它可以帮助南森克服他的冷漠，重新认同他南方的家园。除了生存与回归，北极使人对任何不具有价值目标的事情都漠不关心（Nansen，1897a：324）。这让消除退隐的机会变得十分必要（Nansen，1897a：346）。

南森在序言部分向读者提供了一份关于他叙述主观性的免责声明（英文版本中没有）。他警告读者不要期待能看到一份科学报告，他们看到的将

---

[1]　克尔凯郭尔在《不同精神的启发性谈话》（2000b）和《我的作品》（*On My Work as an Author*，2000a）中扩展了"想做一件事"的内涵。

是一份对北极生活经历的描述（Nansen，1897b：preface）①。他在其他场合指出，正是在写作的过程中他才能够理解自己的内心体验："唯一能帮助我的就是写作，我试着在这些纸张上表达自己，然后从外部审视自己。"（Nansen，1897a：228）如果没有这个记录过程，他全新的经历可能就没有明显的意义，他担心那将是一场噩梦（Nansen，1897a：230）。然而，当他试图从外部审视自己的时候，他并没有留出足够的批判空间就他错综复杂的隐喻网、他与自然环境复杂的性别关系以及他对自我的混乱定义得出结论。他仍然是享有特权的绅士英雄，尽管他对自我经历的描述本质上对此提出了质疑。

六 对北极禁欲主义的批判性评价

南森的寓言风格似乎对后来的生态哲学产生了不可忽视的影响。可以 120
肯定的是，南森和内斯之间存在许多不同之处，其中最重要的一点就是，南森试图用自己的亲身经历来展现中世纪寓言传统中的孤独英雄理想，正如克尔凯郭尔、易卜生、歌德和克莱尔所描绘的那样。而内斯支持成千上万小英雄的集体运动，以抵制现实的诱惑，朝着可持续的未来前进。二者在命名策略上有明显的相似之处，都试图将自我和环境联系起来。他们都认为，生活在现代工业社会的人被世界上各种宗教幻想的地方吸引，这样对他们而言自然体验就变得可以理解。南森的混合隐喻可能会令人困惑，但基本上可以看作实现必要的普遍性的一种努力，这使得各种读者都能够在他对北极的艺术呈现中找到意义。②

---

① "Jeg har bare to ting at si: For det første at denne bog er blit for personlig farvet til at være en reiseberetning i almindelig forstand. Men jeg har det håb at fortællingen dog vil skinne gjennem det subjektive, og at der fra stemningernes skiften vil dæmre frem et billede af naturen og livet i den store isensomhed."（Nansen，1897b：preface）"我只有两件事要说，第一，这本书过于个人化，不是一般意义上的旅行报告。但我希望，这个故事能够通过主观的东西而闪光，通过情绪变化使孤独的自然和生活变得暗淡。"（Nansen，1897b：preface）

② 安格斯·弗莱彻解释道，寓言的广泛性取决于它的普遍性，即它被所有人理解的能力（借鉴托尔斯泰对艺术普遍性的定义）（Fletcher，1964：327）。

对内斯来说，多元主义是理智上谦逊、情感上成熟的标志，但也是一种实用的策略，可以引导生态运动远离教条主义和适得其反的宗派主义（Naess，1989：89，91）。内斯认为挪威的户外传统（南森提供了大量相关信息）对发展成熟的环境范式起着"重大"作用（Naess，1989：177-181）。他对宗教世界观持开放态度，部分原因是它们有能力创造自然现象及有机体的整体特征（完全形态），通过命名的隐喻过程，"将我和非我结合在一起"（Naess，1989：60）。他发现与自然的这种多方面的、成熟的、情感上的联系正是工业范式所缺乏的。他解释道："如果开发者可以看到整体，他的伦理道德可能会改变。只要他仍然把森林看成一组树木，就没有办法让他渴望拯救森林。"（Naess，1989：66）有了这种范式的改变，人类将不再把自己看作"环境中的一个事物，而是关系系统中的一个节点"（Naess，1989：79）。通过命名实践，对环境的归属感和亲近感得以形成，然而"对传统'科学'的赞美会导致人们嘲笑这样的创造"（Naess，1989：61）。换句话说，能让人对北极景观充满想象、满怀敬畏的成熟的情感能力，呈现为与该想象直接相关，而该想象是现代社会的"图景变化"及进入可持续未来所必需的。

我们可以得出的结论是，两位现代作家的观点同荒野禁欲主义传统之间有高度的连续性。南森作为享有特权的白人男性探险英雄，像卡莱尔一样受到了更多的批评，这些英雄主义概念很容易被人重新提起，而它们在内斯的作品中也依然存在。二者都提倡与自然世界建立一种富有想象力的关系，但同时又没有对这些想象力带给国家和性别的影响提出实质性的质疑。由于二者都没有批判性地将自己从自我与自然以及与其他自我的融合中剥离出来，他们的读者也可能会遇到同样的问题。有人认为，内斯的"生态智慧T"有助于接受这种哲学的人消除工业社会的过度行为对环境造成的负面影响。然而，这种哲学的有用之处还可能在于它建立在传统的二元对立基础上，而没有充分地注意其复杂性。因此，奥斯陆或任何其他工业城市的普通居民都可以通过周末远足或滑雪旅行来"培养他们神话般的想象力"，而无须挑战他们每周都生存其中的世界秩序或他们的特权地位。

如果没有批评空间，轻描淡写地进行这种未加思考的类似精神活动的活动，就会像远足一样仅仅成为娱乐行为。如果传统的宗教意识形态被视为原始的、古雅的和反现代的，这种富有想象力的表演也有可能掩盖世俗意识形态的特权地位。此外，还有一种感受，尽管内斯和南森的叙述被标上不可知论或世俗的标签，但这些话语的生态精神根源还是深刻、富有成效、具有或然性的。如果北极相关的学术、哲学和文学想要朝着批判性地理解精神词汇的方向发展的话，就需要更充分地认识精神上形成的复杂多样的自然环境概念的持久性和相关性。

参考文献

Bloch-Hoell, Nils E. 1984. *Fridtjof Nansen og religionen-Kirken og Fridtjof Nansen*. Oslo: Det Norske Videnskaps-Akademi.

Carlyle, Thomas. 1893. *On Heroes, Hero-worship, and the Heroic in History*. New York: Frederick A. Stokes.

Diehm, Christian. 2002. "Arne Naess, Val Plumwood, and Deep Ecological Subjectivity." *Ethics and the Environment*. 7 (1): 24–38.

Diehm, Christian. 2007. "Identification with Nature: What It Is and Why It Matters." *Ethics and the Environment*. 12 (2): 1–22.

Fletcher, Angus. 1964. *Allegory: The Theory of a Symbolic Mode*. Ithaca: Cornell University Press.

Huntford, Roland. 1998. *Nansen, the Explorer as Hero*. New York: Barnes & Noble. *Katalog over Frams bibliotek*. Fram museum, Oslo. Katalog bibliotek Fram I–119647A. Archival material, received as a PDF file to author.

Kierkegaard, Søren. 2000a. "On My Work as an Author." In *The Essential Kierkegaard*, ed. Howard V. Hong, and Edna H. Hong, 449–481. Princeton: Princeton University Press.

Kierkegaard, Søren. 2000b. "Upbuilding Discourses in Various Spirits." In *The Essential Kierkegaard*, ed. Howard V. Hong, and Edna H. Hong, 269 – 276. Princeton: Princeton University Press.

Louth, Andrew. 1997. *The Wilderness of God*. Nashville: Abingdon Press.

Naess, Arne. 1989. *Ecology, Community and Lifestyle: Outline of an Ecosophy*. Trans. and revised by David Rothenberg. Cambridge: Cambridge University Press.

Naess, Arne. 1995. "Industrial Society, Postmodernity and Ecological Sustainability."
Humboldt Journal of Social Relations 21: 130-146.

Naess, Arne. 2002. *Life's Philosophy: Reason & Feeling in a Deeper World*. Athens:
University of Georgia Press.

Nansen, Fridtjof. 1897a. *Farthest North*. London: Macmillan & Co.

Nansen, Fridtjof. 1897b. *Fram over Polhavet*. Kristiania: H. Aschehoug & Co.

Westin, Gunnar. 1924. Foreword in *Kristens Resa*. Trans. G. S. Löwenhielm. Stockholm:
B. M: s Bokförlags A. B.

Wilson, Eric. 2003. *The Spiritual History of Ice: Romanticism, Science, and the Imagination*.
Gordonsville: Palgrave Macmillan.

Wråkberg, Urban. 2004. Polarområdenes gåter. In *Norsk Polarhistorie. Vol. I, Ekpedisjonene*,
ed. Einer-Arne Drivenes and Harald Dag Jølle. Oslo: Gyldendal.

第八章
斯瓦尔巴德群岛的遗产、资源保护
和地缘政治：书写北极环境史

达格·艾万戈　彼得·罗伯茨[*]

本章研究的是北极环境（自然和文化）的概念化、表征、管理以及为何这些过程总是更多地关注人，而非空间。我们的中心论点是对北极空间的建构，过去、现在和将来都是文化、政治、经济地理以及自然地理的简要反映。特定时代特定人物的焦虑和抱负总是通过叙事中的描述和定位铭刻于环境之中，这反过来又为实践提供了框架。因此，我们主张应该花费更多的时间和精力，去分析如何以及为什么北极的自然景观和文化景观被描述成现在的样子，以及这些描述具有怎样更广泛的用意，也应该对任何声称事情是自然的或必然的观点持怀疑态度。

尽管人文学者（同各领域的学者一样）近来对北极地区表现出日益浓
厚的兴趣，我们还是要强调不要把北极当成例外。博·里芬堡（Beau Riffenburgh，1993）、弗朗西斯·斯巴福德（Francis Spufford，1997）、厄班·瑞克博格（Urban Wråkberg，1999）等曾著述描写 19 世纪北极地区的

---

[*] 达格·艾万戈（Dag Avango）、彼得·罗伯茨（Peder Roberts），瑞典皇家理工学院科学技术与环境史系。孙利彦（译），聊城大学外国语学院讲师。原文："Heritage, Conservation, and the Geopolitics of Svalbard：Writing the History of Arctic Environments," pp. 125-143。

建设，把北极描绘成具有示范性的崇高空间，而且在他们的笔下，欧洲浪漫主义的文化词汇被铭刻在北极冰冷的土地和海洋上，几乎没有受到任何歧视。生活在西方文明之外的原住民的固有形象一直延续到 20 世纪，成为丹麦格陵兰和其他地区殖民统治意识形态的基础。目前，北极经常被描述为一个商业开放地区，商业环境成为叙事的焦点，人们认为这是该地区气候变化的结果，尤其是北冰洋海冰面积减小的结果（Avango and Högselius，2013）。这些叙事不仅描述这个地方，也让这里的人讲述故事。

我们在杰拉德·托尔（Gerard Toal，1996）等开创的批判地缘政治学领域发现了有价值的东西，他们强调环境的建构总是发生在人类活动叙事之中，而非叙事之外。认识并呈现一个空间离不开对它的控制，即使是自然科学使用的表征技术，例如冰核测量、地质填图等，也从不是自说自话，总是被人置于特定的语境中。环境总是被放置在给这些空间赋予意义的叙述背景中描述，继而确认特定的活动过程。动物、生态系统以及人类活动留下的物质遗迹都被赋予脆弱的特性，因而需要人类为它们发声。环境管理和文化遗产管理的论述是一种权利，永远不能将之视为中立的、仁慈的行为，哪怕披上了生态学的语言外衣或打着拯救人类独特共同遗产的旗号也是如此。

本章实证考察的中心是斯匹次卑尔根群岛，也就是今天所说的挪威斯瓦尔巴德郡。斯匹次卑尔根群岛长期以来一直被当成资源基地来建设（用于捕鲸、狩猎及后来的采矿），是由挪威负责保护的荒野地区，用于国际科学研究，还有许多其他用途。斯匹次卑尔根群岛的自然地理条件决定了这里从来没有统一的政治、文化或经济回应。与其他北极地区不同，斯匹次卑尔根群岛上没有原住民，尽管来自挪威、俄罗斯和其他地方的实践者一直在努力营造国家归属感（Avango，2005；Roberts and Paglia，2016）。在本章中，我们重点关注的是北极空间是如何由欧洲人，而不是北极原住民建构的。所有对环境的理解都应置于更广泛的叙事背景中，但我们缺乏原住民研究方面的专业知识，这就意味着我们把重要的问题留给别人去解决。

一　自然、民族和保护

围绕斯匹次卑尔根群岛的自然资源开采而进行的辩论，出发点是该群岛的自然地理概念，同时需要更广泛的政治和经济地理内容。19世纪下半叶，欧洲的企业家和科学家就把这里想象成了北欧经济的原材料产地，虽然进行了几次尝试，但都没有取得任何成果。20世纪初，拥有大量资本和经验的矿业企业家实现了他们的设想。1905年，斯匹次卑尔根煤炭贸易公司（Spitzbergen Coal and Trading Company）在英国资本的支持下建立了采矿定居点艾德文特城（Advent City）。第二年，美国矿业企业家约翰·芒罗·朗伊尔（John Munro Longyear, 1850 - 1922）建立了朗伊尔城（Longyear City, 即如今的 Longyearbyen），此处至今仍是岛上人口最多的居民点。朗伊尔矿业开采的成功驱使俄罗斯、瑞典、荷兰和英国的公司在接下来的10年里，陆续在斯匹次卑尔根群岛开采煤矿，它们认为这些煤矿将为工业化过程中的欧洲北部地区提供一个日益扩大的能源市场。群岛作为经济活动场所出现，反过来又使人们意识到需要某种形式的法律来促进该地区开展有效的活动。

强制形成秩序本身也可能就是目标。19世纪是包括挪威在内的整个欧洲的民族主义时代。1905年以前，挪威一直通过与瑞典王室联合实现同瑞典的结盟。独立前的一代挪威政治家就已经开始考虑把斯匹次卑尔根群岛变成挪威的领土了（Berg, 1995, 2004）。通过政治手段，该群岛最终成为挪威的斯瓦尔巴德郡，而且这种手段也被写进了挪威合法权利机构的叙事中。这种叙事需要借用自然地理知识来使挪威的政治权利自然化。地质勘查、动物分布观察和国家公园的建立都有助于这一目标的实现。在挪威地质科学家发起的几个案例中，建立挪威公司控制的矿场也起到了同样的作用（Avango, 2005）。

在此过程中，最重要的人物是阿道夫·霍尔（Adolf Hoel, 1879 -

128

1964），此人在1907年第一次到达斯匹次卑尔根群岛。在克里斯蒂安妮亚大学求学期间，在沃尔德玛·克里斯托弗·布洛格（Waldemar Christopher Brøgger）的指导下，霍尔的地质学成绩优异。沃尔德玛·克里斯托弗·布洛格在斯德哥尔摩担任地质学教授期间，专注于一项重要工作，即把科学视为热爱国家领土的表现（Hestmark，2004）。霍尔对斯匹次卑尔根群岛产生兴趣的时间与挪威1905年脱离瑞典而独立以及政界人士越来越感到应该吞并斯匹次卑尔根群岛的历史环境相吻合（Berg，1995：150-157），但是这种兴趣并没有转化成资金投入，甚至没人投资绘制有效管理所必需的地图（Drivenes，2004：177）。为斯匹次卑尔根群岛研究创造需求并将这项研究与挪威对该群岛的主权管理联系起来，成为霍尔地缘政治叙事中的孪生主题。

研究斯匹次卑尔根群岛的环境时，霍尔将商业和科学结合在一起。1907年，他发现了一处煤矿，这促使他于第二年又组织了一次探险。这次探险不仅涉及地质学、植物学研究，霍尔还提出申请，要购买一个他认为极具潜力的矿区（Hoel，1966：738）。与当时在斯匹次卑尔根群岛的许多地质学家一样，霍尔本人对于将实地考察转化为潜在的商业成果很感兴趣，甚至为了开发和占领有潜力的矿产地点而创建公司（Hoel，1966：840-843）。当然，这项任务可以理解成是经过挪威政府暗中批准的（Drivenes，2004：196）。地质学家的专业知识不仅能把在经济意义上有价值和无价值的东西分开（比如石膏常被误认为是大理石），还能在道德层面把二者分开，这为资源开采提供了合理的基础（Hoel，1928：1）。这种推理有助于把国家主权之外的空间描绘成急需强加法律和政治秩序的地方。作为环境及其资源的解释者，地质学家可以揭示自然秩序，而自然秩序反过来又允许国家实施合理的管理。

把秩序强加给自然的需要同时映射了把秩序强加于人的叙事话语。马尔科·阿米罗（Marco Armiero）关于意大利山区和民族主义方面的研究表明，崎岖不平的阿尔卑斯山被视为优秀公民的来源，他们就像家乡的山脉

一样，是国家防御的财产（Armiero，2011）。但无人居住的斯匹次卑尔根群
岛与其说是摇篮，不如说是熔炉。合法的权威不是源于原住民的固有权利，
而是来自其占领者和管理人员的优越素质。霍尔在晚年所写的关于斯瓦尔
巴德群岛的历史著作中回忆了 1907 年一个采矿场的（英国）管理者如何成
了不守规矩、常常醉酒的矿工们的"囚犯"，他将此归咎于公司代表在选择
雇员时不够谨慎，矿工中的许多人是"挪威北部警方所熟知的人"（Hoel，
1966：564）。霍尔声称关于谁控制了什么领域的争论有时会导致致命的暴
力威胁，这强化了他所谓的人们需要秩序的观点，而挪威则顺理成章地成
为提供秩序的国家（Hoel，1966：652-653）。1925 年斯匹次卑尔根群岛成
为斯瓦尔巴德郡后，明确的行政框架为经济活动创造了稳定的环境，这反
过来又使挪威的主权合法化。霍尔记录了 1927 年律师和挪威商务部
（Norwegian Department of Commerce）共同解决的一场争端，这与 20 年前西
部蛮荒的氛围大不相同（Hoel，1966：845）。

　　中央权威的出现也提升了精确测绘的重要性，不仅因为登记要求直接
与行政管理相关，还因为绘制斯匹次卑尔根群岛地图这样重要的工作能代
表政治控制。尽管挪威政府在 1925 年获得主权后削减了矿业补贴，但国家
在必要时仍继续进行投资，以阻止苏联的兼并，进一步表明了矿业及其相
关科学的政治属性（Avango et al.，2014：15）。这反过来又有利于国家密
切参与，国家不仅能够提供稳定的政治环境，保证其他活动进行，还可以
直接赞助野外工作，以生产能够加强国家权威的地图等人工制造产品（斯
匹次卑尔根群岛由国家提供支持的工人也是如此）。

　　1928 年，霍尔被任命为"挪威斯瓦尔巴德群岛和北冰洋研究所"
（Norges Svalbard-og Ishavsundersøkelser，简称 NSIU）这个新政府机构的领导
人后，他立即将其任务扩大到监督所有前往斯瓦尔巴德群岛的探险人员，
包括从挪威或者其他地方来的人。1928 年送到"外国力量"手中并在挪威
地理学会（Norwegian Geographical Society）期刊上发表的一份备忘录显示，
外交部规定在斯匹次卑尔根群岛开展的所有科学工作计划都必须提前提交

给挪威斯瓦尔巴德群岛和北冰洋研究所（Norwegian Foreign Ministry，1928）。该文件可被理解为霍尔日常工作的体现。他和他的同事要检查计划中的工作是否与其他工作重复，提供安全建议，并根据挪威相关法律（比如动物保护法）发出正式通知。这对于"从在斯瓦尔巴德群岛开展的研究中获得可能的最佳结果"是必要的（Norwegian Foreign Ministry，1928：122）。上述服务不收取任何费用，强化了它们作为政治景观自然化要素的身份。在接下来的几年里，霍尔和他的机构所收到的感谢信先后出版，证实了这一安排的重要性。1937 年，霍尔自豪地公布了一份清单，来自 9 个国家的 25 支斯瓦尔巴德群岛探险队曾接受过他的援助（Hoel，1937：83-5）。

对斯瓦尔巴德群岛的了解可以作为有效行政管理的逻辑基础，也暗示挪威对所涉事项的责任义务，其中可能包括制定狩猎法规、建设国家公园，还有通过科学报告和地点命名展示控制斯瓦尔巴德群岛地理空间的权威（Wråkberg，2002）。霍尔坚持认为挪威斯瓦尔巴德群岛和北冰洋研究所是斯瓦尔巴德群岛地点命名提案的把关者，在多年来未经协调的行动所造成的混乱中创建秩序（Norwegian Foreign Ministry，1928：123）。通过创建管理框架以及群岛地理空间的挪威化（Norwegianization），控制地点命名的行为强化了国家控制。"斯瓦尔巴德"这个名字让人联想到 1000 年前北欧人的航海探险活动中就有类似的方案。Longyear City（朗伊尔城）变更为 Longyearbyen，Green Harbour（绿港）变更为 Grønfjorden 等（Hoel，1925），为自然命名，从而把国家刻于自然之上，具有明显的政治意义。

将国家秩序刻于自然之上的另一种方法是建立国家公园。库切（J. M. Coetzee）发现，荒野既可以体现命名与秩序的缺失（近似于前亚当时代的存在状态），也可以看作实现隔离与沉思的空间（Coetzee，1988：49-50）。国家公园跨越了这些范畴，其价值依赖于对现有范畴（因其评估特性而被判断为有价值的已知空间）的同化，这些范畴具有工具价值，用以强化个体或集体特性，这种特性又取决于它们是否被排除在规范之外。根据定义，国家公园是经核准的、公认的荒野。正如西蒙·沙玛（Simon

Schama）所断言的那样，"即便是那些我们认为最不受文化影响的景观，经过更仔细的观察，也可能成为文化的产物"（Schama, 1995：9）。瑞克博格指出，1914 年由德国人雨果·康文兹（Hugo Conwentz）提出并得到挪威支持的第一个斯瓦尔巴德群岛自然保护计划，采用的是意识形态和经济学观点，而不是应对环境危机所需要的观点（Wråkberg, 2006）。这种观点认为国家既拥有文化遗产，也拥有自然遗产，而未能正确认识和管理两者反映了管理者工作不力。这种观点促使 1914 年挪威自然保护协会（National Association for Nature Protection in Norway，今为 Norwegian Society for Conservation of Nature）的成立。霍尔在该协会成立后不久就加入了该协会，并在之后的 30 多年里一直是其活跃成员。

1920 年，挪威将获得斯匹次卑尔根群岛的主权这一事实变得明朗之后，该协会很快就发现了一个有潜力的新领域。在总结反思新近取得的成就，尤其是在保护人们常说的"大自然的独特丰碑"方面取得的成就时，协会主席哈亚马尔·布洛齐（Hjalmar Broch）希望这类发展对挪威即将在斯匹次卑尔根群岛承担的责任而言是一个好兆头（Broch, 1920：12）。1921 年 5 月，霍尔和植物学家汉娜·瑞斯沃尔-霍尔姆森（Hanna Resvoll-Holmsen）向挪威农业部（Norwegian Ministry of Agriculture）提出保护自然的建议，由此开始了一场漫长但成效不佳的对话。1925 年后，挪威议会迅速通过了一项法律，详细解释了如何定义和行使挪威的权利。国家宣布有权管理群岛上的动植物，包括制定狩猎、捕鱼、诱捕和其他活动以及"保护动物、植物、自然形态、景观和考古遗迹"并为国家统计收集资料的相关规定（Stortinget, 1925）。第一个保护措施是 10 年禁猎当地特有的斯瓦尔巴德群岛亚种驯鹿（Rangifer tarandus platyrhynchus）。这项决议很大程度上采用了动物学家阿尔夫·沃勒贝克（Alf Wollebæk）的研究。他的研究认为，由于狩猎数量增加、狩猎效率提高，驯鹿的数量明显减少（Wollebæk, 1926：50-57）。因此，了解驯鹿及其分布情况以及曾经去过驯鹿栖息地的人员，都被置于有效管理的统一框架内。

在协会 1926 年的年度报告中，霍尔详细描述了他对斯瓦尔巴德群岛自然保护的设想，最主要的四项提议包括：宣布西北部的斯匹次卑尔根群岛为国家公园；保护该岛另一区域的植物；保护所有考古遗迹；提出保护南
132 部熊岛的动植物（Nasjonalparker i Norge，1926：2）。在这一特定背景下，自然公园内禁止任何可能会影响自然环境的活动（尤其是经济活动），但是国家公园中的限制并不严格，甚至国家公园中某些区域不禁止上述活动。根据 1914 年的一项提议（霍尔为此做出不少贡献）以及控制人类以强化自然控制的观点，霍尔提议在斯匹次卑尔根群岛西北部建设国家公园（Wråkberg，2006：14-15）。该地区拥有一系列壮丽的景观。在霍尔看来这些景观"代表了斯匹次卑尔根群岛上所有更重要的景观形式"，且相对而言没有多少经济潜力（Hoel，1926：19）。对有关北极熊、海豹、驯鹿、狐狸、海象、鲸鱼以及各种鸟类和鱼类的确切分布以及捕猎者的情况，都有详细的数据补充，并标明了每一种动物被猎捕的数量和时间。对狩猎限制的争论既考虑到了其实用价值，也考虑到了情感因素（Hoel，1926：10，14）。有效的保护措施需要不断重新评估并持续监测动物、采矿公司以及包括游客及猎人在内的所有人的活动，其结果将是一个详细的管理流程，霍尔几乎可以凭借该流程掌握最后一只动物的信息。

然而，政府并没有按照霍尔的提议采取行动。德瑞文斯认为，霍尔的挪威斯瓦尔巴德群岛和北冰洋研究所受到了政治攻击，因为有人认为研究所掌握了太多的资源投入，但没有直接经济效益，例如支持科学行为（Drivenes，2004：230-233）。除了使挪威主权合法化之外，霍尔辩解称他们的研究是帮助经济发展的一种手段，但这一事实并不能制止人们怀疑参照科学研究发现所制定的规章制度从本质上来说阻碍了经济增长。只有阐明斯瓦尔巴德群岛的自然地理能够创造出以国家公园为象征的那种更深层次的情感联系，从而构建一种自然形式的文化遗产，这种争论才能停止。瑞斯沃尔-霍姆森于 1927 年出版的《斯瓦尔巴德群岛植物群指南》等几部著作，就描述了挪威人可以，也应该产生情感依恋的那个空间里的植物现状（Resvoll-Holmsen，1927）。

　　霍尔于 1935 年开始担任协会的领导职务，可以说一上任就将协会总部搬到了位于旧奥斯陆天文台的挪威斯瓦尔巴德群岛和北冰洋研究所的办公地点，研究所办公室的工作人员也承担了协会的管理工作。游说政府对斯瓦尔巴德群岛采取自然保护行动的组织，现在很方便地与监管该地区国家科学研究工作的组织联合在一起。除了越来越不切实际的极地动物引进计划之外，霍尔利用他在协会的职务之便，继续推动斯瓦尔巴德群岛的自然保护，甚至要把企鹅引入挪威本土（Roberts，2011：74-5）。但由于缺乏监督和执行机制，在斯瓦尔巴德群岛建造大型公园的提议依然遭遇阻碍（Svalbard，1936：9-10）。最值得注意的成功案例是，自 1938 年起对在群岛东部的三个孤岛，即卡尔王地群岛上生活的北极熊进行全面保护。这个决定在很大程度上也是象征性的。这些岛屿人迹罕至，因此其经济影响微乎其微，而且对那些冒险前往的人来说，周围海域并不禁止狩猎（Isbjørnen er fredet på Kong Karls Land，1939：5）。

　　在斯瓦尔巴德群岛建立国家公园或全面实施狩猎限制都以失败告终，这令霍尔和协会都很失望，因为这没有很好地反映挪威作为现代文明国家的身份。而这些失败也让挪威统治斯瓦尔巴德群岛的合法性遭到攻击，或是攻击它对该岛动物管理不善（von Staël-Holstein，1932：18），或是攻击它未能创建国家公园。人们可能很想知道，霍尔在描述该岛及其动物、植物、矿产等地理特征时是否存在没有把它当作挪威空间的可能。对他来说，斯瓦尔巴德群岛是更广泛意义上顽疾的缩影。1935 年，他起草了协会活动计划，对挪威 "极其原始、自相矛盾" 的自然保护法提出了批评，认为该法律规定与其他国家相比很不完善（Hoel，1935）。在他担任领导初期，协会成员的招募宣传中就把自然保护描述为表达爱国热情及对后代负责任的 "切实可行而又明智的手段"（"Vil De bli med å verne om Norges natur?" 1935）。尽管霍尔和其同事古斯塔夫·斯梅达尔（Gustav Smedal）等为挪威、斯瓦尔巴德群岛，甚至东格陵兰岛之间的民族亲近关系进行了有力辩证，但他们描述的极地帝国依然未能赢得人心。

二　北极矿业景观的绿化

直到 1973 年，挪威政府才在斯瓦尔巴德群岛建设了第一批国家公园。自 2002 年以来，又通过立法建设了几个国家公园。现行的环境法规规定，"这项法律的目的是保持斯瓦尔巴德群岛真正未受破坏的环境，保护这里广阔无垠的荒野、景观、植物、动物和文化遗产"（Svalbardmiljøloven，2001：§1）。面对美国和苏联相关组织机构迅速扩张的石油勘探活动，挪威政府为了增加自己在该群岛的影响力，通过了 1973 年环境法，并据该法建立了一批国家公园（Arlov，1996：384f；另见 Barr，2001：140）。

然而，环境法本应保护的北极荒野还包含 400 多年来对群岛自然资源的密集开采所留下的相当数量的物质遗迹。斯瓦尔巴德群岛上有许多仍然十分完好或已受损的遗迹，有 17 世纪的捕鲸站、18 世纪的狩猎站、19 世纪的研究站，最引人注目的是 20 世纪的采矿场遗迹，像勘探营地、矿场、运输设施以及散布在海岸线上的采矿定居点。1974 年，挪威政府颁布了一项法律，将北极环境中的这些人类活动遗迹明确界定为文化遗产。我们认为，这项文化遗产保护法，以及随后颁布的加强这类保护措施的法律，都应理解为挪威环境政策的延续，表达了同样的动机。文化遗产遗迹的建设是为了保护环境和自然资源，同样也是为了服务其经济、政治目标。矿业公司和旅游产业支持挪威政府的政策，因为它们共同的目标是把矿业物质遗产建设成为具有象征价值和实际利益的资源。

自 1974 年 6 月起实施的文化遗产法最初版本的标题是《斯瓦尔巴德群岛和扬马延岛文化遗产条例》（Regulations Regarding Cultural Heritage at Svalbard and Jan Mayen）。该法颇具有想象力，规定所有 1900 年前的遗迹都应自动受到保护，近来则认为对符合条件的历史遗迹可以选择保护。根据苏珊·巴尔（Susan Barr）的说法，这项法律主要是用来保护更古老的人类活动遗迹，但也包括一些工业遗迹，特别是新奥尔松（Ny-Ålesund）以前的

采矿定居点（该矿于 1962 年发生 22 人死亡的地下事故后被关闭）。根据
1992 年文化遗产法，挪威当局加强措施保护斯瓦尔巴德群岛上的人类活动
遗迹，将遗产自动认定的截止日期更改为 1946 年，结果，群岛上很多废弃
的矿场现在都成了受保护的文化遗产。1992 年通过的法律还规定将年代更
近的人类活动遗迹作为遗产进行保护（Marstrander，1999），该条款自通过
后已使用过多次，其中最著名的例子是连接挪威艾德文特矿山和朗伊尔谷
的巨大空中索道系统也成为遗产。2002 年，同样的内容被加入《挪威斯瓦
尔 巴 德 群 岛 环 境 保 护 法 案》（Norwegian Environmental Protection Act for
Svalbard）之中，这清楚地表明它们与其他形式的环境法规有共同的目的。

　　挪威当局还对斯瓦尔巴德群岛博物馆进行了资助，对工业遗迹遗产建
设做出了贡献。博物馆成立于 1979 年，2006 年于崭新宽敞的斯瓦尔巴德群
岛科学中心（Svalbard Science Center，朗伊尔城最大的建筑）进行重建，为
朗伊尔市政当局、斯瓦尔巴德总督、挪威斯匹次卑尔根煤炭矿业公司
（Store Norske Spitsbergen Kulkompani，简称 SNSK）、斯瓦尔巴德大学中心
（University Center in Svalbard，简称 UNIS）和挪威极地研究所设立的基金会
所有。在博物馆的展品中，矿业展品占据了中心位置，展示了矿业对于 20
世纪挪威斯瓦尔巴德群岛历史以及当今定居点的重要性，强化了矿业物质
遗迹拥有遗产价值的叙事。

　　将斯瓦尔巴德群岛矿业景观定义为遗产的推动力量还有采矿公司。国
有企业挪威斯匹次卑尔根煤炭矿业公司一直是挪威政府维护斯瓦尔巴德群
岛主权的主要战略企业之一。该公司在一座废弃煤矿附近的建筑中设立了
一个访客中心，还出版了一系列有关其历史的大部头著作（Westby and
Amundsen，2003；Kvello，2004；Martinussen and Johnsen，2005；Holm，
2006；Kvello and Johnsen，2006；Kvello，2007，2009；Orheim，2007），并
为矿业历史研究以及斯瓦尔巴德群岛博物馆的矿业展览提供资金支持。此
外，该公司还保存并维护以往的采矿遗迹，诸如房屋及与矿山相关的基础
设施。

俄罗斯北极煤炭托拉斯矿业公司（Trust Arktikugol）自 1931 年以来，
136　一直为苏联和后来的俄罗斯在斯瓦尔巴德群岛的煤炭开采活动和地缘政治
利益服务，该公司最近也在考虑将俄罗斯人活动的物质遗迹定义为遗产。
该公司一直支持发行有关出版物，来记录它在斯瓦尔巴德群岛活动的历史
和其他俄罗斯人的活动，包括声称是斯瓦尔巴德群岛发现者的俄罗斯北部
波莫尔人（North Russian Pomors）的活动。该公司正在俄罗斯人聚居地巴伦
支堡（Barentsburg）建造波莫尔文化中心（Centre for Pomor Culture）。同城
的博物馆将波莫尔人的活动轨迹追溯至最早在斯瓦尔巴德群岛活动的俄罗
斯人，且一直延续到今天的采矿活动，这表明了斯瓦尔巴德群岛和俄罗斯
之间的久远关系。因此，斯匹次卑尔根群岛上波莫尔人的遗迹也变成了政
治工具（Hultgren，2002）。北极煤炭托拉斯矿业公司还运营着群岛上的另
外两家博物馆，它们分别位于科尔斯湾（Coles Bay）和皮拉米登镇
（Pyramiden）废弃的采矿定居点附近。

　　针对北极煤炭托拉斯矿业公司将工业和环境相联系的方法，皮拉米登
镇提供了一个很具有启发性的案例。1998 年该公司停止了采矿业务后，小
镇荒废了好几年。冰雪融化，水流进入定居点，冲毁了这里的建筑物和基
础设施，来自朗伊尔城的游客肆意抢劫并破坏了镇上的房舍。2010 年，北
极煤炭托拉斯矿业公司与斯瓦尔巴德群岛总督合作，启动了一项雄心勃勃
的改造计划。2013 年春，该公司重新开放了一家酒店接待游客。对于这项
工作，北极煤炭托拉斯矿业公司有两个主要目标：一是将皮拉米登镇发展
成旅游地，把工业遗产作为唤醒苏联历史的物质载体；二是将皮拉米登镇
作为北极研究的平台（这一点受新奥勒松的启发），把俄罗斯定位为气候变
化研究的主要参与者。

　　参与矿业景观遗产建设的第三类推动力量是旅游公司。旅游业是过去
20 年中斯瓦尔巴德群岛发展势头最猛的经济部门。虽然大多数公司专注于
向游客提供野外体验服务，但也有很多公司提供以文化和历史为重点的旅
游服务。在朗伊尔城及其周边地区，导游带领游客参观废弃的矿场及其基

础设施，还有一日游游船来往于皮拉米登、巴伦支堡和科尔斯湾。在皮拉米登镇，旅游公司和北极煤炭托拉斯矿业公司合作推销苏联怀旧体验服务，景点的矿业物质遗迹是按照社会主义理想设计建造的原汁原味的苏联居民区。如今在俄罗斯已越来越难见到苏联过往的景象，但人们可以在北极的冻结时光里找到。那些可能被当作废物或人类对原始北极入侵历史的物质遗迹，借助缅怀过去某些时光的叙事变成了遗产。

　　在斯瓦尔巴德群岛上把工业遗产建成矿业景观需要一个过程，涉及环境监管和自然遗产保护等领域的力量。对矿业公司来说，这些物质遗迹为将矿业行为在斯瓦尔巴德群岛历史上所起的作用合法化，以及宣扬这些行为仍然是该群岛未来发展一部分的类似叙事提供了来源支持。在 20 世纪的大部分时间里，挪威斯匹次卑尔根煤炭矿业公司和俄罗斯北极煤炭托拉斯矿业公司都不必担心它们的未来。这些公司可以依靠各自国家坚定的政治与财政支持，它们是各自国家实现其政治目标的工具。挪威支持斯匹次卑尔根煤炭矿业公司是因为该公司的矿场为维护挪威定居点提供了平台，这又反过来维护了《斯匹次卑尔根群岛条约》（*Spitsbergen Treaty*）所规定的挪威主权的合法性。苏联支持北极煤炭托拉斯矿业公司则是因为斯匹次卑尔根群岛的煤矿自冷战开始在苏联西北地区的五年计划中发挥着作用，也是因为苏联希望在斯瓦尔巴德群岛具有政治影响力。苏联解体后，俄罗斯政府将政治注意力转向了其他地方，导致斯匹次卑尔根群岛煤矿的重要性下降。然而近年来，北极煤炭托拉斯矿业公司及其国家所有者一直在寻找新的方法对废弃的矿业定居点加以利用，借以维持俄罗斯在斯瓦尔巴德群岛的存在感。通过将采矿业的物质遗迹定义为遗产，该公司可以获得替代性收入，同时它也成为该公司行使政治权利的手段。北极煤炭托拉斯矿业公司的历史叙事似乎服务于同样的目的，建立了俄罗斯在斯瓦尔巴德群岛长期、持续存在的形象，而北极煤炭托拉斯矿业公司代表了其最新阶段。这种叙事证明了该公司角色及未来解决方案的合理性。

　　挪威斯匹次卑尔根煤炭矿业公司的历史叙事及其遗产界定应放在类似

137

的背景下理解。20 世纪初，挪威政府取消了对该公司的大部分财政支持，要求它自行承担生产成本。同时，挪威政府高调推行的环境政策目标与高北极地区正在进行的煤炭开采活动（类似于该国对石油的开采热情）之间的关系越来越不协调，这使得公众舆论和决策者都对斯匹次卑尔根煤炭矿业公司的矿业开采活动提出质疑。显然，该公司书写历史和界定遗产的行为，尽管不是主要目的，也肯定是在新形势下为自己赢得支持的一种方式。通过赋予其因矿业行为而形成的物质遗迹以遗产的身份，将其纳入国家承认并实施保护的有价值资产范畴，斯匹次卑尔根煤炭矿业公司可以清晰地阐明自己在斯瓦尔巴德群岛的地位。它想表达的信息十分明确，即是斯匹次卑尔根煤炭矿业公司把斯瓦尔巴德群岛变成了如今的样子，这也应该是其未来的一部分。

对挪威当局来说，文化遗产保护一直是国家对斯瓦尔巴德群岛行使权利的工具之一。1974 年，将遗产保护纳入挪威政府的环境政策，不仅应该放置在全球都在发掘文化遗产的语境中考虑（最引人注目的是 1972 年成立的世界遗产体系），还应将其看作自 20 世纪 60 年代末以来挪威对斯瓦尔巴德群岛所采取的积极政策的一部分（Arlov, 1996）。随后在 1992 年和 2002 年，加强文化遗产保护的行为达到了同样的目的。自 2000 年中期以来，斯瓦尔巴德群岛总督办公室加大举措，要求北极煤炭托拉斯矿业公司遵守挪威相关法律。遗产保护法效果明显，根据规定，所有 1946 年以前的遗迹都是文化遗产，都应受到挪威政府的监管。在此方面，皮拉米登镇也是一个很有启发性的案例。北极煤炭托拉斯矿业公司重新开放该遗址，用于遗产主题旅游和科学研究，总督要求该公司制定一个区域规划。为此，该公司与一家挪威建筑公司签订了合同，总督则聘请了遗产方面的专家来鉴定法律监管范围内的建筑物。根据专家报告（Avango and Solnes, 2013），总督宣布皮拉米登镇的部分地区为文化遗址，受挪威法律保护，从而有效地将该城镇的部分地区变成了受保护的工业遗址。挪威斯瓦尔巴德群岛当局通过将物质遗迹界定为需要保护的遗产，来对非挪威籍行为者和环境行使法律权利。

　　将斯瓦尔巴德群岛上的工业景观界定为遗产并加以保护，属于政治行
为范畴。目前关于文化遗产保护的话语已全面融入相互竞争的行为者与利
益方的战略之中，他们的战略动机小到经济利益，大到国家存在及矿业建
设的合法性。我们通常认为通过建设国家公园和类似的方式保护自然地理
环境是对其不言而喻的价值的承认，但实际上，对自然遗产和文化遗产的
界定和保护成了对环境行使政治权利的行为。

三　21 世纪斯瓦尔巴德群岛的认知与管理

　　为什么上述情节和现在的行动有关？首先，斯瓦尔巴德群岛依然被视
为一个工业空间、荒野空间以及文化遗产保护空间，所有这些都围绕一个
主题，即使相互竞争的各方参与者影响合法化。目前世界煤炭市场价格低
迷，人们又关注煤炭在人为气候变化中的作用，所以很少有人相信煤炭开
采业能够存活下来，但它仍然是一项重要的经济活动。煤炭对气候变化的
影响尤其值得注意。挪威政府一直努力将斯瓦尔巴德群岛描绘成一个科学
空间，尤其是气候研究的科学空间。最具代表性的例子就是新奥尔松以前
的一个煤矿开采定居点现在成了一个国际研究集中地。斯瓦尔巴德大学中
心成立于 1993 年，位于朗伊尔市中心。随着 2002 年环境法的加强实施，负
责任的环境管理已成为挪威管理合法化日益重要的内容，资助科学研究进
一步强化了这一点。这也适用于为文化遗产（包括矿业遗迹）保护所付出
的越来越多的努力。管理斯瓦尔巴德群岛并决定其未来的权利，依然关系
到将群岛构建为一系列人类和自然环境的叙事。

　　从这一点延伸出去，尤其是涉及现在的状况，有关斯瓦尔巴德群岛的
叙事并非不言而喻就是"北极的"，该地自然和文化遗产的划分反映了来自
遥远南方的价值观。将一个特定空间定义为北极，就是将其纳入自然地理
尚未完全确定的意义系统中。背景不同，对北极的界定也不同，如从北极

140 　圈到气候边界（例如 10℃等温线），再到出于行政便利的界定。斯瓦尔巴德
群岛的历史及其以遗迹形式呈现的历史，就像它的现在和未来一样，都被
其他地方建构的叙事框定。它们是挪威的历史、苏联的历史，也是瑞典、
英国、荷兰的历史，但很少是北极的历史。与格陵兰岛、加拿大北部或西
伯利亚相比，由于缺少原住民，这些联系显得更为直白，尽管如此，我们
都认为北极空间是在南方的消费中建构的，也是为了南方消费而建构的，
而且基于地图位置的历史学和分析框架都值得怀疑。21 世纪，北极作为正
在组建中的一个范畴，其成长体现在北极理事会这样的机构以及北极气候
影响评估这样的知识生产等方面，这会强化批评审查如何使用这种特别的
范畴、为何使用该范畴、使用该范畴支持什么样的叙事等问题的必要性
（Keskitalo，2004）。

　　其次，描述某个环境永远不可能不将其放置在某个政治、文化叙事之
中，认识到这一点是有效宣传最根本的先决条件。提及任何环境，包括
（尤其包括）被指定为荒野的环境，就会把它置于文化与政治话语之中
（Cronon，1995）。批判地缘政治学的主要观点是，"地缘"不是政治发生的
空间，而是由政治创造并赋予意义的某种东西。因此人文学者应该有针对
性地质疑为什么北极的自然和文化环境要以特定的方式建构，也应该批评
审视包含这些建构的叙事。像科学和工业一样，自然和遗产保护同样涉及
界定环境以及界定过去留下来的遗迹，而不是把价值强加在被动的自然地
理或物体上。在 19 世纪末民族主义鼎盛时期，国家公园概念首次流行开来
并非巧合。为保护或保存遗迹而建立保护区是一种政治行为，必须在当代
权利关系的背景下加以理解，而不是对一个空间的生态价值进行非历史性
认定。文化遗产也毫不例外。

　　环境人文科学的最大价值在于，它主张自然遗产或文化遗产研究就是
对人的研究。如果能有效地做到这一点，即使像斯瓦尔巴德群岛这样的地
方，虽然没有原住民，且欧洲占领史也相对较短，但也有富饶的土地等着
其他北方空间学者前来研究。

参考文献   141

Arlov, Thor B. 1996. *Svalbards Historie 1596–1996*. Oslo: Aschehoug.

Armiero, Marco. 2011. *A Rugged Nation: Mountains and the Making of Modern Italy*. Cambridge: White Horse Press.

Avango, Dag. 2005. *Sveagruvan: Svensk gruvhantering mellan industri, diplomati och geovetenskap*. Stockholm: Jernkontoret.

Avango, Dag, and Per Högselius. 2013. "Under the Ice: Exploring the Arctic's Energy Resources, 1898–1985." In *Media and the Politics of Climate Change: When the Ice Breaks*, ed. Miyase Christensen, Annika E. Nilsson, and Nina Wormbs, 128–156. New York: Palgrave MacMillan.

Avango, Dag, and Sander Solnes. 2013. *Registrering av kulturminner i Pyramiden. Registrering utfört på oppdrag fra Sysselmannen på Svalbard*. Longyearbyen: Governor of Svalbard.

Avango, Dag, Louwrens Hacquebord, and Urban Wråkberg. 2014. "Industrial Extraction of Arctic Natural Resources since the Sixteenth Century: Technoscience and Geo-economics in the History of Northern Whaling and Mining." *Journal of Historical Geography*. 44: 15–30. http://dx.doi.org/10.1016/j.jhg.2014.01.001.

Barr, Susan. 2001. "International Research in Svalbard c. 1960–1985. A Cold War Utopia or a Pre-glasnost Sparring Area?" In *International Scientific Cooperation in the Arctic*, ed. Eugene Bouzney, 96–100. Moscow: Russian Academy of Sciences.

Berg, Roald. 1995. *Norge på egen hånd 1905–1920*. Oslo: Universitetsforlaget.

Berg, Roald. 2004. Fornorskning av Arktis og fornorskning av Nord-Norge 1820–1920. Momenter til et helhetsperspektiv. In *Inn i riket: Svalbard, Nord-Norge og Norge*, ed. K. Zachariassen, and H. Tjelmeland, 27–38. Tromsø: University of Tromsø.

Broch, Hjalmar. 1920. Opgaver og linjer i naturfredningsarbeidet. In *Naturfredning i Norge 1920*. Kristiania: AS P. M. Bye.

Coetzee, J. M. 1988. *White Writing: On the Culture of Letters in South Africa*. New Haven: Yale University Press.

Cronon, William. 1995. "The Trouble with Wilderness, or Getting Back to the Wrong Nature." In *Uncommon Ground: Rethinking the Human Place in Nature*, ed. William Cronon, 69–90. New York: W. W. Norton.

Drivenes, Einar-Arne. 2004. Ishavsimperialisme. In *Norsk polarhistorie 2: Vitenskapene*, ed. Einar-Arne Drivenes, and Harald D. Jølle, 175–257. Oslo: Gyldendal.

Hestmark, Geir. 2004. Kartleggerne. In *Norsk polarhistorie 2*, ed. Einar-Arne Drivenes, and Harald D. Jølle, 9-103. Oslo: Gyldendal Norsk Forlag.

Hoel, Adolf. 1925. "Notes on a Draft Proposal Prepared by the Association for the Trade Ministry Regarding Animal Protection." National Archives of Norway, Oslo, Naturvernforbundet collection, folder "Svalbardspørsmål: Nasjonalpark og fredning av dyr. "

Hoel, Adolf. 1926. Forslag til Kongelige forskrifter vedrørende fredning, jakt, fangst og fiske på Svalbard. *Naturfredning i Norge Årsberetning.*

Hoel, Adolf. 1928. Om ordningen av de territoriale krav på Svalbard. *Norsk Geografisk Tidsskrift* 2 (1): 1-24.

Hoel, Adolf. 1935. "Draft Proposal for the National Association for the Nature Protection of Norway Annual Meeting, 1935." National Archives of Norway, Naturvernforbundet collection, folder "program for 1935."

Hoel, Adolf. 1937. "Report on the Activities of Norges Svalbard-og Ishavsundersøkelser 1927-1936." In *Skrifter om Svalbard og Ishavet 73*. Oslo: Jacob Dybwad.

Hoel, Adolf. 1966. *Svalbard: Svalbards Historie 1596-1965*, Vol 2. Oslo: Sverre Kildahls Boktrykkeri.

Holm, Arne O. 2006. *Store Norske kvinner.* Longyearbyen: Store norske Spitsbergen kulkompani.

Hultgreen, Tora. 2002. "When Did the Pomors Come to Svalbard?" *Acta Borealia* 19 (2): 145-165.

Isbjørnen er fredet på Kong Karls Land. 1939. In *Naturfredning i Norge Årsberetning 1938-39*. No publisher given.

Keskitalo, Carina. 2004. *Negotiating the Arctic: The Construction of an International Region.* New York: Routledge.

Kvello, Jan Kristoffer. 2004. *Store Norske Spitsbergen Kulkompani: Om å arbeide i en politisk bedrift på Svalbard: 1970-2000.* Longyearbyen: Store norske Spitsbergen kulkompani.

Kvello, Jan Kristoffer. 2009. *Store Norske Spitsbergen Kulkompani Aktieselskap: Om livet i kullgruvene på Svalbard.* Longyearbyen: Store norske Spitsbergen kulkompani.

Kvello, Jan Kristoffer, and Torbjørn Johnsen. 2006. *Store Norske Spitsbergen Kulkompani Aktieselskap: Fra privat til statlig eierskap: 1945-1975.* Longyearbyen: Store norske Spitsbergen kulkompani.

Marstrander, Lyder. 1999. "Svalbard Cultural Heritage Management." In *The Centennial of S. A. Andrée's North Pole Expedition*, ed. Urban Wråkberg. Stockholm: Royal Academy of Sciences.

Martinussen, Berit, and Torbjørn Johnsen. 2005. *Et arktisk omstillingseventyr/1987-2005.* Longyearbyen: Store norske Spitsbergen kulkompani.

142

Nasjonalparker i Norge: På Svalbard, Hardangervidda, Dovre og Jotunheimen. 1926. In *Naturfredning i Norge 1926*. No publisher given.

Norwegian Foreign Ministry. 1928. Om utforskningen av Svalbard. *Norsk Geografisk Tidsskrift* 2 (2): 122–125.

Orheim, Olav. 2007. *Fast grunn: Om bergverksordningen for Svalbard*. Longyearbyen: Store norske Spitsbergen kulkompani.

Resvoll-Holmsen, H. 1927. *Svalbards flora: Med en del om dens plantevekst i nutid og fortid*. Oslo: J. W. Capellens forlag.

Riffenburgh, Beau. 1993. *The Myth of the Explorer: The Press, Sensationalism, and Geographical Discovery*. London: Belhaven.

Roberts, Peder. 2011. *The European Antarctic: Science and Strategy in Scandinavia and the British Empire*. New York: Palgrave Macmillan.

Roberts, Peder and Eric Paglia. 2016. "Science as National Belonging: The Construction of Svalbard as a Norwegian Space". *Social Studies of Science*. doi: 10.1177/0306312716639153.

Schama, Simon. 1995. *Landscape and Memory*. London: HarperCollins.

Spufford, Francis. 1997. *I May Be Some Time: Ice and the English Imagination*. New York: St Martin's Press.

Stortinget. 1925. Innstilling O. VIII. innstilling fra den forsterkede justitskomite om lov om Svalbard [recommendation from the strengthened judicial committee regarding the law concerning Svalbard] (Odelstinget proposition no. 48).

Svalbard. 1936. *Naturfredning i Norge Årsberetning 1936*. No publisher given.

Svalbardmiljøloven. 2001. https://lovdata.no/dokument/NL/lov/2001-06-15-79#KAPITTEL_1. Accessed 22 Sept 2016.

Toal, Gerald. 1996. *Critical Geopolitics: The Politics of Writing Global Space*. Minneapolis: University of Minnesota Press.

"Vil De bli med å verne om Norges natur?" 1935. National Archives of Norway, Naturvernforbundet collection, folder "program for 1935."

von Staël-Holstein, Lage F. W. 1932. *Norway in Arcticum: From Spitsbergen to—Greenland?* Copenhagen: Levin & Munksgaard.

Westby, Sigurd, and Birger Amundsen. 2003. *Store Norske Spitsbergen Kulkompani: 1916–1945*. Longyearbyen: Store norske Spitsbergen kulkompani.

Wollebæk, Alf. 1926. *The Spitsbergen Reindeer (Rangifer tarandus spetsbergensis)* NSIU Skrifter om Svalbard og Ishavet no. 4.

Wråkberg, Urban. 1999. *Vetenskapens vikingatåg: Perspektiv på svensk polarforskning 1860–1930*. Stockholm: Royal Swedish Academy of Sciences.

Wråkberg, Urban. 2002. "The Politics of Naming: Contested Observation and the Shaping of Geographical Knowledge". In *Narrating the Arctic: A Cultural History of Nordic Scientific Practices*, ed. Sverker Sörlin, and Michael Bravo, 155 – 198. Canton: Science History Publications.

Wråkberg, Urban. 2006. "Nature Conservationism and the Arctic Commons of Spitsbergen 1900–1920." *Acta Borealia* 23 (1): 1–23.

第九章

有毒鲸脂和海豹皮比基尼，或：格陵兰岛有多绿？当代电影和艺术中的生态学 145

莉尔-安·柯尔柏[*]

2009年6月21日，格陵兰议会议长约瑟夫·莫兹菲特（Josef Motzfeldt）在庆祝实现自治的演讲中将这一天称为历史的新起点。莫兹菲特借用自然和天气来比喻这个新时代面临的挑战：“暴风雨即将来临，我们将面临陡峭的山坡，有时我们将踩着薄冰前行。”莫兹菲特设想格陵兰将成为全球参与者，具有可持续发展的未来，“作为世界的一部分，我们将为我们的星球争取更美好的未来”（Motzfeldt，2009；本章作者译）。

丹麦纪录片《格陵兰零年》（*Greenland Year Zero*）（Anders Graver and Niels Bjørn，2011）的解说者是约瑟夫·莫兹菲特。我们最初接触的是他的声音和形象，并了解到这部轰动一时的影片的名字来源于他的一句名言。
这部纪录片的名字与新现实主义的经典之作《德意志零年》（*Germany Year* 146
Zero）（Roberto Rossellini，1948）具有明显的互文性。《德意志零年》这部

---

* 莉尔-安·柯尔柏（Lill-Ann Körber），挪威奥斯陆市，奥斯陆大学语言学与斯堪的纳维亚语研究系（现任教于丹麦奥胡斯大学传播与文化学院及斯堪的纳维亚研究中心——译者注）。孙利彦（译），聊城大学外国语学院讲师。原文：“Toxic Blubber and Seal Skin Bikinis, or: How Green Is Greenland? Ecology in Contemporary Film and Art,” pp. 145-167。

早期的战后电影重点展现的是在至今仍无法摆脱过去的废墟上建立新国家的设想。同样，在《格陵兰零年》中，过去和现在也交织在一起。莫兹菲特在努克（Nuuk）的议会大厦接受采访时指出，格陵兰面临许多相互关联的变化，过去的、现在的和未来的。政治变化打着自治的幌子，与气候变化、经济与就业变化，以及文化与身份变化有关。在全球变暖、格陵兰着手开发其丰富自然资源的时代，莫兹菲特成了格陵兰自治及全球化的发言人。

本章的目的是考察格陵兰的代理人和代理机构在近期格陵兰艺术、公众辩论和生态电影（指具有明显环境利益的电影）中的表现形式（MacDonald，2004）。本章将通过分析三部纪录片和一件装置艺术来回答这样一个问题，即这些作品的艺术或活动语境如何与厄斯勒·海斯（Ursula K. Heise）所描述的"生态世界主义新环境论"相呼应（Heise，2008：210）。全球相互依存需要新的环境意识和道德规范，即超越"地域感"（sense of place）的"全球感"（sense of planet），这是海斯用来描述与人们通常认为具有"自然"或精神特性的土地有直接联系的生态文学术语（Heise，2008：55）。"全球的"（planetary）视角允许人们对人类和非人类群体有新的理解，也允许人们对环境保护主义的本地和全球含义有新的认识（Heise，2008：61；Hennig，2014：19-21）。本章涉及的这几部格陵兰近代生态纪录片，体现了人们对环境保护生态世界主义的理解。格陵兰在全球化的世界中拥有了自己的位置，这意味着它有了新的身份和领土。在147 这里，当地和全球不一定是并列的，而有可能交织在一起。然而，本章选择的格陵兰的和关于格陵兰的美术与电影作品表明，如果不承认"地域感"，就会陷入"全球感"的陷阱中。

一 格陵兰的和有关格陵兰的生态话语

格陵兰生态存在两种意义上的全球化，它通过生态系统和气候变化与世界相关联，并受到全球变暖、自然资源过度开发、海洋及大气污染等的直接影响。生态话语、生态实践和生态表现等层面也存在这种关联。然而，格陵兰情况特殊，有 57000 名格陵兰人因危险的生存环境受到全世界的关注。例如，截止到 2016 年 1 月，超过 750 万人签名参与了绿色和平组织"拯救北极"（Save the Arctic）的活动，其中绝大多数人居住在远离北极的地方。签名参与活动的人或许意识到了北极生态变化所产生的全球影响，但缺乏"地域意识"，即对当地生活条件缺乏了解。正如梅雷德所说的，绿色和平组织的活动实际上减弱了北极居民的声音（Mered，2013）。当然，屏蔽地方观点的做法由来已久。

20 世纪 70 年代，格陵兰开始出现反对绿色和平组织的行动，绿色和平组织反对工业化猎捕海豹的活动，导致出现对海豹产品进出口的禁令。格陵兰从未实施过工业化捕捞，但这一禁令对格陵兰猎人的持续经营产生了严重影响，直到今天，许多格陵兰人仍然没有忘记这一事实，他们仍对国际环保人士的存在和干预持怀疑态度（Hauptmann，2014b；脸书网站上的"绿色和平组织离开格陵兰"群）。涉及格陵兰人和其他北极居民的代理机构和主权解释等关键问题，不仅出现在环境保护行动中，还出现在有关生态变化的叙述中。最近的新闻评论和学术研究都指出了北极生态领域内在的权力关系，尤其指出在专家队伍建设方面，其中大多数人不是北极居民，且宣传这些专家观点的话语、隐喻和叙事建构也存在权力关系（Bjørst，2014；Nuttall，2012；Thórsson，2014）。这些话语、隐喻和叙事并不是自然现象的拟态表征，相反，自北极探险时代以来，它们一直作为象征、表征和分析模式发挥着作用。它们赋予北极的自然和生态以特殊含义，潜在地告诉我们作者的审美、经济和意识形态利益，而不是他们所描述的对象。问题的复杂之处在于，似乎必须承认多种不同的但又可能相互冲突的可替代性（本地）叙述的存在。

生物学家兼作家阿维亚·莱柏斯·豪普特曼（Aviaja Lyberth Hauptmann）运营着一个有关格陵兰生态发展的博客，他指出格陵兰人声音的多样性，

148

除其他因素外，还与教育、职业、语言水平、居住地、社会及物质福利等方面的差异有关。大体上讲，格陵兰西部和南部地区，人口多集中在大城市，教育水平高于格陵兰平均水平，说丹麦语、双语或多种语言的人也较多；东部和北部地区城市化程度较低，讲格陵兰语的人相对较多，其中一些人仍从事传统职业。因此，"地域感"可能主要在讲格陵兰语的人当中流行，至于跨国环境和科学话语意义上的"全球感"，生活在较大城市说丹麦语或英语的人更常谈论。豪普特曼认为不管格陵兰人的知识水平（指"西方"科学基础上的知识）如何，他们都倾向于对外来者持谨慎态度，其中包括决定捕捞配额或者通常想在格陵兰人的自然资源利用方面拥有发言权的科学家和政治家（Hauptmann, 2012, 2014a, 2014b）。格陵兰人针对绿色和平组织 2009 年在努克发起的反石油勘探运动的抗议，一方面是出于对工业化的经济利益和最终政治利益预期的考虑，另一方面是出于对其干预格陵兰内部事务的不满。

然而，并不是每个格陵兰人都喜欢重工业和采矿业。在环境意识和行动方面，格陵兰有一些颇具影响的组织和个人，其中包括因纽特环极理事会（ICC）、丹麦自然历史博物馆和哥本哈根大学的地质学家米尼克·索雷夫·罗辛（Minik Thorleif Rosing）。例如，因纽特环极理事会与格陵兰渔民和猎人协会（The Association of Fishermen and Hunters in Greenland）合作开展西拉因纽特项目（Sila-Inuk, 2005 年 10 月），研究气候变化的影响，目的是收集居民围绕气候变化观察到的数据（inuit.org；Holm, 2010）。在有关北极的争论中，更具体地说在关于格陵兰生态的争论中，身为著名科学家的罗辛的观点代表了大众的声音。他出生于格陵兰，在那里度过了童年，后在丹麦和美国接受教育，可以说他代表或象征生态知识的两种范式。罗辛既有本地经验，也参与过全球生态讨论和科学研究。也许正是因为他具备这两方面的专业知识，再加上他的沟通才能和抱负，他才能在公众辩论、媒体报道和艺术活动中颇受青睐。最近，他参加了探险活动及随后的电影《远征到世界的尽头》（*Expedition to the End of the World*, Daniel Dencik,

2013）的拍摄。2015 年 12 月，在第 21 届联合国气候变化大会，即巴黎气候峰会上，他与冰岛裔丹麦艺术家奥拉弗尔·埃利亚松（Ólafur Elíasson）共同发起了安装冰况监测设备（Ice Watch）的项目。

因此，可以说生态活动发生在政治、科学和艺术的交汇处。那么，格陵兰生态话语中"地域感"与"全球感"的交互关系，也就是地方与全球的关系，在最近的电影中是如何体现的呢？这些作品的共同之处在于，它们有力地反驳了北极以外地区的环境纪录片所普遍呈现的趋势，即把北极想象成没有人烟的荒凉之地，或将这里的居民定义为传统生活方式的经历者或受害人，很少将他们描绘成动态的、活跃的、国际化的或受过教育的实践者。简言之，北极居民很少被人视为"专家"。那么这些生态世界主义的格陵兰人是谁呢？用哪些电影手段来协调代理组织机构并解决其构成问题？这些电影提供了哪些可选择的解读阐释模式，又提供了哪些应对生态挑战的策略呢？

二　全球化和工业化？《格陵兰零年》

曾在国际纪录片电影节及丹麦文化机构放映过的丹麦影片《格陵兰零年》，首先介绍了政治家约瑟夫·莫兹菲特——一位睿智的老人，很快把国家的命运交给了年轻一代的事迹。然后，影片讲述了来自努克和亚西亚特（Aasiaat）的四个格陵兰少年的故事。通过特写镜头，我们可以看到他们日常生活的片段，听到对他们现状和未来的简短评论。采访采用丹麦语进行，所有访谈对象都说丹麦语；他们是所谓的"自治一代"：都市化、国际化、说双语或多种语言，都是来自格陵兰四所高中的学生，受到过良好的教育。这部影片采用特写镜头与固定镜头并置的手法，并凭借该手法呈现了许多人与自然并置的场景。重要的是，影片强调了北极环境中的城市景观、农业和工业景观、繁忙的建筑工地，或人造建筑中被人类处理过的自然景象。

按照《格陵兰零年》的描述，如今的格陵兰是一个全球化的工业信息社会。我们可以看到许多企业，例如皇家北极（Royal Arctic）货运运输公司、皇家格陵兰（Royal Greenland）海鲜加工厂、苏格兰凯恩能源（Cairn Energy）石油钻探公司等。这些影像展示的是人类持续利用自然资源的场景以及重度工业化的新空间（2009 年前后人们对利润丰厚的化石燃料开采及随之而来的经济自主权所寄予的厚望已然消退）。莫兹菲特曾著述批评外界热衷于让格陵兰继续保持以猎人、捕鲸者和渔民为主的社会形态，同时又限制或禁止海豹和鲸鱼产品贸易。在《格陵兰零年》中，人与自然的关系及身份与地域的关系既不浪漫，也没有象征意义。相反，这部纪录片强调了共生共存的关系，这种关系符合独立的、受过教育的、以国际生活为导向且具有全球化消费习惯的高流动性人口的需求。影片中一些年轻人提到了诸如冰川融化或石油灾难等生态灾害。此外，在一个场景中，来自格陵兰西部小城亚西亚特的乔纳斯（Jonas）在学校里用笔记本电脑观看绿色和平组织反对海上石油钻探活动的报道。

记者的声音是电影声景的一部分，与风声、水声和城市生活的声音交织在一起。说英语的声音被用作空灵的画外音，代表了国际社会围绕全球变暖及自然资源开发对格陵兰及北极造成的生态后果的关注。在格陵兰南部和西部的城市，以及在电影意象的层面上，这种关注同人们对实现自治，甚至对拥有主权的格陵兰可持续未来的关注是一致的，包括生态、经济、教育和政治等方面的考虑。

三　当地人对气候变化的看法：《绿色大地》

《绿色大地》（Green Land/Nuna Qorsooqqittoq/Grøn Land, 2009）是由阿卡·汉森（Aká Hansen）导演的纪录片，由近年来最多产的图米特电影公司（Tumit Production）制作发行。它在第 15 届联合国气候变化大会，即哥本哈根气候峰会上首映，并在格陵兰和丹麦的文化中心和几个北欧电影节上放映，之后也在视频网站 YouTube 上公开播放。近年来，图米特电影公

司明确表示，其服务宗旨是为格陵兰人提供本土制作的娱乐产品，尤其是 152
几种受欢迎题材的故事片，例如喜剧片、恐怖片和惊悚片。回到丹麦后，
汉森成立了自己的尤艾卢制片公司（UILU Stories）。她一直是"自知、自治
一代"最坦率的代言人，明确表示她们一代人超越了后殖民主义
（postcolonialism）精神限制（Körber and Volquardsen，2014；Pedersen，
2014；Thisted，2014）。在新兴的电影行业，包括格陵兰电影工作者协会
（FILM. GL）及"格陵兰之眼"国际电影节（Greenland Eyes International
Film Festival，2012-2015），汉森和当地其他格陵兰电影制作人一起被誉为
本土乃至全球富有创造力的艺术家。他们穿梭于丹麦本土、格陵兰和其他
地区之间，根据预期受众和电影主题在本地开展活动，同时关注其作品对
全球文化的影响和指导作用。《绿色大地》是本章要讨论的唯一"适合的"
格陵兰电影，也是唯一关注气候变化的电影。

　　这部电影通过当地人的独有视角，呈现了气候变化对格陵兰及其居民、
动植物可能造成的影响。与《格陵兰零年》相似，这部电影也是透过五个
格陵兰年轻人的视角拍摄的。通过几轮评论和影片中穿插的家庭环境画面，
我们了解了他们的生活及其对气候变化的思考。同样，电影中的环境很少
包括传统的北极户外景象所呈现的原始荒野，而更多的是受访者及其家庭 153
视角下的城市景观、工业场所和远景展望。影片展示了北极城市化背景下
杂糅的、纯粹的乡土空间。与《格陵兰零年》不同，《绿色大地》中的年轻
人说格陵兰语，而且采访显然是用他们的母语进行的。语言的选择既反映
了预期的受众群体，又反映了格陵兰近期的语言发展状况。《绿色大地》是
首部也是最重要的一部格陵兰人为自己拍摄的电影，代表本地话语。此外，
2009 年新语言法的实施标志着格陵兰脱离丹麦实现自治及其自治权利的扩
大。自此以后，格陵兰语成了唯一的官方语言，并迅速成为公共、行政和
文化话语中的主导语言。这给丹麦语使用者带来了压力，颠覆了格陵兰早
期与语言相关的权力机构的形象。

　　与《格陵兰零年》相比，《绿色大地》更注重受访者的生活条件和经

历。因此，关于气候变化的两种不同的认知来源也显而易见：一种来自五
人在学校和媒体上了解到的国际话语，另一种则来自个人和集体记忆。他
们提到如今的雪比他们儿时的要少，有些新的物种已经出现，有的物种
154 （尤其是昆虫）则消失了，动物的习性也发生了改变。日常生活和个人经历
是最重要的。受访者虽然信息灵通，有全球意识，但他们以务实的态度对
待生态变化和气候变暖带来的好处。其中一位受访者研究农业，一位受访
者是牧羊场的学徒，一位受访者是牧羊者的女儿，还有一位受访者在格陵
兰航空公司工作。他们的职业都受益于时间更长的无冰无雪季节。受访者
提倡采取更环保的行为，例如节约用水、节约用电和燃料。由于这部影片
拍摄于夏季，拍摄地为格陵兰人口比较密集的西南部地区，我们在影片中
看到了冰盖边缘的冰川、无冰的沿海地区、农业景观、草地、鸟群和羊等
家畜。我们确实看到了一个绿色的格陵兰。

155 　　《绿色大地》的视角与人类学家马克·纳托尔（Mark Nuttall）和北极研
究学者利尔·拉斯塔德·比约斯特（Lill Rastad Bjørst）关于格陵兰气候变
化感知的研究结果相吻合（Nuttall，2010，2012；Bjørst，2011，2012，
2014）。他们历来对科学发现持保留态度，而对当地方法、传统以及观察、
适应和预测等实践活动更加信任。此外，他们还注意到在关于气候变化的
格陵兰语叙事中，占主导地位的是连续性和周期性发展的概念，而不是线
性叙述和像广泛使用的表示"临界点"、危机和灾难的隐喻那样的概念。

156 　　**四　相互关联的格陵兰：《沉默的雪》中的跨国行动**

　　《沉默的雪》（Silent Snow，2011）是一部生态电影，来自格陵兰，讲的
是格陵兰的事，具有明确、积极的生态法律主题。《沉默的雪》完全用英语
拍摄，面向国际观众。这部电影曾在全球许多环境及原住民电影节上放映，
获得了多个奖项，并得到了绿色和平组织和其他非政府环境保护组织的大
力支持。电影的讲述者和受访者是皮帕卢克·德格鲁特（Pipaluk de Groot，

电影拍摄时她名为 Pipaluk Knudsen-Ostermann），一个目前居住于荷兰的格陵兰人。她的语言和跨文化交流能力使她成为生态世界主义的代表。

这部电影的重点是将本地视角和全球视角、"地域感"和"全球感"并 157
置。叙事和空间的出发点有助于构建影片的叙事框架，该影片选择的拍摄
地是皮帕卢克·德格鲁特的家乡——格陵兰北部城镇乌玛纳克。影片讲述
了破冰船和雪橇狗在穿越极地海洋前往更远北部村庄的旅程中的事。影片
记录了旅程中德格鲁特和她的家人及朋友对冰川融化的担忧，最重要的是
他们对世界其他地区排放的杀虫剂对冰、雪、当地的海洋动物和传统的食
物来源（如海豹、鱼和鲸）所造成的污染的担忧。画外音和餐桌上他们关
于海洋动物脂肪的对话都表达了这些忧虑，这说明无形的海洋污染对人们
的生活造成了直接影响。虽然是在世界上远离北极的其他地方生产、使用
杀虫剂，但北极地区海洋哺乳动物体内的杀虫剂浓度已达到危险水平（特
别是对于处于幼年和孕期的海洋哺乳动物来说已达到危险水平）。然而，海
洋哺乳动物是高北极地区居民几千年来的主要食物来源。在影片中，我们
追随德格鲁特的脚步去探寻污染的来源。无情的公司和政府的受害者、原
住民、受威胁的景观、尚未出生的婴儿、格陵兰所组成的全球网络距离人
们并不遥远，这也并非边缘化现象，这与东非、哥斯达黎加和印度的杀虫
剂生产商和使用者直接相关。

《沉默的雪》针对格陵兰的环境变化和格陵兰所面临挑战的观点是正确
的。在影片开头，德格鲁特说："关于格陵兰的新闻很多，这是坏消息。"
这反映了一个事实，即这个拥有标志性的北极熊、冰山和结冰峡湾的地方，
近年来已成为人类活动引起的气候变化这张世界地图的中心。格陵兰文化、
教育、科学和宗教部前部长亨瑞特·拉斯穆森（Henriette Rasmussen）表示， 158
她担心像格陵兰这样的"适度消费者"会成为其他地方大规模污染的受害
者。因此，这部影片追求的是在弱势群体和沉默者中寻求盟友。德格鲁特
通过他们及因纽特人对无盐肉的偏爱，同坦桑尼亚的马赛人建立了牢固的
联系。她认同哥斯达黎加西部的布里布里人使用自然资源的方式："他们只

取所需。他们不大量开采。……我们对自然有着相同的尊重。"

为了进一步传达其观点，《沉默的雪》使用了未遭破坏的自然、纯洁、真实事物的影像。同时，电影具有宝拉·威洛奎－马里康迪（Paula Willoquet-Mariconndi）和詹妮弗·马尔乔拉蒂（Jennifer Marchiolatti）所提及的原住民生态电影的主要特征（Willoquet-Mariconndi，2010；Marchiolatti，2010），即呈现不同的世界观、关系以及人与自然之间包含特殊精神价值的相互联系或相互依赖关系。事实上，除了将格陵兰和全球化的流行文化（主要是美国流行文化）进行关联（也可能与之有重叠）的趋势之外，格陵兰的年轻人对复兴环北极圈因纽特人的象征、习俗及精神的兴趣日渐浓厚（Körber，2014；Rossen，2016；Thisted，2015；参见本书中"格陵兰和解委员会：族群民族主义、北极资源与后殖民身份"一章；参阅文身艺术家玛雅·西亚鲁克·雅各布森的作品）。

五 晾晒的海豹皮比基尼，或：你能拿气候变化开玩笑吗？

格陵兰生态辩论中还包含另一种常常被忽视的讨论类似问题的方式，那就是幽默。这种模式并不适用于没有得到正确表述的既定受害者（Thisted，2006），但显然可见于格陵兰近期的艺术、文化和行为主义活动中。波拉塔·西里斯·霍格（Bolatta Silis Høegh）的装置艺术作品《2068年的艺术花园"西西缪特"》（Haveforeningen "Sisimiut" Anno 2068）参加了两组展览。2009年，哥本哈根气候峰会期间，该作品在北大西洋文化艺术馆（North Atlantic Wharf）作为"气候变化下的景观展"的组成部分进行了展出，后来被收录在由艺术家、评论家兼作家伊本·蒙德鲁普（Iben Mondrup）和朱莉·艾德尔·哈登伯格（Julie Edel Hardenberg）策划的与格陵兰有关的艺术收藏名录 KUUK 之中，并于 2010 年在努克和哥本哈根展出。在后面的一次展览中，霍格的作品获得"丹麦艺术基金会"的奖励。

霍格的作品反映了气候变化视角与当代格陵兰文化、艺术、政治讨论的融合。我们看到的是一个郁郁葱葱的小花园，园子里种着椰子树等热带植物；草坪上有一辆格陵兰雪橇、一本《当代格陵兰》（Greenland Today）杂志，杂志封面上是宣传申办 2072 年格陵兰夏季奥运会的广告，草坪上还有一把女人使用的传统乌卢（ulo）刀；晾衣绳上挂着一件比基尼。由海豹皮制成的服装，再搭配短袖带帽防寒夹克（男性的民族服装为长袖），提供了对全球变暖影响的未来展望。霍格在一次采访中补充说，与狗拉雪橇的最初用途不同，作品中的雪橇被用作晒日光浴的床，而原本用于剥皮和分割海豹的乌卢刀，则被用来撬开椰子。在霍格的作品中，西西缪特这个格陵兰西部靠近北极圈的城市，60 年后将蜕变成丹麦格陵兰的热带天堂，这里融合了因纽特文化、丹麦的消夏别墅和俗套的热带旅游。雪橇犬的训练场将不得不为城市居民的夏日幻想让路。

　　与霍格的作品遥相呼应的是脸书网站上一个名为"2032 年格陵兰的沙滩派对"的公众活动。根据其公告，派对将于 2032 年 7 月 16 日下午 2 点至晚上 11 点 30 分举行，它的口号（也是唯一的信息）是"全球变暖万岁"。霍格的艺术作品，选择了一个诙谐的角度去描述气候变化引起的危机和灾难，借用了许多格陵兰文化和自然中的异象，开了一个玩笑：如果格陵兰的大地真是绿色的，不是格陵兰南部植物的绿色或维京人（Viking）命名时所想的那种绿色（"格陵兰"一词指地区时，在格陵兰语中没有"绿色"的含义），而是指热带的绿色，这又是什么意思呢？是不是它只是拒绝成为地图上的一个空白点，一个永恒的冰雪之地，一个除了传统猎人之外没有其他人的地方呢？此外，该作品还暗示了格陵兰足球队没有得到国际足联的认可，不仅因为该地区不是一个主权国家，还因为其缺少草地足球场。这种想象变化在各个方面都与集体身份和领土有关，因为气候变化对心理的影响已成为强大、持久且又异常平淡的叙事。格陵兰人穿着海豹皮比基尼，躺在雪橇日光浴床上，既不想也不需要被人拯救。他们适应力强，玩得开心，自得其乐，唯一需要"拯救"的就是钱。正如脸书网站沙滩派对公告下参与者留下的回复那样："这将是史诗般的聚会！我们有 20 年的时间来

162

省机票钱和酒钱！"

163   为了正确看待波拉塔·西里斯·霍格作品的复杂性，需要补充一点，即她对格陵兰另一潜在生态挑战（铀矿开采）的解读并不那么幽默。2013年秋，她创作了一系列大型画作，以此作为对颇有争议的格陵兰政府取消铀矿开采禁令（即所谓的零容忍政策）的现实回应。这些作品随后在哥本哈根和纳萨克（Narsaq）展出，标题为《灯开灯灭》（*Lights On*，*Lights Off*）和《风暴》（*STORM*，哥本哈根北大西洋文化艺术馆，2015～2016）。这些作品将自然资源开采的不可持续性及潜在的致命危险与受伤的裸露身体联系在一起。受伤的身体（其中一些是自画像）象征伤痕累累的大地，被置于人类与非人类之间真实的精神与情感困境之中，由于人类短视的干预而受伤流血（Norman，2014，2015）。

结语：格陵兰电影和艺术中的新生态批评

    尽管在内容和形式上存在差异，电影《格陵兰零年》《绿色大地》《沉默的雪》以及艺术作品《2068年的艺术花园"西西缪特"》，以及脸书网站上的"2032年格陵兰沙滩派对"都表明格陵兰的政治与环境问题出现了新的表现形式。这些电影与早期的主流环保电影形成了鲜明对比。在这些电影当中，自然既不是原始的荒野，也并非不宜居住或不宜开发。相反，环境以不同的方式、在不同程度上总是以人类行为产物的形式出现，将当前的格陵兰语叙事与人类世概念联系起来。传统的生活方式已经成为一种休闲，一件商品或主业之外的副业。这反映了一个事实，也就是说，像捕鱼配额和本地生产禁令之类的国际法，有些是在环境保护运动的压力下制定的，模棱两可，但对格陵兰的现代化产生了令人喜忧参半的根本性影响（参见本书中"鳕鱼社会：现代格陵兰的技术政治"一章）。这些电影主要是将景观意象用作人类活动的背景，或者说用作日常生活语境中与北极经典传统叙事中的崇高景观相对应的乡土景观。《格陵兰零年》、《绿色大地》

和霍格的美术作品都避免使用比约斯特所界定的有关气候变化及北极的国 164
际生态话语，即北极熊和猎人（Bjørst，2014）。相反，这些作品更加支持纳
托尔的观点，即气候变化不一定给格陵兰人带来威胁，而是可能让他们变
得更加强大（Nuttall，2010：29）。

与世界上其他地方相比，对于大多数格陵兰人来说，气候、植物和动
物的变化真实又明显。根据纳托尔的研究，人们普遍相信这些变化可以用
当地的生态知识加以管理，用格陵兰气候科学家皮特森（H. C. Petersen）的
话来说就是"TEK"（传统生态知识）。正如本章讨论的电影和美术作品所
传达的信息那样，从高高在上的施恩者出发，将原住民视为全球发展的见
证者，最主要的是将其视为全球发展的受害者，只是部分地适用于格陵
兰，因为格陵兰人在这个地区占大多数，且尽管面临经济和社会挑战，他
们仍是受过良好教育、信息灵通、流动性又强的年轻人。这在《绿色大
地》和《格陵兰零年》中表现得尤为明显，两部影片将注意力转向了城
市化程度更高的西南地区。这类电影传达了一种批判性的生态世界主义观
念，对普遍的生态原理提出挑战。这些生态电影还反映了当今格陵兰的政
治、经济状况，而且针对涉及自然资源和人力资源主权的国际法和民族自
决权提出了环境正义问题。这些电影回避生态浪漫主义的成分，也没有天
启式的幻想，或者是把这些当作叙事策略加以使用，这样就或含蓄、或批
判地提到了关于格陵兰和北极传统的叙事。在这些作品中，我们在环境问
题的地方和全球含义之间找到了平衡点，在"地域感"和"全球感"之
间找到了平衡点。

与生态电影、原住民电影和本地电影的制作方法相比，最近格陵兰生
态批评电影制作的特殊之处在于电影场景的演变，引入了自治话题以及政
治、经济和气候变化问题。有关格陵兰的生态批评必须考虑具体的历史问
题及其现实发展。与其他地方的生态批评和生态电影主题相比，格陵兰的
生态话语此时此地并不一定是从人类中心主义向生态中心主义转变，而可
能恰恰相反。承认以人类为中心的格陵兰也就是承认它的主权、机构和

幽默。

165 　致谢：感谢克里斯蒂娜·扎斯特、扬·范登伯格、安德斯·格雷弗、皮帕卢克·德格鲁特、阿维亚·莱柏斯·豪普特曼、阿卡·汉森和波拉塔·西里斯·霍格的支持和宝贵建议。

参考文献

Bjørst, Lill Rastad. 2011. "Klima som sila. Lokale klimateorier fra Diskobugten." *Tidsskriftet Antropologi* 64: 89–99.

Bjørst, Lill Rastad. 2012. "Climate Testimonies and Climatecrisis Narratives. Inuit Delegated to Speak on Behalf of the Climate." *Acta Borealia* 29 (1): 98–113.

Bjørst, Lill Rastad. 2014. Arktis som budbringer. Isbjørne og mennesker i den internationale klimadebat. In *Klima og mennesker: Humanistiske perspektiver på klimaforandringer*, ed. Mikkel Sørensen, and Mikkel Fugl Eskjær, 125–144. Copenhagen: Museum Tusculanum.

Ekspeditionen til verdens ende (*Expedition to the End of the World*, Daniel Dencik, DK 2013, 90 min).

Germania anno zero (*Germany Year Zero*, Roberto Rossellini, I 1948, 78 min).

Hauptmann, Aviaja Lyberth. 2012. Hvad er grønlændernes holdning til storindustriens invasion? *Grønlandsbloggen*, March 15, 2012. http://ing. dk/blog/hvad–er–groenlaendernes–holdning–til–storindustriens–invasion–127670.

Hauptmann, Aviaja Lyberth. 2014a. Støt de grønlandske sælfangere! *Grønlandsbloggen*, March 13, 2014. http://ing. dk/blog/stoet–de–groenlandske–saelfangere–167030.

Hauptmann, Aviaja Lyberth. 2014b. Private email correspondence, October 2014.

Heise, Ursula K. 2008. *Sense of Place and Sense of Planet: The Environmental Imagination of the Global*. New York: Oxford University Press.

Heise, Ursula K. 2011. "Developing a Sense of Planet: Ecocriticism and Globalisation." In *Teaching Ecocriticism and Green Cultural Studies*, ed. Greg Garrard, 90–103. Basingstoke: Palgrave Macmillan.

166 Hennig, Reinhard. 2014. *Umwelt-engagierte Literatur aus Island und Norwegen: Ein interdisziplinärer Beitrag zu den environmental humanities*. Frankfurt a. M.: Peter Lang.

Holm, Lene Kielsen. 2010. Sila-Inuk. "Study of the Impacts of Climate Change in Greenland." In *SIKU: Knowing Our Ice: Documenting Inuit Sea Ice Knowledge and Use*, ed. Igor Krupnik et al., 145–160. Berlin: Springer.

ICC Greenland. "Sila-Inuk: A Study of the Impact of Climate Change in Greenland." http://inuit. org/en/climate-change/sila-inuk-a-study-of-the-impacts-ofclimate-change-in-greenland. html.

Körber, Lill-Ann. 2014. "Mapping Greenland: The Greenlandic Flag and Critical Cartography in Literature, Art and Fashion." In *The Postcolonial North Atlantic: Iceland, Greenland and the Faroe Islands*, ed. Lill-Ann Körber, and Ebbe Volquardsen, 361 – 390. Berlin: Nordeuropa-Institut der Humboldt-Universität zu Berlin.

Körber, Lill-Ann, and Ebbe Volquardsen. 2014. *The Postcolonial North Atlantic: Iceland, Greenland and the Faroe Islands*. Berlin: Nordeuropa-Institut der Humboldt-Universität zu Berlin.

MacDonald, Scott. 2004. "Toward an Eco-cinema." *Interdisciplinary Studies in Literature and Environment* 11 (2): 107–132.

Machiorlatti, Jennifer A. 2010. "Ecocinema, Ecojustice, and Indigenous Worldviews: Native and First Nations Media as Cultural Recovery." In *Framing the World. Explorations in Ecocriticism and Film*, ed. Paula Willoquet-Maricondi, 62 – 80. Charlottesville/London: University of Virginia Press.

Mered, Mikå. 2013. "Greenpeace in the Arctic. Activists or Pirates?" *The Arctic Journal*, October 4, 2013. http://www. thearcticjournal. com/opinion/157/greenpeace-arctic-activists-or-pirates.

Motzfeldt, Josef. 2009. Tale af Josef Motzfeldt om indførelse af Selvstyret, June 21, 2009. http://www. inatsisartut. gl/media/17530/Tale% 20af% 20Josef% 20Motzfeldt% 20om% 20indførelse%20af%20Selvstyret%20DA. pdf.

Norman, David Winfield. 2014. Preface. Exhibition catalogue *Bolatta Silis Høegh: Lights on, Lights off*. Published on the occasion of a solo exhibition at Kongelejligheden in Kastrup, Denmark, and Nuuk Kunstmuseum, Greenland, funded by NAPA. http://bolatta. com/about.

Norman, David Winfield. 2015. "Naturkraft. Exhibition catalogue *Bolatta Silis Høegh: STORM*." Copenhagen: Nordatlantens Brygge.

Nuttall, Mark. 2010. "Anticipation, Climate Change, and Movement in Greenland." *Études/Inuit/Studies* 34 (1): 21–37.

Nuttall, Mark. 2012. "Tipping Points and the Human World: Living with Change and Thinking about the Future." *AMBIO* 41 (1): 96–105.

Pedersen, Birgit Kleist. 2014. "Greenlandic Images and the Post-colonial. Is It Such a Big Deal after All?" In *The Postcolonial North Atlantic: Iceland, Greenland and the Faroe Islands*, ed. Lill-Ann Körber, and Ebbe Volquardsen, 283 – 311. Berlin: Nordeuropa-Institut der Humboldt-Universität zu Berlin.

Rossen, Rosannguaq. Forthcoming. Nationbranding i Grønland-set igennem mode. *Grønlandsk kultur-og samfundsforskning* 2016. Nuuk: Ilisimatusarfik/ Forlaget Atuagkat.

Thisted, Kirsten. 2006. Eskimoeksotisme-et kritisk essay om repræsentationsanalyse. In *Jagten på det eksotiske*, ed. Lene Bull Christiansen, 61-77. Roskilde Universitet: Institut for Kultur og Identitet.

Thisted, Kirsten. 2014. "Imperial Ghosts in the North Atlantic: Old and New Narratives about the Colonial Relations between Greenland and Denmark. " In (*Post-*) *Colonialism across Europe: Transcultural History and National Memory*, ed. Dirk Göttsche, and Axel Dunker, 107-134. Bielefeld: Aisthetis Verlag.

Thisted, Kirsten. 2015. "Cosmopolitan Inuit: New Perspectives on Greenlandic Film." In *Films on Ice: Cinemas of the Arctic*, ed. Scott MacKenzie, and Anna Westerståhl Stenport, 97-104. Edinburgh: Edinburgh University Press.

Thórsson, Elías. 2014. "An Avoidable Truth: We Can't Save the Climate." *The Arctic Journal*, May 15, 2014. http: //arcticjournal. com/climate/613/avoidabletruth – we – cant – save–climate.

Willoquet-Maricondi, Paula (ed) . 2010. *Framing the World: Explorations in Ecocriticism and Film.* Charlottesville/London: University of Virginia Press.

第十章
国家建构中的负空间：俄罗斯和北极

莉莉亚·卡加诺夫斯基[*]

    俄罗斯是濒临北冰洋的五个国家之一，其现有陆地面积的五分之一位于北极圈内，是所有环极地国家中海岸线最长的一个。2011 年，在北极地区生活的 400 万居民中，约有 200 万人居住在俄罗斯境内的北极地区，俄罗斯因此成为北极地区人口最多的国家。事实上，正如多米尼克·巴苏尔托（Dominic Basulto）所说的，要正确理解北极对俄罗斯的意义，或者说要正确理解俄罗斯在北极活动的目的，就需要抛开地图册和墨卡托世界投影地图（Mercator projection maps of the world）（Basulto，2015），需要将谷歌地图和苹果地图从智能手机上删除，但我们需要拿出另一张墨卡托地图，也就是 1595 年的"北极地区地图"（Septentrionalium Terrarum descriptio），地图绘制者认为这是第一幅专门绘制的北极地图。这张壮观的地图是理解俄罗斯当前北极战略的关键。巴苏尔托写道：

    一旦你习惯了从令人迷惑的北极视角来观察世界，你就会注意到

---

   * 莉莉亚·卡加诺夫斯基（Lilya Kaganovsky），美国伊利诺伊大学厄巴纳-香槟分校，斯拉夫语、比较文学和媒体与电影研究副教授。孙利彦（译），聊城大学外国语学院讲师。原文："The Negative Space in the National Imagination：Russia and the Arctic，" pp. 169-182。

170

这里有一些奇怪之处：在挪威一个偏远的岛屿上生活着一群女性侏儒；在世界之巅有巨大的旋涡和河流；在北极有黑色的磁石山。你一眼就能看出，俄罗斯不仅横跨广阔的欧亚大陆，还可能是个北极超级大国。看看它的宽度和广度，就像个庞然大物，从斯堪的纳维亚半岛一直延伸到白令海峡。其他在北极的面积接近俄罗斯的国家只有加拿大、挪威和丹麦（包含它控制的格陵兰岛）。相比这四个国家北极区域的面积，美国的北极地区（即阿拉斯加州）则相形见绌。（Basulto，2015）

俄罗斯的"北部地区"在20世纪60年代被正式定义为一个单独的地区，包括俄罗斯北极地区和西伯利亚，以及从圣彼得堡（St. Petersburg）到远东地区的领土，大约占俄罗斯陆地总面积的70%，但人口只有俄罗斯人口总数的7.9%。如果北部地区"独立"的话，占地1190万平方公里的这片区域将是世界上面积最大的"国家"，但人口只有1150万，即每平方公里不到1人。由于各种原因，该地区人口一直非常稀少，且自20世纪六七十年代的鼎盛时期以来持续下降。

对非俄罗斯人来说，"俄罗斯北极地区"可能等同于"西伯利亚"，但在俄罗斯人的印象中，这两个地区是截然不同的。从19世纪起，特别是在苏联早期，北极一直象征着等待人们探险之地，探险者在这里遇到的民族被标示为"他者"，也就是北极原住民，他们常常被称为"北部少数民族"（Slezkine，1994）。此处也是苏联及今天的俄罗斯进行科学和军事实验的地方。然而，如果北极地区曾经是并将继续是一个探险与殖民空间，那么西伯利亚一直被人想象成一个放逐之地、荒凉之地。尽管西伯利亚占俄罗斯国土三分之二的面积，但在俄国、苏联、后苏联人们的想象中，这里一直是一个遥远的过渡地带、远离文明的边缘地带、流放之地，被时间和人类遗忘。

第一次有记录的俄罗斯北极地区之旅是1032年由来自诺夫哥罗德的探

险家乌列布（Uleb of Novgorod）组织的，此次探险发现了喀拉海（Kara Sea）。从 11 世纪到 16 世纪，俄罗斯白海（White Sea）沿岸的居民（波莫尔人）一点一点地探索了北极海岸线的其他部分，一直延伸到达鄂毕河（Ob River）和叶尼塞河（Yenisei River），并在曼加泽亚（Mangazeia）建立了贸易站。为了获取毛皮、海象和猛犸象牙，西伯利亚的哥萨克人于 1644 年来到科雷马河（Kolyma River）。同一时期，俄罗斯人在今天的阿纳德尔（Anadyr）附近建立了永久居民点。彼得一世即位以后，俄罗斯开始发展海军，并借助海军继续进行北极探险。维图斯·白令（Vitus Bering）于 1728 年到堪察加半岛（Kamchatka）探险，他的助手于 1732 年发现了阿拉斯加。由白令、阿列克谢·奇里科夫（Aleksei Chirikov）以及其他重要探险家组织和领导的"北极大探险"（The Great Northern Expedition）从 1733 年持续到 1743 年，是历史上规模最大的探险活动之一。他们发现了南阿拉斯加、阿留申群岛和科曼多尔群岛，绘制出了俄罗斯大部分北极海岸线地图，从欧洲的白海一直到亚洲的科雷马河河口，最终形成了 62 张该地区的大型地图和海域图。1845 年，沙皇尼古拉一世（Tsar Nicholas Ⅰ）建立了俄罗斯帝国地理协会（Imperial Russian Geographical Society），其成员包括探险家、圣彼得堡科学院成员、军官和贵族。它的主要工作就是建立北极常设委员会，以继续对俄罗斯北部进行勘探。俄罗斯帝国地理协会是首届"国际极地年"[①] 的组织者之一；同时期，俄罗斯还在勒拿河（Lena River）河口和新地岛（Novaya Zemlya Island）建立了研究站。

171

　　1840 年，俄罗斯杂志《芬兰观察家》（*The Finnish Observer*）专门用了一整期的篇幅来讨论俄罗斯欧洲部分北部地区的问题，并指出在很长一段时间里，该地区对中欧和南欧都是一个"谜"："有人认为北部地区是文明的摇篮，有人认为这里生活着许多神奇的民族，还有人断言这里是各种'秩序'的起源。""秩序"一词援引自俄罗斯神话传说。编写于 12 世纪的

---

①　国际极地年采用一种相互协作的科学考察方法，观察人员于同一年在几个不同地点协作进行地理测量，到北极考察了 12 次，到南极考察了 3 次。俄罗斯是 12 个成员之一。

《原初编年史》（*Primary Chronicle*，撰写者为 12 世纪的修道士内斯特）中有相关内容，描述了俄罗斯帝国的起源。据说当时一些北方部落（俄罗斯人和芬兰人）由于无法解决争端，于是便"邀请"瓦兰吉人（Varangian）留里克（Rurik）"前来统治他们"。

瓦莱利亚·索博尔（Valeria Sobol）指出，俄罗斯沙皇曾从瓦兰吉人身上寻找血统渊源，不管他们是斯拉夫人（Slavs）、罗马人、诺曼人、普鲁士人、芬兰人，还是瑞典人，这都说明了俄罗斯帝国对自身的看法，并直接反映了亚历山大·艾特金（Alexander Etkind）在其著作中所说的俄罗斯的"内部殖民"现象：俄罗斯人是自己人（也就是给不守规矩的人强加秩序的斯拉夫同胞）的殖民对象，还是罗马人、瑞典人或德国人等"他者"民族的殖民对象（Etkind，2011；Sobol，2012）。艾特金所定义的"内部殖民"提到了国家对其民众进行殖民的问题。作为一个永恒的帝国，无论是在帝国时代、苏联时代，还是后苏联时代，也无论是在历史上，还是在地理上，172 俄罗斯都是举世瞩目的国家。事实上，从某种意义上讲，俄罗斯帝国是历史上所有帝国中所占空间最大、持续时间最长的一个国家："在莫斯科大公国、俄国和苏联时代是 6500 万平方公里，而大英帝国仅有 4500 万平方公里。"（Etkind，2011：3）大约在俄罗斯帝国建立之时，欧洲国家向四周辐射的范围平均为 160 公里，而圣彼得堡（建于 1703 年）和彼得罗巴甫罗斯克（建于 1740 年）之间的距离就有 9500 公里。俄罗斯帝国非常庞大，覆盖区域从波兰、芬兰到阿拉斯加、中亚。俄罗斯帝国的许多问题目前仍然存在，部分是其面积过大造成的。但是在整个帝国时期，沙皇和他们的顾问都认为俄罗斯的广阔空间是其帝国权力、中央集权加强和进一步扩张的主要原因（Etkind，2011：3-4）。

但是，1840 年的《芬兰观察家》对俄罗斯起源于北方的神话并不感兴趣。它为俄罗斯北部定义的范围首先包括芬兰，其次是俄罗斯阿尔汉格尔（阿尔汉格尔斯克）、奥罗涅茨、伏尔加格勒、彼尔姆、维亚塔、科斯特罗马、伊罗斯拉夫尔、诺夫哥罗德、圣彼得堡及其他城市周围的区域。《芬兰

观察家》认为，芬兰人起源于亚洲，是俄罗斯北部地区最早的人口，后来
由于斯拉夫人北上，芬兰人就被赶到了不适宜居住的、越来越靠北的地区
（此地现在成了俄罗斯的领土），但在此处并没有留下什么痕迹。芬兰人为
斯拉夫人扫清了道路，确切地说，芬兰人在向北迁移的过程中砍掉了森林，
并最终在条件恶劣、不适合斯拉夫人居住的北部地区定居下来。因此，《芬
兰观察家》并不接受俄罗斯部落曾经邀请瓦吉兰人统治他们的说法，指出
其虽然可以号召邻近部落帮助他们保卫国土、抵御外敌，但把自己作为奴
隶献给对方是违背所有人的天性的。按照《芬兰观察家》的说法，俄罗斯
的北部地区包括帝国最边远的疆域，一直延伸到北极圈和阿拉斯加，还包
括北极地区无法穿越的苔原地带（可以保护俄罗斯免遭侵犯）、西伯利亚
森林（可以提供造船材料）以及诺夫哥罗德（俄罗斯和斯拉夫文明的
摇篮）。

　　艾玛·维迪斯（Emma Widdis）指出，到了19世纪末，俄罗斯帝国的
官方地形图已有了清晰的轮廓，莫斯科和圣彼得堡位于帝国的中央地区，
科学探险队深入这片广袤的地区收集信息。然而，用文化概念来表述的话， 173
这片地区依然让人联想到"没有边界""难以理解"等。例如，1895年百
科全书的权威论述中仍有这样一句话："帝国的大片领土在技术层面上仍未
被测量。"（Widdis，2003：6）在俄罗斯人的意识里，北极探险与现代主义
运动紧密相关。尤其是电影，记录了那些旨在将苏联广袤的领土连接成统
一整体的伟大建设工程，这些工程将"文明"（像电力、铁路、电报、报
纸）带到了最偏远的地区。

　　本章主要梳理从苏联早期到现在，在不同的历史及政治条件下，电影
对北极和西伯利亚的表述。我们研究这类表述所发生的变化，目的在于展
示俄罗斯或苏联所建构的北极并不是一成不变的，而是通过各种历史及意
识形态范式不断被重新定义，每一种新的建构都试图通过某种方式抹去或
重构之前的历史。

　　1913年至1914年，费奥多尔·布雷默（Fyodor Bremer）在白令海峡、

远东和堪察加半岛拍摄了俄罗斯第一个北极地区短片。也是在这两年，罗伯特·弗莱厄蒂（Robert Flaherty）成为第一个在北极探险中配备胶卷相机的人。布雷默是一名经验丰富的摄影师和摄像师，曾参与制作许多大部头的影片和新闻短片，工作室建议他去极地探险时也带上相机。1913~1914年，他乘坐"科雷马"（Kolyma）号穿越北极圈，却被困在了北极的冰雪中。返回后，布雷默先后于 1915 年和 1916 年在电影杂志《佩加斯》（Pegasis）上发表了他的游记，并从拍摄的影像中剪辑制作了几个短片。具有讽刺意味的是，他带回来的一些镜头损坏了，不是在寒冷的北极地区损坏的，而是在返航南下的途中由于温度过高而损坏，最后只有少量短片保存了下来，后来得以在俄罗斯上映。其中有个短片的标题是《北方的生活》（Life of the North，Russia，1914），展示了"科雷马"号的船员和原住民之间的互动（关于探险和影片的更多细节，参见 Sarkisova，2015：222-233）。

如果说在帝国的建构中北极仍然是俄罗斯帝国遥远的未知之地，那么北极地区则是早期苏联对外拓展的一个标志，苏联通过铁路、电力和无线电将北极地区同苏联的其他国土重新连接在一起。尽管所处的地理空间相同，但人们常常认为苏联是与俄罗斯帝国截然不同的国家，其广阔的疆域需要重新发现，并与中央地区重新相连。在苏联早期的规划中，其重点是塑造一个生机勃勃、文化多元又富有的年轻国家形象。与博物馆相比，电影更能通过探索苏联广阔的疆土，发现其"真实的"民族志材料。而且如果使用得当，电影能够摆脱人们对民族特殊性的盲目迷恋及其所隐含的殖民主义视角，使人们对各民族共和国的真实生活有更"真实"的了解。该视角是动态的、机动的，使所有人民都处于平等地位，使之成为"世界上所有民族绝对平等的特殊的唯一空间"（Widdis，2003：111-112）。

也许，我们能在吉加·维尔托夫（Dziga Vertov）的电影《世界的六分之一》（1926）中看到最激进、最具体的例子。为了拍摄这部电影，维尔托夫和"电影眼"（Cine-Eye）团队组织了一系列横跨苏联国土的探险活动，从西伯利亚的泰加森林（Taiga）一直到达吉斯坦，收集了大量的纪实性民族志材料。维尔托夫的影像集中展现了苏联全部特有文化的特殊性和差异性，把它们"建构成更大的统一国家独立起作用的部分"（Widdis，2003：110）。然而，关于北部地区对苏联的意义，维尔托夫的电影表述得并不清晰。电影几乎一半的时间都用在了展示北极景象上，其中很多都是通常意义上的北极的代表形象，像驯鹿牧人和穿着笨重衣服的可爱小孩等，当然我们也能看到期待：等待国家进出口贸易局（Gostorg）的船只到来，等待苏联势力和文明，等待自然资源不再卖给外国，自己可以制造机器来生产机器。

　　总的来说，20世纪20年代后期，对苏联的广阔国土进行革命性探险促进了民族志电影的繁荣。电影摄制艺术作为一种强有力的手段，可让多样性可视化，展示人们所期望的发展和成就。在苏联背景下，北部和南方，甚至世界每一个地方的原住民都将直接受益于新的苏联政权。他们居住的地方将被建构成"复杂综合体"，也就是"物质资源丰富却欠发达地区，濒危民族的家园，脆弱的边疆，预期出现经济奇迹的未来之地"（Sarkisova，2015：222）。

　　对我们有益的最有趣的例子是弗拉基米尔·埃罗费耶夫的电影《北极圈之外》（1927）。这部影片完全根据纪实材料录制，特别是布雷默搭乘"科雷马"号进行北极探险后带回来的一万米长的胶片。和纪录片制作同行叶斯菲里·舒布（Esfir Shub）一样，埃罗费耶夫的任务是收集帝国材料，也就是收集俄国革命前的镜头素材，来讲述苏联故事。埃罗费耶夫非常欣赏罗伯特·弗莱厄蒂，还曾在德国与电影制作人、探险家科林·罗斯（Colin Ross）一同工作。科林·罗斯不仅曾独自深入人类难以到达的地方进行拍摄，还记录了自己的经历和探险活动。《北极圈之外》是埃罗费耶夫的第一部电影，也是他唯一一部依靠已有镜头制作的电影；之后的其他电影（他13年里共拍摄了25部纪录片）都是他在阿富汗和帕米尔高原等地取景拍摄的。

　　阿克桑娜·萨尔基索娃（Oksana Sarkisova）指出，《北极圈之外》的两

175

位编辑——埃罗费耶夫和维拉·波波娃（Vera Popova），既没有表明他们借用了 1913 年的老影像素材，也没有说明布雷默摄影工作的功劳。相反，他们大量使用了连续性剪辑、推轨镜头、长全镜，并添加了旁白和字幕来吸引苏联观众，但没有明显传达意识形态信息（Sarkisova，2015）。俄罗斯电影史学家亚历山大·德里亚宾（Aleksandr Deriabin）指出，在埃罗费耶夫的这部电影中，苏联意识形态被淡化，原始的电影素材得到强调，以致当时的许多评论家都指出该影片没有适当的意识形态聚焦，也没有维尔托夫式的快速蒙太奇手法，这使得该影片显得很"老派"（Deriabin，2001）。事实上，在这部电影的制作过程中，引导埃罗费耶夫工作的是其手头上可用的材料，拍摄这些材料用的是一台基本静止不动的照相机，照相机保持与眼睛平齐的高度，同被拍摄的物体保持相当距离。此外，弗莱厄蒂的《北方的纳努克》（*Nanook of the North*，USA，1922）拍摄北极及当地原住民时所采用的拍摄模式也为埃罗费耶夫提供了参考。因此，埃罗费耶夫的电影回避了标准苏联民族志电影常用的一些陈词滥调，这样就能够清晰地展示苏联政权给国家和人民带来的转变。事实上，尽管维尔托夫、舒布和埃罗费耶夫常常一起被认为属于苏联"未上映"电影流派，但他们三人的美学截然不同。埃罗费耶夫是最早坚持使用全景拍摄的苏联导演之一，开创了长镜头和移动全景电影摄制技术。维迪斯认为："埃罗费耶夫的摄像机镜头是一只移动的眼睛，显然是旅行者和探险家的眼睛，敏锐地意识到了他自己及其团队作为所拍摄世界的观察者和参与者应该起的作用。"（Widdis，2003：116-117）

176   20 世纪 20 年代出现了大量反映苏联新领土偏远地区生活的民族志电影，30 年代又出现了新的叙事，北极转变成苏联空间不可分割的一部分，需要苏联政权对其加以改造。征服北极成了斯大林政府改造世界计划的一部分："在北方种植南方植物，灌溉大草原等。"（Frank，2010：115）德里亚宾指出，"在 20 世纪 30 年代后半期，苏联银幕上的旅行纪录片消失了，取而代之的是展示极地探险家、飞行员和'国际主义者'勇气及英雄精神的电影作品。宣传部门要求银幕只反映一个时代，即社会主义的黄金时代。'落后的人群'只能从被苏联政府关照的视角加以表现"（Deriabin，1999）。

　　北海航道管理总局（Chief Directorate of the Northern Sea Route）旨在为前往北极的政治工作者培养干部。早在1935年，从该机构成员的演讲中我们就可以看出这种转变。北海航道管理总局的负责人奥托·施密特（Otto Schmidt）也是一名北极探险家，他探险时乘坐过的破冰船"西比利亚科夫"（Sibiriakov）号曾和"克拉欣"（Krasin）号、"切柳斯金"（Cheliuskin）号等船只一样，试图沿北海航线航行。奥托·施密特指出苏联政府立即派出了北极考察队，到1920年，他们已在那里建立了第一个研究中心。然而在20世纪20年代，北极地区的探险活动及其与苏联广阔领土的融合是随意而无序的。随着第一个五年计划的实施，苏联对北极的关注才如施密特所说的那样转向"计划经济"，这"针对第一阶段是一个转折点，从第一阶段感受北极转向目前阶段的全面进攻"（Schmidt，1935：6）。尽管在"正式"意义上，"克拉欣"号和"切柳斯金"号的航行常常被认定是失败的（二者都遭遇了事故，而且"切柳斯金"号不得不被彻底丢弃），但从政治角度看，这是苏联的重大胜利，因为救援行动"把整个国家团结在一起，并展示了苏联能够做什么"（Schmidt，1935：9）。施密特认为政治工作者在与当地居民打交道时，应为他们提供真正的文化，比如教育、船只，帮助他们获得机器。这是对20世纪20年代叙事话语的回应，不再强调北方原住民的差异性。施密特指出，重要的一点是不要以"博物馆"的方式接近当地居民，那只是有趣的展览。他还明确指出，"我们可以在电影中捕捉到萨满巫师，但我们要与他战斗"（Schmidt，1935：20）。

　　与美国西部蛮荒一样，北极是斯大林主义话语中中央与边缘地区关系的"最后边疆"。换言之，北极探险是囊括一切的综合计划的一部分，该计划将苏联的每个点、每个空间连接成统一的、同质化的集体，并通过无线电、电力等手段将最偏远的地方直接与中央连接。苏西·K.弗兰克（Susi K. Frank）特别指出，"在有关苏联占有、利用北极的所有描述中，无

177

线电通信员的形象具有极大的象征意义，象征着对距离和障碍的控制以及遥远区域之间的相互联系"（Frank，2010：117）。恩斯特·克伦克尔（Ernst Krenkel）是 1934 年"切柳斯金"号探险队和 1937 年帕帕宁探险队（Papanin expedition）的无线电报务员，也是塞尔文斯基（Sel'vinskii'）的史诗《切柳斯基阿纳》（*Cheliuskiana*，1937 年和 1938 年《新世界》和《十月》杂志分别登载过其部分内容）和伊凡·帕帕宁（Ivan Papanin）的《冰上生活日记》（*Diary of the SP 1*）中类似人物形象的原型。

20 世纪 30 年代最著名的事件之一是苏联飞行员对"切柳斯金"号探险队的救援行动。1932 年，破冰船"西比利亚科夫"号第一次成功地进行北海航行后，"切柳斯金"号蒸汽船紧随其后，想证明普通贸易船只也可以在该水域航行。两艘船都由奥托·施密特指挥，"切柳斯金"号船上一共有112 人，其中有 10 名女性（包括 1 名孕妇）和 1 名儿童。但这艘船没能成功通行，因被冰山压坏而困在那里，1934 年 2 月沉没。所有乘客和船员（除了 1 名男性）都下船，在流冰上扎营，并在那里待了两个月，直到 4 月才被苏联飞行员救出。为此，斯大林设立了"苏联英雄勋章"。

然而与此同时，弗兰克指出斯大林主义北极话语与西方的北极话语差异很大。西方人将北极视为一个极限空间，认为北极是人类世界的绝对边界，抗拒任何形式的征服，并认为那里的人们面对的是否定生命的孤独和死亡（Frank，2010：120）。相反，斯大林主义以殖民语言建构北极探险，目的是建立尽可能多的前哨站，哨站间可以通过无线电波建立联系，依靠通信员的技术实现交流，还配有电影、图书馆和其他形式的娱乐设施："每次探险都可以理解为一次试验，尽可能多地派出人员，尽可能待更长时间。"（Frank，2010：117）"征服北极"是斯大林政府的重要目标，在苏联领土地图上留下新标记，把北极圈内充满敌意的自然世界变成被苏联塑造的空间。

178   以瓦西里耶夫兄弟（Vasiliev Brothers）为主制作的长篇纪录片《冰上功勋》（1928），有时被译作《冰上功勋和破冰船"克拉欣"号》（*Exploit on*

the Ice and IceBreaker Krasin），展示了北部的新形象。该影片记录了破冰船"克拉欣"号在安伯托·诺比尔（Umberto Nobile）的"意大利"号飞艇遇险后前往救援艇上人员的经历。瓦西里耶夫兄弟采用的是"克拉欣"号的摄影师所拍摄的原始镜头，以此制作了宣扬苏联英雄主义的作品。他们的电影作品没有流传下来，但导演对这部电影所做的解说留了下来。探险重新成为斯大林主义电影的主题，对此弗拉基米尔·什内德洛夫（Vladimir Shneiderov）的纪录片《两大洋》（*The Two Oceans*，1933）和谢尔盖·盖拉西莫夫（Sergei Gerasimov）的冒险电影《七勇士》（*Seven of the Brave*，1936）体现得最为明显。即便是亚历山大·杜夫琴科（Aleksandr Dovzhenko）的《阿艾洛格勒》（*Aerograd*，1935）这样一部以远东为背景的电影，也体现了苏联的广泛影响。《阿艾洛格勒》讲述的是未来城市的故事，一个尚未建成的城市，到影片结束时也不会建成。此外，该影片还展现了苏联向远东地区拓展直到太平洋的梦想。影片开头，一架飞机飞过森林，由此对难以穿越的西伯利亚针叶林进行了评论（只有生活在那里的人才能"读懂"针叶林的意义），影片以苏联力量抵达这片偏远地区的壮观场景结束。

在斯大林时期出现的关于北极最奇怪的话语之一就是"温暖"，苏联政权不仅带来了极地探险家、气象站、无线电通信员、党员、图书馆和电影院，也带来了气候变化。这方面一个很好的例子就是记者奥列格·库丹科（Oleg Kudenko）的著作《温暖的北极》（*The Warm Arctic*，1960），书中记录了他从 1957 年到 1960 年的北极之旅（Kudenko，1960）。库丹科在书的开头写道，像大多数男孩一样，他从小就梦想去北极这片"勇敢的土地"（既指虚无边缘之地，也是男性特有勇敢的标记）（Kudenko，1960：5）。他指出苏联政府不可能重视这片广阔土地真正无限的可能性，对北极的首次进发始于苏联政府成立的头几天，而且自 1948 年以来，苏联政府持续投入新的力量（Kudenko，1960：14-15）。

就像围绕北极的许多叙事话语一样，库丹科也试图保持微妙的平衡，一方面宣称北极已被教化和驯服，另一方面又强调它有难以征服的"强大 179

和勇敢"（Kudenko，1960：23）。他在文章的开头写道："北极服从人类，但她并不急于投降。"（Kudenko，1960：15）他最后又说，"虽然北极大部分地区已被征服……但对北方的进攻仍在继续"（Kudenko，1960：296）。库丹科在书的结尾谈到了北极的"温暖"，不仅因为北极已被驯化（既熟悉又亲切，Kudenko，1960：293），还因为像苏联气候学家指出的那样，在过去的几十年里，北极的气候变得越来越温暖，越来越适宜人类居住。事实上，他建构的未来会有许多像诺利尔斯克（Norilsk）这样的城市，北部地区将遍布国营农场和温室，用他的话来说，"这将永远改变这里的气候"。他想象中的未来口号是："让我们把北极的温度提升 25~35 摄氏度！"他还预测气候变化会使北方的整体面貌发生巨大改变（Kudenko，1960：299-300）。

但是，西伯利亚怎么样呢？苏联与北极关系的讽刺之处在于，那些旨在将文明带往偏远地区的著名前哨站大多是被国家驱逐的罪犯建造的。最初，北方广阔的苔原和针叶林是渔民、猎人、逃离沙皇和俄罗斯东正教教会迫害的旧信徒以及涅涅茨人、萨米人、科米人（Komi）的家园。该地区人口稀少，如阿尔汉格尔斯克每平方公里仅有 1~2 人，涅涅茨自治区（Nenets Autonomous Region）每四平方公里则只有 1 人。正如海尔戈·布莱基斯鲁德（Helge Blakkisrud）和盖尔·霍恩兰（Geir Hønneland）在其 2006 年出版的著作《解决空间：联邦政策和俄罗斯北部》（*Tackling Space: Federal Politics and the Russian North*）中指出的那样，"经历了 10 年（20 世纪 90 年代）的权力临时快速下放，这一进程在世纪之交发生了转变，莫斯科现在强调权力重新集中并加强中央政府的政治影响力"（Blakkisrud and Hønneland，2006：15-16）。正如二人一再强调的那样，俄罗斯人现在不得不撤销苏联计划，因为苏联计划强调占领与扩张，梦想通过征服自然把北极变成花园，但这过于理想化，规模过于庞大，在市场经济条件下难以成功。

阿尼迪塔·班纳吉（Anindita Banerjee）指出，在俄罗斯众多的偏远地区中，西伯利亚在国家建构中占据了特别复杂的位置（Banerjee，2012：

23）。无人真正知晓俄罗斯的终点在哪里，西伯利亚的起点又在哪里。与克 181
里米亚半岛和高加索山区不同，西伯利亚广阔的平原没有明显的地理界线能
将其与圣彼得堡和莫斯科所代表的中央区分隔开来。班纳吉认为，"从地理和
历史的角度来看，西伯利亚潜藏在这个国家概念之后，扮演着神秘的另一个
自我的角色，永远威胁要破坏俄罗斯为了在世界舞台上获得认可所做的努力"
（Banerjee，2012：23）。她称西伯利亚为"国家建构中的负空间"，因为它广
袤又荒凉的土地是人类难以企及的，但由于其战略位置和自然资源，这里又
留下了"帝国梦想"的印记（Banerjee，2012：24）。它是现代化规划中最重
要的内容，一方面因为这里自然资源丰富，有重要的地缘政治意义；另一方
面，现代化活动改变了此处史前的原始景观。班纳吉写道："在火车窗口匆匆
掠过的西伯利亚，是世界上唯一一个既能让人无限回顾人类史的遥远过往，
又对科技未来充满憧憬的地方。"（Banerjee，2012：33）

俄罗斯北部地区一直是俄罗斯的心脏和灵魂，也体现了俄罗斯的另一面。
它必须永远是俄罗斯的"殖民地"，必须是这个国家的一部分，一片未被同化、
未开化、未被征服的区域。这可能是北极和俄罗斯北部地区在当代电影中频繁
出现的原因之一。这样的电影既有纪录片也有剧情片，其中包括谢尔盖·洛兹
尼察（Sergei Loznitsa）的《合作社》（*Artel*，俄罗斯，2006）、阿列克谢·波波
格列布斯基（Aleksei Popogrebski）的《我是如何度过这个夏天的》（*How I
Ended This Summer*，俄罗斯，2010）和伊凡·特维尔多夫斯基（Ivan
Tverdovsky）的《共产主义岛》（*The Island of Communism*，2014）等作品。
这些影片展示了北极地区如何因为政治目的而再次活跃起来，以及电影制
作人和艺术家如何继续将北极再建构成俄罗斯国家权力的另一个空间。

参考文献 182

Banerjee，Anindita. 2012. *We Modern People: Science Fiction and the Making of Russian
Modernity*. Middletown：Wesleyan University Press.

Basulto, Dominic. 2015. "This Gorgeous Map from 1595 Is the Key to Understanding Russia's Current Arctic Strategy. " https: //medium. com/@ dominicbasulto/this-gorgeous-map-from-1595-is-the-key-to-understanding-russia-s-currentarctic-strategy-2a5206490202.

Blakkisrud, Helge, and Geir Honneland (ed) . 2006. *Tackling Space: Federal Politics and the Russian North*. Lanham: University Press of America.

Deriabin, Aleksandr. 1999. O fil'makh-puteshestviiakh i Aleksandre Litvinove. *Kinovedcheskiie zapiski* 42. Translated into German as: Aleksandr Derjabin: "Aleksandr Litvinov und der sowjetische Expeditionsfilm. " In *Die überrumpelte Wirklichkeit. Texte zum sowjetischen Dokumentarfilm der 20er und frühen 30er Jahre*, ed. Hans-Joachim Schlegel. Leipzig: Leipziger Dokwochen GmbH, 2003. Accessed at: http: //www. greensalvation. org/old/Russian/Publish/11_ rus/11_ 02. htm.

Deriabin, Aleksandr. 2001. "Nasha psikhologiia i ikh psikhologiia -sovershenno raznye veshchi. " *Afganistan* Vladimira Erofeeva i sovetskii kulturfil'm dvadtsatykh godov. *Kinovedcheskiie zapiski* 52.

Etkind, Alexander. 2011. *Internal Colonization: Russia's Imperial Experience*. Cambridge: Polity Press.

Frank, Susi K. 2010. "City of the Sun on Ice: The Soviet (counter-) Discourse of the Arctic in the 1930s. " In *Arctic Discourses*, ed. Anka Ryall, Johan Schimanski, and Henning Howlid Wærp, 106-131. Newcastle upon Tyne: Cambridge Scholars Publishing.

Kudenko, Oleg. 1960. *Teplaia Arktika*. Moscow: Sovetskaia Rossiia.

Sarkisova, Oksana. 2015. "Arctic Travelogues: Conquering the Soviet North. " In *Films on Ice: Cinemas of the Arctic*, ed. Scott MacKenzie, and Anna Westerståhl Stenport, 222-234. Edinburgh: Edinburgh University Press.

Schmidt, Otto. 1935. Nashi zadachi po osvoeniiu Arktiki. In *Za osvoenie Arktiki*. Leningrad: Glavsevmorputi.

Slezkine, Yuri. 1994. *Arctic Mirrors: Small Peoples of the North*. Ithaca: Cornell University Press.

Sobol, Valeria. 2012. Komu ot chuzhikh, a nam ot svoikh: prizvanie variagov v russkoi literature kontsa XVIII veka. In *Tam, vnutri: praktiki vnutrennei kolonizatsii v kul'turnoi istorii Rossii*, ed. Alexander Etkind, Dirk Uffelman, and Ilya Kukulin. Novoe Literaturnoe Obozrenie: Moscow.

Widdis, Emma. 2003. *Visions of a New Land*. New Haven: Yale University Press.

Youngs, Tim. 2010. "The Conquest of the Arctic: The 1937 Soviet Expedition. " In *Arctic Discourses*, ed. Anka Ryall, Johan Schimanski, and Henning Howlid Wærp, 132 - 150. Newcastle upon Tyne: Cambridge Scholars Publishing.

第十一章
看不见的风景：实验电影与激进主义
艺术实践中的极端石油与北极

本章集中研究激进主义艺术家和实验电影制作人以极地环境为题材创作的作品。这些作品借助视觉媒介，展现在人类世（Anthropocene）时代所出现的各种新型艺术、情感及社会现象（Bloom，1993；Bloom et al.，2008；Bloom and Glasberg，2012），对北极地区的话语研究具有重要的意义。本章分析了这些艺术家和电影制作人采用了哪些独特的审美语言展示他们对北极地区及人类世的关注，又是如何讲述加拿大焦油砂（Tar Sands）地区和俄罗斯北极地区的化石燃料工业、资本主义发展以及地域政治等问题的。他们关注的是视觉感受，展现石油开采所导致的远离产油地的国家的气候变化。这些艺术创作还试图将石油公司粉饰世界上面积最大、最不堪入目的 184能源生产、能源加工地时所采用的策略，同该地区动植物及贫穷的少数族裔群体长期以来所遭受的石油工业副产品及全球气候变暖带来的负面影响关联起来。

---

* 丽莎·E. 布鲁姆（Lisa E. Bloom），美国加利福尼亚大学洛杉矶分校妇女研究中心助理研究员。刘凤山（译），聊城大学外国语学院英语语言文学教授。原文："Invisible Landscapes：Extreme Oil and the Arctic in Experimental Film and Activist Art Practices," pp. 183-195。

一　互联的美学与政治：厄斯勒·比尔曼的《极端天气》

　　厄斯勒·比尔曼是国际知名的瑞士艺术家和影视制作人，她的作品常在世界各地的博物馆、双年展、大学艺术博物馆、画廊等场地中展出，其影视作品《极端天气》于 2013 年在威尼斯双年展（Venice Biennale）的马尔代夫馆播放。这届威尼斯双年展主要展示来自世界各地聚焦气候变化生态主题的作品。比尔曼的艺术作品多基于学术研究，包括偏远地区的田野调查和视频文献。到目前为止，她最流行的作品多聚焦全球语境中移民劳工的性别层面，从西班牙—摩洛哥边境的走私行为到移民中的性工作者（sex workers）。她有关实验视频的文章将宏观理论与微观的政治、文化实践联系起来。比尔曼制作的电影包括《边境表演》（*Performing the Border*，1999）、《控制的流动》（*Contained Mobility*，2004）、《黑海档案》（*Black Sea Files*，2005）、《埃及化学》（*Egyptian Chemistry*，2012）等，她的文章关注世界不同区域之间的关系及文化交流。同样，她的影视作品让观众思考应该怎样同厄斯勒·海斯的"生态世界主义"框架内的那些地域保持有差异、个性化的关系，也就是"尝试将个人和团体看作由人类和非人类所组成的星球'想象共同体'的一部分"（Heise，2008：61）。

　　比尔曼的艺术实践既具有美学价值，又具有理论及政治意义。作为影视评论家，她的研究方法具有鲜明的主观色彩（Biemann，2008）。她拒绝采用所谓的客观视角，但有时候又有意识地保留这种客观视角；她拒绝封闭的阐释是为了让读者清晰感受到她话语中的情感、诗学及理论张力。就她的影评文章而言，读者能从中听到一个女性的声音。《极地天气》的第一幕为"碳地质学"，包含从阿萨巴斯卡河（Athabasca River）上空拍摄的一组照片。阿萨巴斯卡河从南向北，流经加拿大的阿尔伯塔省，最后进入北冰洋。从空中俯视的这些图片所呈现的地貌乍看上去好像是原始荒原，但当她的镜头转向焦油砂地区时，进入观众视野的却是大规模的工业发展所

185

留下来的难以修复的、梦魇般的场景。

这些图片所展示的工业行为令人感到恐惧，取代了 19 世纪的崇高与庄严。这里的崇高与庄严不是自然的崇高与庄严，而是工业文明的崇高与庄严。现在看来，人类难以控制的不是自然，而是工业。这段视频的焦点是有毒液体导致的不堪入目的场景和笼罩庞大的焦油砂机械的黑色污云。比尔曼以此强调伴随这些逐渐废弃的庞大现代设施而来的对环境的破坏。

面对恐怖的景象，比尔曼焦油砂主题的图片采用的是不带感情的中性视角，但她的解释性文字和声音让人感到亲切，就好像超越图片本身的叙事者所发出的呼喊。她悄声向我们诉说她不得不说的话，就好像在讲述一个肮脏的秘密，旨在告诉观众在这个被碳氢化合物改变了的世界里，焦油砂地区和附近其他地方的原住民所受的伤害最大。拍摄焦油砂坑的镜头悬浮在地球上空，在她向观众讲述秘密的时候，观众就站在镜头的下面，不得不承受未来的日子里持续不断的石油能源开采所带来的巨大的环境灾难与社会灾难。

第二幕的标题是"水文地理学"。在这一幕中，视频的视角突然发生了变化。比尔曼采用全球视角，展现了大规模的化石燃料与石油开采给孟加拉湾沿岸偏远地区的孟加拉国的原住民带来的危害。气候变化导致的海平面上升使该地区深受伤害（Amrith, 2013）。比尔曼关注的是气候变化和石油开采的聚合效应以及这一效应在更广阔的区域内所产生的负协同效应。视频记录了孟加拉人为了保护他们位于三角洲地区的村庄免受海平面上升带来的影响所做出的努力。

视频的第一部分聚焦焦油砂地区，在这里我们看不到人的身影。然而，当镜头转移到孟加拉国时，视频呈现的是人们辛苦劳作、建堤修坝的场景。人们希望这些堤坝能够保护他们的家园不被不断上升的海水吞没。

从比尔曼的这段视频可以看出气候变化的后果已经超出我们的想象。我们看到了孟加拉人所付出的巨大努力，但他们也只能靠自己的劳动建造更高的堤坝，保护他们不受极端天气的伤害。在比尔曼看来，这个视角下的土地"只不过是一个变化无常、流动不居的物块"。

比尔曼的视频没有对暴风雨的戏剧性时刻进行详细展示，也没有聚焦极端天气之后悲壮的灾难场景。相反，她的视频多聚焦风暴来临之前的时刻，旨在展现洪水区的人们在灾难来临之前的准备情况。这些地区通常没有多少基础设施，多数人没有清理灾后垃圾、重建家园的资源。她的视频聚焦于孟加拉人的劳动，旨在从视觉及概念层面迫使观众去思考什么样的飓风是反常的，什么样的是正常的。

在这段视频中，屏幕通常被分割成多个独立的单元，单个框架的中心视图转换成多个视图。比如，在一个静态画面中有一个年轻妇女面对观众站着，而另一个画面展示的却是正遭受海水侵蚀的海岸线，只剩下一条银白色的细线，摇摇晃晃地伸向远方。一个女声画外音细声描绘的空间形象令人不寒而栗："沿海地区的人们在睡梦中溺亡。警戒信号不清楚，来得也太晚了。泥化的土地向东飘移，越来越远，大块大块的泥土崩裂开来。"这段话让人们意识到一旦应急反应失效，毁灭性的灾难就可能发生。画外音平静的语调让观众感到轻松，掩盖了同政治、社会环境息息相关的气候变化的多变性。这一系列处理凸显了当地气候变化复杂的时效性。它还提供了一个令人感到极其不安的案例，描绘了普通孟加拉人如何在气候变化灾难中求得生存。

克里斯蒂安·帕伦蒂（Christian Parenti）在其著作《混沌回归线：气候变化与新地理暴力》（*Tropic of Chaos: Climate Change and the New Geography of Violence*）中，更加深刻地审视了人类行为引起的气候变化所导致的后果，尤其是赤道两侧南北热带地区所遭遇的极端天气（Parenti，2011）。帕伦蒂使用的字眼是"遭到破坏的社会"，意思是说这些社区"像受伤的人一样，常常以非理性、短视乃至自我毁灭的方式应对新的危机"，但比尔曼视频中的孟加拉人并非如此。比尔曼所展现的是孟加拉人为了保护孟加拉湾海岸线，为了保护 5000 万同胞的即将被上升的海水吞噬的家园所付出的努力，但从长远效益来看，这是远远不够的（Amrith，2013）。比尔曼的视频让我们洞察了气候变化的毁灭性后果，对贫穷的国家而言更是如此。她轻声告诉我们："在这里（加拿大）已经看不到这种情况了，但这在赤道地区依然可见。"对于比尔曼来说，一个方向的资本流动与另一个方向的人员流动有内在的联系。她的影视作品试图赋予人类今天所生活的这个星球以新的意义。

毋庸置疑，比尔曼的艺术创作不同于主流媒体有关孟加拉国这样贫穷国家的报道。她的作品是对"徒劳、无助的第三世界"之类的殖民话语的挑战。因此，她把孟加拉国与加拿大并置在一起，颠覆了灾难仅仅发生在"第三世界"国家的新闻报道范式。她赋予加拿大焦油砂地区新的意义，揭示它所遭遇的灾难既遥不可及，又近在咫尺。她还改变了我们对孟加拉国的看法，因为许多第一世界的观众不知道在孟加拉国这一问题的严重性，不知道孟加拉国大部分的海岸线已被海水淹没，因此越来越多的孟加拉人不得不生活在海边或海上。

对于像比尔曼这样的艺术家来说，自然不再是一个可以随意操纵、肆意开发而不会造成伤害的事物，相反它与更广泛领域的变故、技术故障、社会变化及全球范围内的不幸密切相关。比尔曼的目的在于从美学角度为当前有关气候变化和海平面上升危险的讨论做出贡献，也在于澄清一个事实，即对于生活在孟加拉湾地区的人们来说，昔日百年不遇的洪水今天成了家常便饭。

比尔曼眼中的景观并不是单纯的自然现象，也不是不同事件的集合。这些景观的重要意义在于试图把"反地理学"观念融入科学的星球脚本，阐释加拿大和孟加拉国人民与历史之间的关系。比尔曼通过对孟加拉国和加拿大北部地区进行比较，让观众思考发达与贫穷地区在碳排放问题上的差异，让我们思考把气候变化危机描述为"人类"共同关注的问题是否公平。差异的问题又让我们反思权力问题，反思地域政治，反思主体性和命名权的伦理政治理论是否有必要存在，以及反思"应对共同威胁的泛人类纽带中的我们"中的这个"我们"到底是谁。

189　　**二　超现实情景剧：布伦达·朗费罗的《死鸭子》（2012）**

　　布伦达·朗费罗是加拿大著名电影制作人、作家和学者。她的电影主要在国际电影节上放映，有时也在加拿大电视节目中播出。她在多伦多约克大学电影与媒体艺术系任教，其文学和电影作品还是大学电影与传播系的教学内容。她还和他人合编了《国家性别：加拿大女性电影》（*Gendering the Nation: Canadian Women's Cinema*）（Armatage et al.，1999）一书。作为电影制作人，她的作品主要展现了加拿大的焦油砂地区。她在 2012 年拍摄的电影《死鸭子》（*Dead Ducks*），是她所拍摄的关于数量激增的大型石油项目艺术三部曲中的第二部。① 三部曲中的另外两部电影是《机遇难求》（*Carpe Diem*，2010）和互动多媒体报道《离岸》（*Offshore*，2014）。《死鸭子》借用歌剧和动画，集中展现处理焦油砂地区生态灾难时所遇到的困难与挑战。该电影采用多元视角，讲述的故事源于一个真实的事件：1606 只鸭子从路易斯安那州迁徙到阿尔伯塔省，最后却丧生于焦油砂沉淀池的油泥之中。和比尔曼在她的电影中所采用的轻声旁白一样，传统纪录片经常采用的"上帝之声"般的叙述，在朗费罗的女性主义电影作品中变成了鸟儿以及评价这些鸟儿的人类的声音，包括一名女动物医生，一名环保主义者，还有一名原住民工人。这名原住民工人既热爱他作为焦油砂工程师的工作，又热爱过去以鸭子为食的社区和他的家人。《死鸭子》是一部严肃的纪录片，对焦油砂地带的环境污染进行了批判。尽管这部作品采用动画形式表现鸭子从一个地方迁徙到另一个地方，最后死在池塘里的故事，但和比尔曼的视频一样尝试采用了令观众感到亲切的艺术手法。朗费罗展现了鸟儿真切的感官体验，观众似乎和鸟儿面对面，如此之近，几乎在它们飞达几十米乃至几百米的高空时还可以看到它们的面庞，而动画技术的应用

---

　　①　朗费罗的《死鸭子》可以在 Vimeo 网站公开获取，https://vimeo.com/37867483。

让我们感觉自己也正和这些鸟儿一起飞翔。

　　她还尝试用音乐把视觉和听觉结合起来，创造新的电影语言，描述和鸟儿一样感同身受但同时又拒绝将非人类事物拟人化或与非人类事物等同起来的后自然状态。她还运用 X 光透视、遥感和其他可视化技术来跟踪、监控鸟类的迁徙。鸟类的迁徙运动经常受到天气变化的影响，近来还受到水和食物短缺的影响。这些鸟儿的图像既有"真实的"，又有人工虚构的，旨在影射《迁徙的鸟》（*Winged Migration*，2001）这样的流行电影。在《迁徙的鸟》中，计算机生成的鸟儿影像被插入纪录片中，目的在于引起观众对纪录片中动物主角的同情。她这样处理的目的在于让我们靠近鸟类，捕捉它们生命中平凡但又华丽的地方，也让观众同情因气候变化导致迁徙模式改变，又不得不到有毒废物污染地区寻找食物和水而被困的鸟类。色彩丰富、超现实的自然景观与影片中焦油砂地区令人悲伤、"真正"庄严、黑白的工业景观同时出现，鸭子也无法区分哪是干净的水，哪是被污染的水。从某种意义上讲，《死鸭子》的制作人试图借助丰富的想象力，展示公众对鸭子的生存困境的深刻关注以及石油公司就此做出的反馈。对朗费罗来说，鸭子事件的重要意义在映射托德·鲍威尔（Todd Powell）（阿尔伯塔省政府的高级野生生物学家）制作的以焦油砂沉淀池中慢慢死去的鸭子为主题的视频在网上是如何像病毒一样蔓延的。制作这些图像的目的在于让国际舆论反对焦油砂项目，而与此同时，政府的高级部长却正在游说美国参议员，让他们接受焦油砂管道能够解决美国能源安全问题的建议（Longfellow，2013，2018）。《死鸭子》传达的观点是，尽管鸟类事件众所周知，但跨国石油公司更倾向于将持续发酵的环境灾难问题作为单纯的公共关系危机加以处理，或将之当作生态危机，把这场悲剧解释为可以控制的事情。在朗费罗的作品中，石油公司的男性发言人刻意采用传统的性别角色，通过独特的着装和话语，让我们相信他们将承担所有的责任，解决所有的问题。由此可以发现，这正是激进主义艺术组织"应声虫"（The Yes Men）的斗争目标。朗费罗和这个组织中的人都让我们注意到这些公司公关部门的公关是多么有成效，也让我们注意到激进主义艺术家在展现这些公司多次演练过的真诚道歉根本无法遏制的、数月后又被公众遗忘的环境危机时所面临的挑战。在这个案例中，与焦油砂项目相关的加拿大辛克鲁德（Syncrude）油砂公司的声誉受到了损害，但最终该公司只被罚款100万美元。不加控制的石油开采所造成的灾难日益严重，但人们已经忘记了这一点。朗费罗对比尔曼的视频表示赞同，她似乎更明白鸭子作为无助的生命是如何成为普通情景剧的主角的，是如何在当前的政治语境中成为令人可怜的对象的。朗费罗言辞犀利："数以百万计的孟加拉人、沿海地区居民、因纽特人、撒哈拉以南地区的人的生存困境都没有引起加拿大人的关注，这些鸭子的困境又如何能引起人们的情感共鸣？"（Longfellow，2018）

三 荒诞效仿：《应声虫："这不是北极熊的事"》（2013）

比尔曼和朗费罗试图为我们这个时代构建后自然景观，洞察遭到破坏的这些地点的性别角色、人类劳动以及人类与非人类生命。相比之下，"应声虫"的激进主义艺术作品往往更具体、更有针对性，且更能揭示媒体报道大型工业项目时所掩盖的秘密。"应声虫"激进主义艺术作品在当代艺术界广为人知，在国际艺术展览中也频频展出，通过激进主义艺术渠道公之于众的更加常见。他们的作品还多见于大学中的媒体、艺术与传播系。美国"应声虫"组织的两个主要成员是实验小说作者雅克·瑟文（Jacques Servin）和纽约伦斯勒理工学院媒体艺术系副教授伊戈尔·瓦莫斯（Igor Vamos）。他们制作的两部电影分别为《应声虫》（*The Yes Men*，2003）和《应声虫修理世界》（*The Yes Men Fix the World*，2009）。他们在这些电影和其他的艺术表演中经常扮演在他们看来不诚实的公司或政府领导。这些领导经常以欺骗的方式推进他们所服务的公司或政府部门的工作。"应声虫"成员还经常创建虚假网站，嘲弄或颠覆他们所瞄准的各种公司精心营建的公众形象。2012年，"应声虫"与绿色和平组织及"占领西雅图"（Occupy Seattle）运动的成员合作，在他们新建的网站（www.arcticready.com）上专门讨论与壳牌石油公司（Shell）在北极圈的石油钻探活动有关的问题。他们还在其电影《应声虫："这不是北极熊的事"》（2013）中展示了精心策划的节目以及作为壳牌石油公司合作对象的俄罗斯天然气工业股份有限公司的虚假公关活动。他们表演的内容包括占领阿姆斯特丹的一艘驳船，船上有一只显然被打了麻醉药的北极熊、一个俄罗斯超级童星，还有一支穿过城市运河来到动物园的乐队；动物园里的艺术家打扮成公司主管的样子，假装把打了麻醉药的北极熊作为赠品发放。"应声虫"的作品集中展现了石油公司试图愚弄公众、以不同的腔调滔滔不绝地谈论石油等令人反感的行为。俄罗斯天然气工业股份有限公司和壳牌石油公司措辞严谨的公关宣传让人觉得，他们不应为我们生态系统的崩溃负责，可以相信他们能够在北极地区安全地钻探石油，而不破坏北极地区的环境，不会降低该地区人类和非人类生命的生存质量，石油钻探也不会加快气候变化，不会导致冰川融化。由于北极变暖的速度已超过地球其他地区的两倍，石油公司的这些说辞引起了全球反应，也正因为如此，石油开采已经演变成全球范围内的正义问题，这是因为北极的未来对于未来的地球是否适合人类和非人类生命生存至关重要。这也解释了为什么苏翰卡·班纳吉（Subhankar Banerjee）的重要著作《北极之声》（*Arctic Voices*）能够借助其副标题"引爆点的抵抗"，凸显该问题在北极地区的严重性。"应声虫"激进主义艺术家犀利地再现了俄罗斯天然气工业股份有限公司刻薄的公关形象。他们表演中的打了麻醉药的北极熊赠品暗示气候变化，表达了他们对气候变化的关注。石油公司投放北极熊赠品，目的在于哄骗观众，让观众相信俄罗斯天然气工业股份有限公司和壳牌石油公司的公关活动是他们关心北极熊困境、关心全球变暖而做出的努力。

193

结　语

这三个艺术行为的目的都在于让人思考生活在充斥隐秘行为的时代意

味着什么，思考石油公司是如何借助媒体宣传建构隐蔽的权利结构的。事实上，这些宣传已经成功地掩盖了世界上面积最大、最不堪入目的资源开采与加工场地。他们还关注这个行业对深受气候变化之害的人类和非人类生命造成的影响。此外，"应声虫"艺术家的行为表演凸显了石油公司公关部门的粉饰行为对公众的欺骗，得以让观众深入了解气候变化与石油工业之间复杂的关系。

在人人都追求速效的今天，气候变化相对缓慢的进程及其开放特性反而成了障碍，阻碍人们行动起来审视局势的严峻性，也阻碍人们从不同的角度去思考其长远后果。气候变化投射未来，但缺乏一目了然的终极结果，加之其复杂的时间特性，使得艺术家很难有效地展现这一问题。

这些艺术家的贡献在于试图促使人们就何时何地气候会发生变化形成一致的看法，让人们意识到人类对化石燃料的依赖已经导致地球生态发生巨大变化。正因为如此，比尔曼等艺术家专注于展现发生在远离城市的偏远地区的原住民身上的事情，因为大城市里的人难以体察气候变化，但在贫穷的欠发达的偏远地区，气候变化带来的灾难显得更加突出。本章以及其他相关研究的任务就是要展示关于全球变暖和环境问题的复杂现象。由于没有气候变化叙事中经常涉及的冰川崩塌和忧伤的北极熊等视觉图像，也没有电影《后天》（*The Day after Tomorrow*，2004）所刻画的灾难场景，我希望这些艺术家审视气候变化问题的新视角，能有助于我们理解人类进入人类世之后针对"地球末日"的地球物理学意义上的恐惧。针对其他问题，比如谁是人类世的原住民，以及如何呈现这个时代多范围、多时段的关联或者说相互关联？这些艺术家讲述了不同的故事，让我们意识到我们整个的思维方式和存在方式正经历翻天覆地的变革。如果我们能把自己归为"我们"中的一分子，为人类世负责，这项工作就是必要的。

参考文献

Amrith, Sunil S. 2013. "The Bay of Bengal, in Peril from Climate Change." *New York Times*, 13 October 2013. http：//www. nytimes. com/2013/10/14/opinion/the - bay - of - bengal-in-peril-from-climate-change. html? pagewanted = all&_ r = 0.

Armatage, Kay, Kass Banning, Brenda Longfellow, and Janine Marchessault (ed). 1999. *Gendering the Nation: Canadian Women's Cinema*. Toronto：University of Toronto Press.

Banerjee, Subhankar (ed). 2013. *Arctic Voices: Resistance at the Tipping Point*. New York：Seven Stories Press.

Biemann, Ursula. 2008. *Mission Reports: Artistic Practice in the Field, Video Works 1998- 2008*. Umeå：Bildmuseet, Umeå University.

Bloom, Lisa. 1993. *Gender on Ice: American Ideologies of Polar Expeditions*. Minneapolis：University of Minnesota Press.

Bloom, Lisa. Forthcoming, 2018. *Polar Art in The Anthropocene: Gender, Race, and Climate Change*. Durham：Duke University Press.

Bloom, Lisa, and Elena Glasberg. 2012. "Disappearing Ice and Missing Data：Visual Culture of the Polar Regions and Global Warming." In *Far Fields：Digital Culture, Climate Change, and the Poles*, ed. Andrea Polli, and Jane Marsching. Bristol：Intellect Press.

Bloom, Lisa, Elena Glasberg, and Laura Kay. 2008. "Introduction to Special Issue, Gender on Ice：Feminist Approaches to the Arctic and Antarctic." *The Scholar and the Feminist* 7. Available at http：//www. barnard. edu/sfonline/ice/intro_ 01. htm.

Heise, Ursula. 2008. *Sense of Place and Sense of Planet: The Environmental Imagination of the Global*. Oxford：Oxford University Press.

LeMenager, Stephanie. 2014. *Living Oil: Petroleum Culture in the American Century*. New York：Oxford University Press.

Longfellow, Brenda. 2013. *OFFSHORE: Extreme Oil and the Disappearing Future. Public*：*Art/Culture/Ideas* 48：95-104.

Longfellow, Brenda. 2018. "Extreme Oil and the Perils of Cinematic Practice." In *Petrocultures：Oil, Energy, Culture*, ed. Sheena Wilson, Adam Carlson and Imre Szeman. Montreal：McGill-Queen's University Press.

Parenti, Christian. 2011. *Tropic of Chaos: Climate Change and the New Geography of Violence*. New York：Nation Books.

195

第十二章
冰岛未来：北极之梦与地理危机

安-苏菲·尼尔森·格里莫德[*]

在冰岛仍然可以看到 2008 年全球金融危机的影响，接下来其他领域的危机引发了人们关于该国未来的激烈讨论。经济危机之后，冰岛官方提出几个倡议，目的是寻求冰岛与北极地区其他区域的联系。北极地区日益受到国际社会关注，原因在于不少组织试图开发并控制该地区宝贵的资源，但与此同时，该地区气候变化引起的环境问题也受到了越来越多的关注。北极地区已成为冰岛政府政治言论以及冰岛前总统奥拉维尔·拉格纳尔·格里姆松（Ólafur Ragnar Grímsson，1996-2016）言论中表达危机管理关切的一个领域。最值得注意的是，格里姆松最近的一次讲话概括了冰岛在北极未来的发展机遇："几个世纪以来一直处于孤立状态，作为独立国家第一个十年期间又深受冷战枷锁束缚，今天的冰岛已在新北地区合作项目中成为备受推崇的合作伙伴。……新时代来临之际，我们经历银行破产危机后重新站了起来，这对于小国家来讲是一个福音，我们将迎来踏上新征程的

* 安-苏菲·尼尔森·格里莫德（Ann-Sofie Nielsen Gremaud），丹麦哥本哈根市哥本哈根大学。本章为嘉士伯基金会（Carlsberg Foundation）资助的"丹麦与新北大西洋"项目的阶段性研究成果。刘风山（译）聊城大学外国语学院英语语言文学教授。原文："Icelandic Futures：Arctic Dreams and Geographies of Crisis," pp. 197-213。

机会。"（Grímsson，2014）2015 年，格里姆松总统在西北欧理事会（West   198
Nordic Council）成立 30 周年庆典上的演讲中强调了冰岛在该地区的优势位
置，并指出环境历史与环境政治是北极地区的遗产："汇聚于我们身上的先
辈的经验与智慧。"（Grímsson，2015）

　　无论是在冰岛还是在其他地方，"北极地区"成为全球气候变化和地缘
政治叙事的载体，也成为探讨身份认同问题的重要场景。冰岛的发展揭示
了北极地区成为愿景、希望及恐惧投射区域及空间的相对性。与高北地区
有关的现有的所有联系正对冰岛官方建构的国家形象产生影响，反过来非
官方反应又为讨论这一形象及其意义提供了语境。本章通过分析视觉艺术
及公众的未来愿景，对北极地区环境的未来做出展望。为此，我提出了以下
几个问题：当代冰岛的视觉与文本资料描绘了什么样的地理风貌以及什么样
的生态？今天的和未来的生态被描述为对过去的延续还是与过去决裂？聚焦
于什么样的地域层级？本地的、区域性的、全球性的，还是宇宙层面的？这
些艺术作品又指出当前有关北极未来发展的战略中存在什么样的陷阱？

　　冰岛的主要问题在于是否把自然资源管理当作未来社会发展的基础。
艺术可以是环境理论的实验室，因为艺术能够通过有效干预或者借用符号
学分析，为支配性意识形态模式提供另外的选择。政治艺术和批判艺术属
于有创造力的领域，有新的视角，一定程度上能够取代冰岛公共批评话语，
代之以政治对话以及在冰岛社会中生存艰难的批判性新闻报道。有关官方
经济和环境政策讨论的批评话语多见于冰岛经济崩溃前十年间以及之后出
现的艺术作品中。在有关自然界的矛盾态度中所看到的本质不同的利益及
愿景，揭示了官方环境叙事本身存在的矛盾，也预示着北极地区的发展将
要遇到的挑战。

　　冰岛所谓的"危机"（冰岛语是 Hrunið）后果仍然影响决策制定、未来
话语及有关历史的看法。当前关于自然未来角色及自然资源的争论，同有
关经济、文化、环境危机的阐释交织在一起，而经济危机带来的不确定性   199
把当前的几个议题提上日程。2008 年全球金融危机爆发前和爆发后的几年

当中，环境政策问题成了学术研究、艺术评论及政治辩论的常见话题。冰岛的政治领导人将冰岛发展定位在北极区域，并在这个区域内构建未来愿景，而许多艺术家则将注意力集中在尚未解决的全球及国家问题上面。冰岛的环境政策看起来受制于以物质积累与物质消费为基础、催生自然资源实用主义观念的价值体系，然而许多艺术品关注生态批评，从而催生了一个和皮尔斯·斯蒂芬斯（Piers Stephens）的环境哲学相一致的生态观念。皮尔斯·斯蒂芬斯主张人类中心主义，"认为人类的角色是一个多边代理，而不仅是消费者"（Stephens，2000）。他还强调西方世界应该承担环境责任。

艺术有能力开辟有颠覆潜能的空间，而且与大多数政治话语不同，艺术还能够保持其批判立场。在人们主要被视为消费者的语境中，艺术家对这种情况进行批判并尝试构建人类社会与自然之间的替代关系也就不足为奇了。在单一国家和全球框架内，冰岛人寻求的是未来发展的可持续性及其相关问题的解决办法。冰岛艺术家阿斯蒙德·阿斯蒙德松（Ásmundur Ásmundsson）的《进入苍穹》（*Into the Firmament*，2005）就展现了这些地域层级的关联性。由油桶和水泥组成的高高的金字塔状的装置，在冰岛经济最乐观、投资情况最佳的时期，曾在冰岛的公共场合短暂地展出过一段时间。建筑本身及其标题都清晰地指向通天塔（Tower of Babel）神话，装满水泥的油桶象征已经达到了极限。阿斯蒙德松 2009 年的作品《洞》（*Hole*）是其 2006 年在维迪（Viðey）岛艺术表演的改版，可以视为另外一个耻辱柱。作品设定在最近危机的政治语境中，从雷克雅未克来的孩子接受邀请，在填满水泥的地上挖洞；后来浇筑的水泥钢筋雕塑长、宽、高都是 2 米，象征未来几代人将要继承并想办法摆脱的经济深渊。

本章中提到的官方信息和艺术作品涉及不同的地域层级，从本地环境或国家层级，到全球和星球层级，一方面聚焦环境问题，另一方面聚焦全球化、市场经济和地缘政治网络，反映的是对不同议题、不同希望、不同恐惧关注程度的变化。这些艺术作品直接或间接地论及官方战略中潜在的环境风险，讨论北极地区的地理建构以及该地区的石油、鱼类、水电等自然资源所扮演的角色。谈判、再谈判等过程关涉前丹麦殖民地的身份认同等理念。这些前殖民地仍然要在全球框架内围绕基本价值观进行谈判。2013年初，法罗群岛外交事务办公室（Faroese Office of Foreign Service）提出了一项北极战略，标题是"法罗群岛：北极地区的一个国家"，这个标题本身就传达了一个非常明确的信息。冰岛外交政策的一个关键问题就如 2013 年的政府政策声明所说的那样，是将国家定位为未来北极地区的"领导力量"（Declaration of Policy，Utanríkismál：11）。

　　冰岛独立运动对冰岛国内、国际政策的影响延续至今。在国家集体内部和外部之间划一条界限，目的是在战略上强调统一民族和土地之间的密切联系。有人指出，资源控制权分配是早期政治结构的遗产，从冰岛还在丹麦王国版图上的时代就有，甚至从酋长时代就已经出现，那时候权力掌握在为数不多的精英手中，那种局势导致政府部门任人唯亲成为常态（Erlingsdóttir，2009；Hafstein，2011）。历史学家古姆蒙多尔·赫亚普纳森（Guðmundur Hálfdanarson）曾提到统一民族神话的永久性这个概念（Hálfdanarson，2000）。为了庆祝议会通过北极政策，时任冰岛总统奥拉维尔·拉格纳·格里姆松在 2014 年的新年致辞最后提到了后种族隔离时代的南非："我们冰岛也有自己的智慧宝藏、自己的历史经验，在我们前进时为我们服务，使我们从近年来的冲突转向永久的团结。"（Grímsson，2014）他的演讲谨慎地把统一的国家作为反对殖民暴力的手段，与 2008 年后的危机联系起来。用和解代替内部分裂，失去金钱并对国家政治制度失去信任的冰岛人的愤怒和批评成了国家集体面临的普遍又抽象的问题。随着问题的根源及其解决办法融入一个无形的集体领域，责任问题也将被并入这个领域。

　　因此，对北极地区新的关注，包括与格陵兰岛的关系，有助于把主动 201
行动和统一的冰岛变成世界关注的中心。世界的关注让它摆脱了困境，制止了种族隔离一样的内部分裂，最终避免了冰岛前总统所说的阻碍冰岛成长的内部不信任状况。有人可能会质疑，支持赫亚普纳森统一民族神话论的历史观能否终止人们对危机的批评？

一 高北地区和作为北欧人的重要意义

关于高北地区（北部高纬度地区）或者说北极地区的论述被贴上了各种各样的标签，包括"北极性""北方现实主义""北方主义"（norientalism）等。历史学家苏马利迪·埃斯雷弗松（Sumarliði Ísleifsson）梳理了流传已久的有关高北地区的传统观念（Ísleifsson，2011），我借用了其中的"乌托邦北方""原始北方""富足北方"等概念，在分析北极冰岛的论述中用以指代特别的意义。埃斯雷弗松梳理了最近几百年间该地区的发展状况，以及其间斯堪的纳维亚半岛北部国家缘何被称为"远北地区"或者"高北地区"。从 18 世纪初期开始，高北地区与经常被视作文明中心的地域的联系日益频繁，但这些地方位于这个中心的"边缘"（Ísleifsson，2011：15）。启蒙运动时期以及 19 世纪国家浪漫主义时期的话语建构强化了日耳曼远北地区的冰岛及法罗群岛同原住民萨米人（Sámi）聚居区及格陵兰岛之间的界限（Ísleifsson，2011：16），但这一逻辑正遭到当今北冰洋地区建构的挑战。

冰岛形象的浪漫主义传统将冰岛同乌托邦北方（与自然保持平衡）和原始北方（保持过去的生活方式，传承北欧文化）联系起来。这一传统在国家浪漫主义经典人物的诗歌或其他文本中得以再现。这些人物包括作家 N. F. S. 格伦特维格（N. F. S. Grundtvig）、亚当·奥伦施瓦格（Adam Oehlenschläger）以及政治家欧尔·莱曼（Orla Lehmann），他们将冰岛描述为"活着的古董，会说话的过去生活"（Ísleifsson，2011：524）。

理想化的文化纯粹思想与原始的乌托邦北方观念密切相关，这导致冰岛一直保持着同过去传统的联系，特别是保持着同古斯堪的纳维亚（Old Norse）传统的联系（Gremaud，2014a）。20 世纪初，冰岛城市化进程加快，影响了该国的品牌战略，这一点在 1939 年纽约世界博览会（New York World Fair）上表现得极为明显。"明天的世界"显然聚焦未来。埃斯雷弗松在描述第三个传统观念（Ísleifsson，2011），即"富足北方"这个概念时，谈到了编年史家不来梅的亚当（Adam of Bremen，1040-1081）。不来梅的亚当这样描绘北方的这片土地："黄金、宝石遍地都是，这里的居民关于财富的理解十分朴素。"（Ísleifsson，2011：13）今天北方地区资源丰富这个观念在全球抢夺北极地区地下资源的竞争中得到了很好的体现。富足北方一方面可能与高北地区的资源开采相关，另一方面又与斯堪的纳维亚半岛享有特权的北欧国家有关（The Economist，2013）。当前的品牌战略和官方声明在战略上摇摆于原始乌托邦北方刻板的浪漫主义观念与形成中的北极冰岛富足北方这个观念之间。北方观念及其具体体现同国家建设进程相关概念，进而又同试图在地缘政治体系中获得有利位置的相关政治观念及权力游戏之间形成了互惠关系。在冰岛及其周边地区以政治、文化历史为主流的国家叙事中，两个主要的时间轴奠定了基础：一个是具有原创性的纵向民族中心轴，另一个是横向的发展进程轴。这两个时间轴以及关于北方地区的传统观念影响着当今关于自然资源的论述，也影响着有关冰岛在北极地区要扮演角色之政治愿景的论述。

自 20 世纪中叶以来，冰岛社会经历了巨大的经济变革，首先是一个发展中国家，还曾是丹麦的附属国，2008 年毁灭性的全球金融危机爆发之前却因为其大胆的投资计划而引起全球关注。受到强大的民族主义、欧洲中心主义和工业化潮流的影响，置身具有隐蔽性的殖民主义文化之中，冰岛今天的政策表述发生了变化，国家的建设进程也极大地影响了自然的象征价值（Gremaud，2014a）。最近一段时间，关于自然资源的一些观点越来越受到人类世理论的影响，针对优先权及责任问题不可避免地会引发冲突。同样，一些艺术家开始批判占主导地位的资本主义和新自由主义（neo-liberal）观点，把这些观点看作国家建设进程叙事的延伸。

针对高北地区（新出现的）明确的身份认同，围绕是否站在帝国主义双重身份"正确的一边"这个历史性的权利问题也出现了一些争议。从历史的角度来看，日耳曼北部地区和因纽特文化之间的差异已经影响到了冰岛和它北极邻居格陵兰之间的区域性关系。根据埃斯雷弗松的研究，拉近

203

高北地区的部分国家同欧洲的关系，但同时又疏离其他国家的等级范畴，也影响了冰岛的自我呈现，尤其是 20 世纪初以来，"冰岛人已把这一形象（日耳曼高北地区）铭记于心，这是一个带有优越性和种族主义特征的形象，1944 年冰岛独立前后的几十年里，这已经变成冰岛人的自我形象"（Ísleifsson，2009：154）。文明世界可见边界之间存在的与隐蔽殖民有关的矛盾和不安全感（Gremaud，2014a），致使冰岛与原始远北地区的国家保持距离。众所周知，1905 年哥本哈根殖民展中把冰岛与"黑人和因纽特人"放在一起所引发的争议清晰地证明了这一点（Jóhannsson，2003）。此外，赫亚普纳森指出 1911 年围绕在冰岛建立大学而展开的讨论的焦点，是想巩固冰岛和其他国家一样作为文明社会的身份（然而，直到 1944 年，冰岛才宣布成为独立的共和国）。冰岛通过议会辩论，最终离开了被称为"野蛮人社会"的大西洋群岛组织（Society of Atlantic Islands）（Hálfdanarson，2011：301），似乎摆脱了否定性的地区身份。冰岛当前的政策旨在将自身定位为地区的领导者，反映了人们对北极地区潜能的认可，迈出远离自我异化（self-exotification）具有战略意义的一步（参见 Schram，2009），其中含有一种最近的商业视觉文化大力推崇的言不由衷的战略本质主义。因此，对于冰岛来说，北极地区已经成为一个重新定义其地缘政治地位的新场地，冰岛也逐渐抛弃了它在欧洲语境中作为局外人的国家立场。政治学者瓦卢尔·英吉蒙达森（Valur Ingimundarson）指出，"实际上，北极地区的权力博弈是身份政治的博弈，关乎排斥和包容的问题，由此，不同的国家和组织依据权利和合法性被划分为局内和局外两类"（Ingimundarson，2011：189）。这其实是冰岛摆脱其身份不明的地缘政治位置，转而寻求平等与认同的关键一步。

二　（北极）冰岛：品牌纯度

如前文所述，相互交织的两个政治领域构成了冰岛当前环境与地缘政治话语的重要语境：北极地区建构与经济危机后续。在应对国家危机的过程中，人们见证了北极冰岛的形成。关于未受破坏的北部荒原这一古老观念，冰岛在其品牌战略以及有关自然与社会未来关系的政治与企业愿景的论述中都有提及。冰岛由于与原始北方的联系，已被划在"卓越北方"或"超级北方"（super-North）的北极框架之内。2013年组阁的冰岛政府提出撤回加入欧盟的申请，反映了冰岛长期以来对欧元的怀疑。到2014年冰岛与欧盟的谈判暂停时，北极地区已经成为国际外交政策的焦点区域。

冰岛官方的北极战略是对政治、环境变化的回应，而关于这种地缘政治定位游戏的信息在各种论述的多个层面都有所指涉。冰岛外交部2009年报告的引言部分把冰岛定义为"全部国土都位于北极圈内的唯一主权国家"（Arctic Report/Iceland in the Arctic，7）。几年前，外交部在主题为"破冰"的会议上发布了一份报告。这份报告开篇的一句话暗示了冰岛试图传达的概念："我们，居住在北极地区。"（Icelandic Government，2007：1）报告的封面上画着一艘北欧海盗船，船上的海盗举着武器。这幅画表达的是冰岛人的扩张征战叙事，把冰岛人刻画成北极地区海洋空间的活跃力量，不断开拓该地区的海上航线。冰岛前首相（2013~2016）、进步党领袖西格蒙杜尔·戴维·贡劳格松（Sigmundur Davíð Gunnlaugsson）最近进一步表达了这种乐观愿景，将未来的冰岛定位为北极的优势区域。贡劳格松提到了劳伦斯·C.史密斯（Laurence C. Smith）的著作《2050年的世界：塑造北方文明未来的四种力量》（The World in 2050: Four Forces Shaping Civilization's Northern Future，2011），其中充分讨论了气候变化问题："冰岛是未来的八个国家之一。值得注意的是，北极地区为石油、天然气和其他原材料的船运路线开辟提供了许多机会，尤其为粮食生产提供了机遇。"（参见冰岛进步党网站，作者译）

摄影师莱格纳·阿克塞尔松（Ragnar Axelsson）在他的摄影集《北极地区的最后几天》（Last Days of the Arctic）（Axelsson and Nuttall，2010）中展示了这一愿景的另一面。在北极冰岛的政治愿景中，环境保护并不是资源开发的对立面；相反，他的照片告诉我们北极地区是一个大家要为人为因

205

素导致的气候变化付出代价的地方。通过聚焦因纽特文化，阿克塞尔松将人类刻画为正在消失的生态系统的一（小）部分，北极地区成为记忆人类过去的地方。在《北极地区的最后几天》的序言中，人类学家马克·纳托尔描述了原住民的时间是如何被刻画成静止不动的，指出北极地区是一个人类可以重新发现自己几十年前足迹的地方（Axelsson and Nuttall, 2010：14）。这些黑白照片表达的是一种永恒的概念，与过去关联，而在冰川融化后人们所意识到的转变使得这些照片成为见证北极地区正处于不可逆转的变化临界点上的有形陈述。阿克塞尔松压低的镜头视角、对比及光/影效果的运用，赋予山脉和猎人永恒的意义，使照片具有神话般的色彩。照片布局及其主题告诉我们，在北极地区，人类在大自然支配下生活。在阿克塞尔松的照片中，冰作为冰岛战略中纯洁的象征，既是照片的背景，又是正在镜头中消失的景观。

"冰岛之爱公司"（The Icelandic Love Corporation）也把高北地区刻画成融合了乌托邦与反乌托邦特征的梦幻之地。其 2007 年的艺术作品《王朝》（Dynasty）（视频和照片）中展示的是瓦恩斯菲尔（Vatnsfell）水电站附近的一场演出。这场演出所揭示的主题是，气候变化提供了探讨人类未来生活条件的区域性宏观语境。高北地区成为后气候变化背景中建构未来人类与自然如何接触的地方。在演出中，身穿毛皮大衣的女人掩埋她们的珠宝和手机，象征物质上的奢华变得多余。这反映了人们对未来的展望，未来世界的冰雪迅速消失，高北地区将成为世界上仅有的一个清凉的地方。两个时间在此中碰撞，体现了这部作品的批判潜能，视频节奏缓慢，聚焦女人们在冰雪覆盖的背景中做的单调工作：狩猎、钓鱼、弹吉他。同时，迅速的气候变化又让这个地方成为人人向往的圣地。

206　　　在国有企业和旅游行业所运用的品牌战略中，官方声明都将冰岛能源部门及整个国家的品牌形象同纯洁联系起来。这些领域所关注的是国家形象，将自然界定义为能源资源，而文字表述和图像则反映了这些领域以人类为中心的价值体系。这在 2013 年冰岛政府的第一个政治项目中就有所体现——"自然是该国的主要资源"，而且"可再生纯洁能源"既利于出口，又利于构建"强大的国家形象"（Declaration of Policy，Umhverfismál）。

冰岛最大的能源供应商雷克雅未克能源公司（Orkuveita Reykjavíkur）官方网站显示，纯洁是核心隐含价值。该网站上传了一部名为《纯净自然》（*Pure Nature*）的短片，宣传该公司的环境政策，1999 年在美国推出，2006 年在欧洲推出。为食品生产商和旅游行业服务的官方品牌门户网站"冰岛自然"（Iceland Naturally）呈现的是冰岛相同的形象。网站的文字显示，冰"是我们纯净用水之源，象征冰岛所有的产品都是纯洁的。事实上，自然是我们的品牌，冰岛愿意担当责任，保护这一自然财富"（Iceland Naturally，2013）。"冰岛自然"网站的特色是强调纯洁观念，所传达信息同政府新的环境政策关注的焦点不同："政府会尽可能地促进潜在石油和天然气资源的利用，如果发现储量充足，将尽快开采。"（Declaration of Policy，Olía og gas）然而，这两种说法都是针对自然资源开采的乐观论述，某种程度上维护了纯洁工业的形象（Gremaud，2014b）。"冰岛自然"和雷克雅未克能源公司推出的品牌宣传话语与视频，共同强调纯洁、能源生产、国家形象三位一体，这又直接或间接地在旅游、品牌宣传、设计、政府政策等话语表述以及外界关于冰岛的描述中得到证实。2008 年的报告还倡议冰岛内部应强化共识，"保护国家形象，提供正确的信息是国家的集体任务"（Branding Report / Iceland's Image，2008：14）。地理学家爱德华·哈伊本斯（Edward Huijbens）指出，创作具有积极意义的故事，将艺术作品作为服务市场营销战略的艺术家也应参与这一过程（Huijbens，2011：564）。他在评价政府报告时指出，"景观神话中充斥着权利与纯洁，并被转移到居民身上"（Huijbens，2011：570）。在冰岛视觉文化中可以找到这样的论述，自 19 世纪国家浪漫主义运动以来，未受破坏的景观一直是很受欢迎的话题。因此，淳朴、纯洁、原始的自然概念一直与国家建设及国家品牌的自然化部分密切相关。然而，也有艺术作品对看似无害的三位一体论述提出了质疑，将水力发电和铝加工业刻画为冰岛野生自然状态的主要破坏者。艺术家、山地向导奥斯卡·维亚姆斯多特

（Ósk Vilhjálmsdóttir）谈到了能源部门资源开采的后果。在她的《卡拉纽卡项目》（*Kárahnjúkar Project*，2002–2006）中有一组照片，显示的是她在大坝建成前和一块巨大的脸型岩石吻别，洪水淹没了山谷。她的壁画作品《沙斯兰》（*Scheissland*，2005）表达了她对卡拉纽卡水电站的批判，并表现了语言干预纯洁冰岛自然概念导致的负面影响。这幅壁画最初在德国展出，配以德语的讽刺文字，其中宣传冰岛原始乌托邦荒野状态的许多字眼都用"Scheisse"（污垢/大便）做前缀。

208   艺术家兼政治家赫林诺·霍尔森（Hlynur Hallsson）创作的艺术作品挑战了工业行业所宣传的资源开发无害的论述中有关富足北方观念的自然化论调。与美国铝业公司将自己描述为环境无害公司的品牌宣传不同，霍尔森在阿库雷小镇创作的壁画作品《污泥》（*Drulla Scheisse-Mud*，2007）中用冰岛语、德语、英语三种语言写着"感谢所有的铝"。用三种语言标示这件艺术作品，是用语言反映与资源开发纠缠在一起的不同层次的经济利益和政策。在冰岛消费高峰期，这件作品变成了公共空间的一部分。它显然是以嘲讽的口吻讽刺冰岛在跨国工业行业中所扮演的东道主角色。这样看来，维亚姆斯多特和霍尔森的作品对当前和未来环境政策中国家愿景提出了尖锐批评，并指出了这些政策的具体后果。它们对那些将水力发电解释为对环境无害且清洁的模式化论调提出挑战；它们发出了不受欢迎的信息，即乌托邦富足北方的政治愿景的影响绝不仅是单纯的幻想。

结　语

在冰岛政府目前的政策中，北极地区作为主要的活动区域享有优先地位。在这个区域，冰岛可以将自己定义为地缘政治的代理者。北极地区既有变化迅速的关于地缘政治结构的权力游戏，又有生态建构投射出的权力游戏。人们通过未来建构的框架可以看到艺术、品牌宣传及政治领域对冰岛动荡政治的回应。它们所涉及的领域和话题各不相同，但在沟通交流和场景设置方面都是相互联系的。在官方政策中，北极地区的资源开采和极地冰雪融化都是让未来成为可能的因素，而且环境政策似乎从属于经济政策。当前，北极地区被描绘成新的全球中心，同时也是前沿地区。在有关北极行动的谈判中，重要的一点是要意识到国家品牌、国家声明、国家论述及国家形象都可能是烟幕弹，会将人们的注意力从实际的风险行动上移开。尽管有关于国际合作和共同挑战的各种声明，但北极地区俨然是关涉经济利益及国家建设的空间。这里讨论的艺术作品指出了我所说的冰岛纯洁、无害能源生产、国家形象三位一体观念中的缺陷（Gremaud，2014b）。冰岛官方有关品牌宣传、政治和能源部门的论述支撑国家项目的自然性，同时又将自然资源的开采利用自然化。

以旅游业和出口为基础的经济体系宣扬的国家形象，通常与原始富足乌托邦北方的传统观念以及关注资源开发和气候变化带来的国家经济利益的政治举措密切相关。得益于其独特的国家形象，几个世纪以来，人们一直把冰岛同原始北方地区和原始的荒野联系在一起，这一传统可能会转移人们的注意力，掩盖其剥削行为。这里讨论的艺术作品聚焦国家与全球层面的问题，间接地指出了有关北极地区未来的政策中潜在的生态风险。然而，这些艺术家和其他评论家所关注的仅仅是以消费、渔业和旅游为基础的经济中的一小部分。冰岛官方的品牌战略话语及北极地区政策，虽然略不正规，但可以借助玛丽·露易丝·普拉特（Mary Louise Pratt）的术语"反占领"（anti-conquest）来理解。这一战略会使之看上去毫无恶意，免受批评，从而能够实现其所期望的霸权或目标（参见 Pratt，1992）。冰岛总统甚至在 2005 年就明确指出了这一潜在可能："没有人害怕与我们合作；人们甚至认为我们是迷人的怪人，不会造成任何伤害，因此，我们到达时，所有的大门都敞开了。"（Grímsson，2005：5）该战略是借助冰岛内外的文化意识中有关北方的传统印象而得以实现的。因此，上述艺术作品的批评成为解构反征服叙事的尝试。

209

在冰岛，关于北极地区乐观精神的论述是一种未来建构，关乎应对危机所采取的政治行动而引起的冲突，关乎消解个别官员的责任，也关乎化解冰岛人个体的愤怒与焦虑，从而使这种愤怒与焦虑上升到民族层面的抽象创伤，通过近似顺从的团结一致得到抚慰。北极地区是探讨全球及国家问题的梦幻之地，但官方论述中关于自然的概念框架仍然集中在对自然界的利用上。环保主义者阿尔纳·内斯曾建议当地行动者应对生命形式的价值保持敏感，并指出国家是最佳环境保护责任的担当者（Naess, 1973: 98；参见本书"极地英雄的进步：弗里德乔夫·南森、精神性与环境史"一章）。与之不同，对我而言，利用自然的经济利益与国际市场上国家之间的竞争密切相关，这对内斯提出的敏感性构成了严重威胁。这个问题在本章提及的官方声明中均有体现，尤其是在该届政府的政策宣言中体现得更加明显（Declaration of Policy, Umhverfismál）。讨论国家环境政策的那一章结论是，国家层面上的环境保护和自然利用是一个硬币的两面。利用自然资源的可持续性问题又涉及国际社会，资源的管理和利用再次成为国家关注的问题，环境责任却主要是国际问题，这就是霍尔森的作品《污泥》所提到的"分裂"。

本章中提到的艺术作品审视了把冰岛的纯洁性同北极地区政策关联起来的反征服策略的自然化论述，同时也揭示了源于原始富足乌托邦北方等传统观念的国家态度。有些作品鼓励我们提出疑问，即危机话语是否支持紧急状态，是否对经济增长表示强烈关注，是否会为了提高冰岛的国际认可度而让冰岛决策者不去充分讨论其长期后果。涉及环境问题时，这些艺术家把他们的批评导向国家层面，因为国家责任是无法逃避的。这些艺术作品呼吁我们对价值体系及深层、浅层生态进行深入讨论，这对有关北极地区未来的对话至关重要。借助生态批评艺术，"北极冰岛"愿景的伦理维度表述得更加清晰。在一个全球性的、国际性的、地方性的框架内，聚焦高北地区的环境问题，会启动关于北极地区未来的更有成效的讨论，关注的应该是北极地区的自然环境而不是政治环境。

参考文献

Alcoa Inc. 2013. "Sustainable Development. " Alcoa Website. Accessed 16 Nov. http：// www. alcoa. com/iceland/en/info_ page/sustainable_ development. asp.

Axelsson, Ragnar, and Mark Nuttall. 2010. *Last Days of the Arctic*. Reykjavík：Crymogea.

Branding Report/Iceland's Image. 2013. http：//www. ferdamalastofa. is/static/files/upload/ files/ 200848103017imynd_ islands. pdf. Accessed 11 Oct 2013.

Danish Architecture Center. 2013. "Greenland-Head for the Centre of the World. " Danish Architecture Center website. Accessed 13 Nov. http：//www. dac. dk/da/dac – life/udstillinger/ 2013/groenland---saet-kurs-mod-verdens-centrum/.

Erlingsdóttir, Íris. 2009. "Changing Iceland's Culture. " *Iceland Review* 47 (4)：66-75.

Gremaud, Ann-Sofie. 2014a. "Iceland as Center and Periphery. Post-Colonial and crypto colonial perspectives. " In *The Post-Colonial North Atlantic: Iceland, Greenland, and the Faroe Islands*, eds. Lill-Ann Körber and Ebbe Volquardsen, 83 – 104. Vol. 20 of Beiträge zur Skandinavistik. Berlin：Nordeuropa-Institut der Humboldt-Universität.

Gremaud, Ann-Sofie. 2014b. "Power and Purity：Nature as Resource in a Troubled Society. " *Environmental Humanities* 5：77-100. http：//environmentalhumanities. org.

Grímsson, Ólafur Ragnar. 2005. "How to Succeed in Modern Business：Lessons from the Icelandic Voyage (speech), May 3. " Accessed 1 Apr 2014. http：//www. forseti. is/media/ files/05. 05. 03. walbrook. club. pdf.

Grímsson, Ólafur Ragnar. 2014. "New Year Address (speech), January 1. " Accessed 18 Jan 2014. http：//www. forseti. is/media/PDF/Aramotaavarp_ 2014_ enska. pdf.

Grímsson, Ólafur Ragnar. 2015. "The West Nordic dimension in the Global Arctic (speech), August 11. " Accessed 26 Aug 2015. http：//www. forseti. is/media/PDF/2015_ 08_ 11_ Faereyjar_ Vestnorraena_ enska. pdf.

Hafstein, Stefán Jón. 2011. "Rányrkjubú. " *Tímarit Máls og Menningar* 72 (3)：6-23.

Hálfdanarson, Guðmundur. 1999. " 'Hver á Sér Fegra Föðurland' Stada Náttúrunnar í Íslenskri Þjóðernisvitund. " *Skírnir* 173：304-336.

Hálfdanarson, Guðmundur. 2000. "Þingvellir：an Icelandic 'Lieu de Mémoire.'" *History and Memory* 12 (1)：4-29.

Hálfdanarson, Guðmundur. 2011. University of Iceland. "A Citizen of the *Respublica Scientiarum* Or a Nursery for the Nation. " In *National, Nordic or European?：Nineteenth-Century University Jubilees and Nordic Cooperation*, ed. Pieter Dhont, 285-312. Leiden：Brill.

211

Huijbens, Edward H. 2011. "Nation-Branding: A Critical Evaluation. Assessing the Image Building of Iceland" In *Iceland and Images of the North*, eds. Sumarliði Ísleifsson and Daniel Chartier, 553–582. Presses de l'Université du Québec.

"Iceland Naturally." Accessed 22 May, 2013. http: //www. icelandnaturally. com/nature/.

Icelandic Government. 2013. "Declaration of Policy." *Umhverfismál*. http: //www. stjornarrad. is/Stefnuyfirlysing/#umhverfi. Accessed 23 Sept 2016.

Icelandic Government. 2007. "Breaking the Ice: Arctic Development and Maritime Transportation, March 27–28 (schedule of conference proceedings)." *Akureyri: Iceland*. Accessed 10 Sept 2013. http: //www. utanrikisraduneyti. is/media/MFA _ pdf/Dagskra _ - _ Breaking _ the_ Ice. pdf.

Icelandic Government. 2009. "Iceland in the Arctic." Arctic report /Ísland á Norðurslóðum (website). Accessed 2 Mar 2014. http: //www. utanrikisraduneyti. is/media/Skyrslur/Skyrslan_ Island_ a_ nordurslodumm. pdf.

Icelandic Government. 2014a. Declaration of Policy/Stefnuyfirlýsing Ríkisstjórnar Framsóknarflokksins og Sjálfstæðisflokksins (website). Accessed 10 Mar. http: //www. stjornarrad. is/Stefnuyfirlysing/.

Icelandic Government. 2014b. "Norðurslóðir." Ministry for Foreign Affairs (website). Accessed 2 Mar. http: //www. utanrikisraduneyti. is/verkefni/althjoda-og-oryggismal/audlinda-og-umhverfismal/nordurslodir/.

Ingimundarson, Valur. 2011. "Territorial Discourses and Identity Politics. Iceland's Role in the Arctic." In *Arctic Security in an Age of Climate Change*, ed. James Kraska, 174–190. Cambridge: Cambridge University Press.

Ísleifsson, Sumarliði. 2011. "Introduction." In *Iceland and Images of the North*, eds. Sumarliði Ísleifsson and Daniel Chartier, 3–22. Presses de l'Université du Québec.

"Law on Environmental Protection *Altingi*." Accessed 21 Sept 2013. http: //www. althingi. is/altext/stjt/2013. 060. html, XII. 69–71 Web.

Lehmann, Orla. 1832. [Review] "Om de Danske Provindstalstænder Med Specielt Hensyn paa Island' af B. Einarsson." *Cand. jur. Kjøbh. Hos Reitzel*. 8. VI. 40 Sider. *Maanedskrift for Litteratur* 523–537.

Naess, Arne. 1973. "The Shallow and the Deep, Long-Range Ecology Movement. A Summary." *Inquiry: An Interdisciplinary Journal of Philosophy* 16 (1–4): 95–100.

Orkuveita Electricity (digital film). 2013. Orkuveita Reykjavíkur. Accessed 1 July. http: //fraedsla. or. is/Raforka/.

Pálsson, Gísli, Bronislaw Szerszynski, Sverker Sörlin, John Marks, Bernard Avril, Carole Crumley, Heide Hackmann, Poul Holm, John Ingram, Alan Kirman, Mercedes Pardo Buendía and Rifka Weehuizen. 2013. "Reconceptualizing the 'Anthropos' in the Anthropocene:

212

Integrating the Social Sciences and Humanities in Global Environmental Change Research. " In *Responding to the Challenges of Our Unstable Earth* (*RESCUE*), ed. Jill Jäger, special issue, *Environmental Science & Policy* 28: 3-13.

Pratt, Marie Louise. 1992. *Imperial Eyes: Travel Writing and Transculturation*. New York: Routledge.

Progressive Party Website. http: //www. framsokn. is/news/vegna-upphlaups-umloftslagsmal-og-matvaelaframleidslu/. Accessed 22 Feb 2016.

Schram, Kristinn. 2009. "The Wild Wild North: The Narrative Cultures of Image Construction in Media and Everyday Life. " In *Images of the North: Histories, Identities, Ideas*, ed. Sverrir Jakobsson, 249-260. Vol. 14 of Studia Imagologica.

Stephens, Piers H. G. 2000. "Nature, Purity, Ontology. " *Environmental Values* 9: 267-294.

"The Faroe Islands—a Nation in the Arctic. Opportunities and Challenges. " 2013. *Prime Minister's Office, the Foreign Service*. Accessed 8 Nov 2013. http: //www. mfa. fo/Files/Filer/fragreidingar/101871%20Foroyar%20eitt%20land%20%C3%AD%20Arktis%20UK. pdf.

"The Nordic Countries. The Next Supermodel. " 2013. *The Economist*, February 2.

Thorhallsson, Baldur, and Christian Rebhan. 2011. "Iceland's Economic Crash and Integration Takeoff: An End to EU Scepticism?" *Scandinavian Political Studies* 34 (1): 53-73.

"Trans-Arctic Agenda: Challenges of Development, Security, Cooperation. " 2013. Arctic Portal (website), March 15. Accessed 22 May 2013. http: //www. arcticportal. org/news/25-other-news/969-trans-arctic-agenda-challenges-of-development-security-cooperation.

213

第十三章
北极地区的女性主义与环保主义公共治理

伊娃-玛丽亚·斯文森[*]

北极理事会是十分重要的政府间组织之一，是为了应对人们对北极地区自然资源经济潜力日益增强的兴趣而成立的公共治理工具。自然资源开采可能会对气候变化以及该地区动物和人的生存条件产生严重影响。北极地区的公共治理涉及许多常常相互矛盾的利益关系，因此需要平衡国家及私营公司同生活在该地区的人及环境之间的利益关系。

关于如何保障当地居民的利益，我们有理由提出以下问题，即在制定国际合作议程时，妇女和原住民群体在管理中是否享有平等的待遇。因为这些政府间机构代表各自国家组织活动，我们有理由期望它们努力采取可行的措施，保障实现性别平等，促进可持续发展，这是世界各国根据其政治和法律承诺要承担的责任和义务。公共治理与行使权力的合法性，依赖性别平等、责任、透明度以及代表所有公民利益等民主观念。

在本章当中，我将重点讨论性别平等与一定范围内的可持续性问题，

---

* 伊娃-玛丽亚·斯文森（Eva-Maria Svensson），瑞典哥德堡大学经贸法律学院法律系。刘风山（译），聊城大学外国语学院英语语言文学教授。原文："Feminist and Environmentalist Public Governance in the Arctic," pp. 215-230。

以及北极地区公共治理是否认真考虑了这些问题。① 我将探讨、分析旨在实现性别平等及可持续性的政治、法律义务在北极地区公共治理过程中如何得以体现，尤其是北极理事会如何处理这些问题（要了解北极理事会的治理行为，参见 Nord，2016a，2016b）。公共治理展示或重现北极地区以及该地区居民利益的体现情况。通过分析治理行为及其表现，有可能揭示性别平等潜在的假定条件，以便对其进行评估，重构更加能够保证性别平等及生态可持续的治理形式。

一　概念与理论框架

"公共治理"（public governance）指的是公共机构治理行为中的行政与过程导向因素，这与执行政府政策的"公共行政"（public administration）概念是相同的，或者像"政府政策与项目组织以及对其行为负责的官员（通常是非选举产生的）的行为"（UN Economic and Social Council，2006）。公共治理概念包括隐性地和显性地行使权利。在研究北极地区公共治理与性别平等及生态关注等相关问题时，隐性层面尤其令人感兴趣。没有言语表述的往往和言语表述出来的东西一样重要。

公共治理在很大程度上是由政府间机构和跨政府机构、政府及非政府组织组成的机构或者私营或半私营公司组成的机构来组织实施的。北极地区的公共治理需要放在这样一种语境中进行考察。存在的风险是治理工作越来越多地由远离北极地区居民的行政机构来执行，这就会导致在透明度、参与度、审查机制及责任等方面出现问题（参见 Cassese，2005；Kingsbury et al.，2005；Reichel，2014）。公开渠道获取官方记录原则是关系透明度的重要指标，也是审查机制与责任的先决条件，而审查机制与责任是民主参

---

① 本章是国际跨学科比较研究项目 TUAQ 的一部分。项目参与人员包括来自法律、经济统计及政治学领域，在性别研究方面具有丰富经验的学者。该项目研究的重点是北极地区实现性别平等的公共机制。

与及代表广泛性的必要组成部分。然而，如果将公共治理转移到半公共机
217 构，涉及多个国家的机构组织时，比如在两性平等及可持续发展问题上有
义务及目标不同或相互对立国家所组成的机构，这种情况就会变得更加
复杂。

涉及公共治理中所呈现的北极地区，生态问题常常被当作诸如航运、
石油和天然气开采等经济行为的后果，包括这些活动对自然界和野生动物
的影响。经济活动被当作"自然活动"并没有受到质疑。研究北极地区公
共治理实施、建构和传播的方式，有助于更好地理解为什么性别平等和本
地居民的利益被视为次要的、反应性的问题，而不是主要的、前瞻性的问
题。上面提及的政治及法律义务揭示了这一点。

我的分析所采用的理论基础是法律研究的一个批评分支（Gunnarsson et
al.，2007；Gunnarsson and Svensson，2009），被称作性别（或女性主义）
法律研究，用以审视法律与政策的相互关系以及"书本上的法律"与"行
动中的法律"之间的关系。

按照该法律批评传统，法律不是中性的，而是权力行为的结果，因而
不应作为一个连贯系统来研究，也因为法律并非总是理性的（Lacey，1998：
5-12）。放在斯堪的纳维亚语境之中，该批评框架集中关注男女之间的权力
结构，尤其是同认知、身份或差异相对立的再分配问题（参见 Fraser，
1995）。聚焦再分配问题，同法律作为北欧国家社会变革的工具这一独特作
用有关。因此，法律与政策之间有着密切的联系，这个联系是性别法律研
究的焦点，因而也是法律批判分析的出发点。

公共治理的合法性取决于它实现其民主确定的目标的程度，比如性
别平等与可持续性等目标。性别法律研究关注法律与政策同相关法律和
政治承诺的关系，并考察这些目标是否实现，如果没有实现，原因是什
么。关于性别平等，北欧国家给人的印象总是雄心勃勃、"接近目标"，
它们几乎实现了性别平等，在世界经济论坛（World Economic Forum）的
性别平等程度排名中始终名列前茅。斯堪的纳维亚国家在生态与可持续

性方面也有相当积极的自我形象。^①因此，值得研究的是这些北欧人的自我　218
形象在北极理事会这样的政府间合作机构中是如何得以呈现的。在北极理
事会中，在性别平等和可持续性方面自我形象不太好的国家反而是很积
极的。

二　北极地区公共治理

北极地区的界定涉及多个方面和多种利益，对该地区界线的划定是一
种权力行为。该地区的行政区划决定了谁有权力管理什么。界线的划定影
响到哪些国家和群体有权力占有资源，以及如何回应私营公司针对该地区
的诉求。某些国家和私营公司的诉求，常常同当地居民的诉求相冲突。

北极理事会的组成和其内部决策权的分配，在涉及如何协调不同利益
时显得十分重要。只有成员国才有决策权，所有决策都必须得到所有成员
国的一致认可。北极理事会是由八个成员国［加拿大、丹麦（包括格陵兰
和法罗群岛）、芬兰、冰岛、挪威、俄罗斯、瑞典和美国］和六个永久参与
者组成，代表原住民，下辖北极阿萨巴斯卡人理事会（the Arctic Athabaskan
Council）、阿留申人国际协会（the Aleut International Association）、哥威迅人
国际协会（the Gwich'in Council International）、因纽特人环极地理事会、俄
罗斯北方原住民协会和萨米人理事会（the Sámi Council）。常任理事国完全
享有理事会谈判和决策的磋商权，这一身份适用于北极地区原住民组织，
代表北极地区多个国家的同一个原住民群体或北极地区同一个国家的多个
原住民群体。

北极理事会还设有观察员，这一职位面向非北极地区国家、全球和区

① 需要注意的是，自我形象、图像和数据统计结果之间存在差异。涉及生态足迹话题时，如
果在不同国家之间进行比较，北欧各国无论是在欧洲范围内还是在世界范围内，都位于统
计数据的高位（Equal Climate，参见 http：//www.equalclimate.org/en/consumption/fasci-
nating_figures/，最后访问日期：2016 年 9 月 24 日）。

域政府间和议会间组织及非政府组织进行招募。人们对成为北极理事会的观察员很感兴趣，比如 2014 年 7 月，有 12 个非北极国家、9 个政府间和议会间组织以及 11 个非政府组织获得了观察员的身份。

219　　北极理事会表示，其目标是为讨论与北极及其居民有关的所有问题提供一个有价值的平台。这些问题包括环境保护、气候变化、北极和环北极生物多样性、海洋和海上航运活动以及北极地区居民的福利待遇；特别涉及极地居民，重点是该地区居民的保健、福利、文化遗产及语言保护等问题。近年来，北极理事会的八个成员国和欧盟一起，针对该地区制定了各自的国家战略，但其侧重点略有不同。它们的共同点是都特别强调环境问题，而不是性别平等问题。例如，瑞典在该地区的战略重点是气候变化（Arctic Secretariat，2011）。

三　作为公共治理目标与义务的性别平等与可持续发展

性别平等与可持续发展的目标在实践、政治、理论等层面是相互联系的。统计数据显示，男性的生活方式通常对气候的影响较大，其生态足迹范围也比女性更广。男性是政治体系的主宰，特别是在许多与生态相关的领域，比如交通领域（Svedberg，2014：24）。按照女性主义生态理论，对自然的支配同对女性的支配有关（Warren，2008；Merchant，1980）。如果确实存在这样的联系，那么在北极公共治理行为中能否找到这种联系呢？当谈到生态问题时，有关公共治理的论述通常雄心勃勃，但涉及两性平等问题时恰恰相反。这是否意味着这两个领域的支配关系在北极地区并非普遍存在的，还是说生态论述纯粹是一种修辞策略？

根据《世界人权宣言》（*The Universal Declaration of Human Rights*），性别平等或者说男女平等是一项人权（United Nations，1948）。性别平等是世界上大多数国家的法律义务，对许多其他国家而言又是其政治目标。瑞典就是一个典型的例子。自 1972 年以来，瑞典有一个被称为"性别平等"的特殊政策领域，其目标远大，超出国际法律义务范围。"性别主流化"战略，作为其公共治理方法于 1994 年被提出。一年后，在 1995 年的《北京宣言与行动纲领》（Beijing Declaration and Platform for Action）中，该战略被联合国采纳，用于在全球实现性别平等（United Nations Entity for Gender Equality and the Empowerment of Women，1995）。按照世界银行（World Bank）的统计数据，"良好治理的核心要素是政策与公共机构对所有公民需求做出反应的程度。政策与机构必须代表女性和男性的利益，并促使其平等地获取资源、权利和发言权"（World Bank，2006；United Nations，2000）。

　　联合国《布伦特兰德报告》（Brundtland Report）是明确定义可持续发展的最著名的文件之一，该报告将可持续发展定义为"在不损害后代满足自身需求能力的情况下来满足当前需求的发展"（United Nations，1987）。五年后，也就是 1992 年，联合国环境与发展大会发表了《地球宪章》（Earth Charter），并通过了《21 世纪议程》（Agenda 21）行动计划。会议强调，必须将环境和社会问题纳入所有发展进程，同时强调公众广泛参与决策。自联合国发布文件以来，"可持续性"这一概念内涵不断扩大，不仅包括经济、环境、社会可持续性，还包括文化可持续性。《联合国千年宣言》（United Nations Millennium Declaration）确定了经济发展、社会发展和环境保护三项原则（United Nations，2000）。在 2015 年以后的可持续发展目标议程（UNDP，2015）当中，可持续性是所有 17 个目标的总体目标。按照 1999 年《阿姆斯特丹条约》（Treaty of Amsterdam）表述，可持续发展也是欧盟内部的总体目标。

　　妇女全面发展与进步，以保证她们在各个领域男女平等的基础上行使权利和享有基本自由，尤其是在政治、社会、经济、文化领域行使权利和享有自由，需要女性在政策制定方面的广泛参与，这是实现可持续发展的基本前提。重要的问题是北极地区的公共治理能否满足这些目标要求。

　　公共治理依赖于政治与法律文件所表达的愿景，并应该实现这些愿景。如前文所述，这些文件所表述的义务或多或少地需要国家层面采取行动。这项义务的法律约束力越强，人们就越期望能取得预期的结果和效果；如

220

果没有约束力，治理机构就会受到更多的批评。然而，这样的治理行为可
221 以很积极，也可以不积极。当然，关于如何组织公共治理机构，公共治理
机构如何履行职责，在某种程度上讲其还需要有自行决定权。因此，在履
行义务、确定优先次序时，公共治理行为可以被定性为反应性的或前瞻性
的。（仅）履行具有法律约束力的义务被认为是反应性的，而利用自行决定
权采取肯定、积极的行动并进一步制定措施被认为是前瞻性的。

四　北极地区公共治理的体现方式

北极地区公共治理的体现方式如何？该体现方式又如何描述公共治理？
北极地区的治理围绕四个方面展开，即环境与气候、生物多样性、海洋、
北极地区居民。访客在北极理事会网站主页上看到的第一批图片是动物图
片和原住民的生活场景图片。北极熊体现环境和气候话题，鲸体现海洋话
题，北极狐体现生物的多样性，而两个在雪中玩耍的孩子体现的则是北极
地区居民。搜索网站中不同的话题，阅读介绍肩负特殊责任的诸多工作组
的文字，人们会觉得北极理事会是一个关心环境和当地居民的管理机构。
图片中面带笑容的人、美丽的动物、周围环境，同人们想象中的会议、研
讨融合在一起，人们感受到的是没有矛盾冲突、旨在解决问题的治理行为。
北极治理行为的组织实施看上去是建立在北极地区居民（主要是原住民）
同与该地区有利益关系的国家之间相互理解、相互尊重的基础上的。但是，
如前所述，原住民在涉及北极理事会的谈判及决策中只享有"充分的协商
权"，而非决策权，决策权掌握在八个成员国的手中。至于谁代表这些成员
国，很显然是一个与利益相关的问题。成员国的代表中是否有原住民？男
女的比例又是多少？

很明显，治理的重点是前述四个方面中的前三个。例如，2006 年至
2013 年挪威、丹麦和瑞典三国担任轮值主席国期间，按照问题的优先次序，
其共同目标依次是气候变化、环境保护、环极地观测、北极变化监测、资

源综合管理、原住民和当地生活条件。北极地区的经济发展似乎是北极理事会工作理所当然的重点，因此没有受到多少质疑。自 2013 年以来，最新的《北极理事会宣言》（*Declaration of the Arctic Council*）明确强调，既需要改善原住民的经济条件，又需要改善其社会条件，但 2013 年至 2015 年加拿大担任轮值主席国期间，其核心目标是促进经济发展。企业在北极的发展中被赋予了特殊的角色，北极理事会打算加强与企业间的合作交流，以确保该地区的可持续发展（Kiruna Declaration, 2013）。这方面的例子是加拿大担任轮值主席国期间发起的"环极地商业论坛"（Circumpolar Business Forum），其目标之一是"将北极理事会的工作拓展到企业领域"（Arctic Economic Council, 2014）。美国担任轮值主席国期间（2015~2017）开拓了三个需要优先考虑的领域：（1）改善北极地区的经济及生活条件；（2）促进北冰洋的安全、稳定，提高管理水平；（3）减少气候变化的影响（U. S. Department of State, 2015）。

五　北极理事会的性别平等和女性主义

迄今为止，1998 年至 2015 年每两年召开一次的部长级会议所达成的 9 个宣言已经得到 57 名男性（76%）和 18 名女性（24%）的签名（参见 www. arctic-council. org）。在众多的工作组中，2013 年只有一个工作组，即"可持续发展工作组"由一位女性担任主席，到 2016 年男女主席的人数已经持平。人类健康和社会经济问题是可持续发展工作组所开展的主要项目关注的重点。该工作组发布的最重要的文件是 2004 年版和 2015 年版的两份《北极地区人类发展报告》（AHDR）。《北极地区人类发展报告》（2004）是冰岛担任轮值主席国期间会同联合国开发计划署等机构发布的，旨在为北极理事会的可持续发展计划筹备智库。报告涉及的范围很广，包括人口统计、核心系统（包括社会、文化、经济、政治和法律系统）以及所谓的交叉性话题。

《北极地区人类发展报告》（2004）在其交叉性话题部分单独设立一章

（第十一章）讨论"性别问题"。该章讨论了几个关键性的问题，但并没有对北极地区的性别问题进行全面评估。它试图解释女性主义的不同概念以及特定群体是如何看待女性主义的，将"西方女性主义"与"非西方或本土女性主义"进行对比，并将这些概念解释为单一、连贯的概念。将女性主义分为这两类是有问题的，原因也是多样的。

关于"女性主义"与"性别平等"的关系，该报告中没有具体讨论。一般来说，女性主义是女性争取权利的政治运动，具有不同的政治倾向，比如自由主义、保守主义、激进主义、社会主义等。女性主义也是一个研究视角，普遍关注知识解放，包括不同的模式，这些模式又解释了为什么性别不平等是普遍存在的。这种解释可以是个性化的，也可以是结构性的；可以侧重于权力与资源的重新分配，也可以侧重于身份与认同（参见Fraser，1995）。

另外，性别平等作为一个目标在若干层面上植根于法律文件，体现为国家的义务，至少从1979年以来已批准通过像《消除对妇女一切形式歧视公约》（CEDAW）这样的具有法律约束力的文件的国家会将性别平等视为国家义务。性别平等还被分解成不同的指标，用以衡量、比较不同类型的性别平等。这些指标多用来标示不同的物质条件，比如教育、政治、经济实力以及健康状况。

《北极地区人类发展报告》（2004）中关于不同类型女性主义的讨论同性别平等的法律概念相去甚远。该报告认为，性别平等和西方女性主义（即自由女性主义）是同一个概念（Stefansson Arctic Institute，2004）。同样值得注意的是，《消除对妇女一切形式歧视公约》是世界上大多数国家批准认可的具有法律约束力的文件，但是该报告并没有把该公约界定为性别平等的基准性文件。《消除对妇女一切形式歧视公约》禁止歧视妇女，呼吁各国采取行动禁止歧视妇女的行为与做法，这同报告中所说的西方女性主义相去甚远。

忽略性别平等问题，而集中关注"女性主义"问题，无异于将西方女性主义定义在原住民妇女利益的对立面，或将其作为对传统生活条件的批判。《消除对妇女一切形式歧视公约》讨论的是法律意义上的不歧视和独立，而不是禁止男女从事某些工作。《北极地区人类发展报告》（2004）提到有必要"界定权力关系"，但没有明确任何特定的权力关系，似乎认为性别平等不同于传统的性别角色，甚至界定了原住民生活的新形式，为了表现这一点，还列举了男人持家、女人外出工作的例子。根据政治和法律定义，性别平等更多的是关于私人及公共生活中的平等价值、权利、义务和权力，而不是说每个人都做同样的事情。独立在（西方）自由主义中备受重视，并得到全力维护。报告将独立解释为与传统生活方式相对立，保护人们免受剥削、虐待与歧视，这无论是在传统语境中还是在现代"西方"语境中都同样重要。独立并不意味着人们之间不存在相互依赖的关系。作为一项法律原则，性别平等可以理解为保护个人不受消极依赖之累（比如某人想摆脱却无法摆脱某一关系）或者鼓励积极依赖（可以自由选择保持某种关系而不是被强迫保持某种关系）。

　　模糊地把西方女性主义视为性别平等的同义词，赋予它有别于原住民群体传统或新生活方式的某种意义，实际上会强化原住民群体和非原住民群体之间的二元对立。下面这句话就是这种模糊假设的例证："今天的年轻夫妇中，人们可能会发现这样一种情况：母亲在外工作，而丈夫却在家里带着三四个孩子做家务。……这些现象表明，性别平等问题必须从独特的北极视角来理解，不同于男女之间权力不平衡的典型观点。"（AHDR，2004：189）

　　报告强调了男性在北极社会中的角色变化及其影响社会问题的方式。首先，男性的传统角色正在退化，他们曾经享受的特权比起女性受到的威胁更大，风险也更多。事实上，报告描述了北极地区的现代发展是如何"系统性地剥夺了北极男性的权利"的（AHDR，2004：191），这与西方传统女性主义话语所假定的内容相反，西方女性主义认为女性的处境通常比男性糟糕。这一论断同欧盟与瑞典的性别平等论述并不一致。在欧盟与瑞典，现代社会中男性的地位仍然是一个高度热门的话题，比如男孩在学校的表现比女孩差，这一差异被认为是很严重的问题。其次，有人认为，如果男性的情况变得越来越糟，那么女性的情况肯定会越来越好。然而，情况并非总是如此，可能某个男性群体失去他们的权力和影响力，换来的是225 其他男性群体获得更大的权力和影响力。最后，男性的社会问题不仅影响男性，通常也会影响女性；当男性地位下降时，男性针对女性的暴力行为似乎变得比以前更加严重。

该报告还提供了一些关于北极地区男性、女性的实证数据。该地区年轻女性向外移民的比例偏高，导致许多地方人口中青少年和中年男性占比偏高。获取更多的教育机会似乎是女性离开的主要原因，但个人和影响移民结构性的"推拉"因素之间似乎也存在复杂的关系。报告中提到的许多因素似乎都与缺乏影响力及权力有关。此外，该地区诸多活动、工作、教育机会和未来前景对男性的吸引力似乎比对女性的吸引力大。根据该报告提供的数据（AHDR，2004：192），很大比例的女性嫁给"外面的人"在移民方面起着重要作用。与男性相比，女性的行为似乎暗示她们离开北极地区会过得更好。该报告对这个问题的强调表达了对公共治理问题的关注。到现在为止，人们似乎还没有把这个问题当作北极地区公共治理性别平等政策的一部分。相反，这种情况却被当作该地区发展的自然结果，因此并没有遭到正面质疑。

报告中还提出了其他几个问题。人们认为北极理事会会更加严肃地对待性别平等问题，但事实并非如此。2014 年可持续发展工作组发布了《北极地区人类发展报告》（2015）（参见 Larsen and Fondahl，2015）。在这份报告中，性别平等成为主流话题。性别主流化是一项全球公认的促进性别平等的战略，联合国于 1995 年通过该战略规划，并将其作为《北京宣言》和《行动纲领》的一部分。这一战略有利有弊，风险在于它可能会使性别平等变成不可能实现或者草率的行为。2015 年版报告指出，对几个方面问题的性别维度了解仍然不足，但是性别平等是北极地区人类发展、实现福祉和尊严的先决条件。2004 年版和 2015 年版《北极地区人类发展报告》在这个方面的差异或多或少是可以忽略不计的。

六　实现性别平等与生态可持续的公共治理 226

2015 年版《北极地区人类发展报告》可以理解为强化北极地区性别平等及生态可持续的公共治理的例子。很明显，该报告潜在的观点是可持续发展是一个以人为中心的概念（Larsen and Fondahl，2015）。鉴于北方地区社会、经济、环境的特点，应特别强调北极地区人与环境的关系以及个人福利与北方社区健康之间的关系。人类可持续发展概念强化了可持续性的人的方面，用以正确看待优先考虑事项，强调人类福祉的重要性，并把人类福祉作为可持续发展的最终目标。在这一框架中，性别平等和生态问题之间的联系似乎是根本问题。可持续人类发展作为公共治理的一个目标，必须以生活在该区域的所有人的利益为基础，并需要充分考虑到这些利益。

北极公共治理行为中对人与环境关系的充分关注，与性别法律研究相关理论及女性主义生态理论相辅相成。根据这些理论，社会的变化同人们如何看待自然与男女关系的方法之间似乎存在联系。人与自然的关系似乎与男女关系有相似之处。换到北极地区的治理问题上来，这意味着对性别平等问题关注的缺失同把自然看作人类（通常是男性）可以控制和利用的物质的观点相辅相成，或者说对性别平等的关注同把自然看作与人类相互作用的有机过程的观点相辅相成。

追求可持续发展与追求性别平等似乎具有诸多相同的特点，这些特点都体现在性别平等及世界生态主义等观念中。把性别平等及可持续性等重要民主价值观念的发展留给不同的行动者，而不是采取有效的强制性手段支持这一进程，就可能会导致这些价值观念得不到认真对待。如果这些价值观念同经济发展、自然资源开采等其他利益发生冲突，这种风险就更加明显。人们会认为这种利益冲突将引发大家探讨如何权衡相互之间的利益 227

关系，但情况似乎并非如此。

公共治理，尤其是 2004 年版《北极地区人类发展报告》中所论及的公共治理，刻画了平稳发展、没有明显矛盾的发展图景。由于北极理事会并没有从性别平等角度提及自然资源开发对环境和人类的影响，缺乏冲突就变得具有重要意义。

许多开采业务由跨国公司进行，因此资源开采不一定能使该地区的人民受益。资源开采企业吸引的主要是男性，而这些男性并不总是来自该地区。入境和出境情况越来越多，这导致该地区出现许多新的问题，特别是人口贩运和嫖娼问题。该地区的人口流动模式也对家庭以及两性之间的关系产生了不良影响。这些问题大都在 2004 年版《北极地区人类发展报告》中得到了强调。然而，处理这些问题的感知框架是反应性的，而非前瞻性的。人类与环境层面出现了问题，并非经济层面出现了问题，而该地区的经济利益问题却常常被认定是根本所在。

尽管人类层面的问题是北极公共治理的重中之重，但其仅仅被视作对经济发展、气候及环境等其他首要问题的反映。政治、经济优先机制以及我们的生活方式作用于经济发展与气候变化，但经济发展与气候变化被认为是不受人类干预、自然发生的过程。人的问题是从属的，这说明两件事。首先，没有人对该区域的人类发展负责，特别是没有人对原住民以及妇女这些所谓的弱势群体负责。其次，代表主流人口的国家行动及优先策略影响着原住民及包括妇女在内的其他非主流群体，但在北极地区治理行为中，这些行动及优先策略并没有受到质疑。凌驾于自然之上的经济发展文化权力结构，对于支配原住民的非原住民人口以及支配女性的男性而言是有利的。支配自然和支配女性之间的历史联系在北极地区公共治理领域内得到了确认。尽管有促进可持续发展（2015 年版《北极地区人类发展报告》中的可持续发展是可持续人类发展）和保护环境的远大抱负及表述明确的目标，但这些问题依然存在。要想看到真正基于性别平等及生态可持续世界观的积极治理行为，还需要我们采取一些措施。

参考文献

AHDR. *Arctic Human Development Report 2004*. Akureyri：Stefansson Arctic Institute.

Arctic Economic Council（AEC）. 2014. "Arctic Economic Council." http：//www. arctic-council. org/index. php/en/our-work2/8-news-and-events/195-aec-2. Accessed 20 Sept 2016.

Arctic Secretariat. 2011. *Sweden's Strategy for the Arctic Region*, *Ministry for Foreign Affairs*, *Department for Eastern Europe and Central Asia*.

Cassese, Sabino. 2005. "Administrative Law without the State? The Challenge of Global Regulation." *New York University Journal of International Law and Politics* 37：663-694.

Fraser, Nancy. 1995. "From Redistribution to Recognition? Dilemmas of Justice in a 'Post-Socialist' Age." *New Left Review* 212：68-93.

Gunnarsson, Åsa, and Eva-Maria Svensson. 2009. *Genusrättsvetenskap*. Lund：Studentlitteratur.

Gunnarsson, Åsa, Eva-Maria Svensson, and Margaret Davies. 2007. *Exploiting the Limits of Law: Swedish Feminism and the Challenge to Pessimism*. Aldershot：Ashgate.

Kingsbury, Benedict, Nico Krisch, and Richard B. Stewart. 2005. "The Emergence of Global Administrative Law." *Law and Contemporary Problems* 68（3-4）：15-62.

Kiruna Declaration. 2013. *The Eight Ministerial Meeting of the Arctic Council*. May 15, 2013. Kiruna, Sweden. http：//hdl. handle. net/11374/93. Accessed 20 Sept 2016.

Lacey, Nicola. 1998. *Unspeakable Subjects: Feminist Essays in Legal and Social Theory*. Oxford：Hart Publishing.

Larsen, Joan Nymand and Gail Fondahl, eds. 2015. *Arctic Human Development Report: Regional Processes and Global Linkages*,（AHDR 2015）. Tema Nord 2014：567. Copenhagen：Nordic Council of Ministers. http：//urn. kb. se/resolve? urn = urn：nbn：se：norden：org：diva-3809. Accessed 20 Sept 2016.

Nord, Douglas C. 2016a. *The Changing Arctic: Creating a Framework for Consensus Building and Governance within the Arctic Council*. New York：Palgrave Macmillan.

Nord, Douglas C. 2016b. *The Arctic Council: Governance within the Far North*. New York：Routledge.

Merchant, Carolyn. 1980. *The Death of Nature: Women, Ecology, and the Scientific Revolution*. San Francisco：Harper & Row.

Reichel, Jane. 2014. "Communicating with the European Composite Administration." *German Law Journal* 15：883-906.

229

Svedberg, Wanna. 2014. *Ett（o）Jämställt Transportsystem i Gränslandet Mellan Politik Och Rätt*. Malmö: Bokbox Förlag.

The Convention on the Elimination of All Forms of Discrimination against Women（CEDAW）. 1979. http: //www. un. org/womenwatch/daw/cedaw/. Accessed 20 Sept 2016.

UN Economic and Social Council. 2006. *Definition of Basic Concepts and Terminologies in Governance and Public Administration*. Committee of Experts on Public Administration.

UNDP. 2015. *Sustainable Development Goals*. http: //www. undp. org/content/undp/en/home/mdgoverview/. Accessed 20 Sept 2016.

United Nations. 1948. *The Universal Declaration of Human Rights*. http: //www. un. org/en/universal-declaration-human-rights/. Accessed 20 Sept 2016.

United Nations. 1987. *Report of the World Commission on Environment and Development: Our Common Future*（Brundtland Report）. http: //www. un-documents. net/our-common-future. pdf. Accessed 20 Sept 2016.

United Nations. 2000. *United Nations Millennium Declaration*. A/RES/55/2. http: //www. un. org/millennium/declaration/ares552e. pdf. Accessed 20 Sept 2016.

"United Nations Entity for Gender Equality and the Empowerment of Women." 1995. *Beijing Declaration and Platform for Action*. http: //www. un. org/womenwatch/daw/beijing/platform.

Warren, Karen. J. 2008. "The Power and the Promise of Ecological Feminism." In *Environmental Ethics: Readings in Theory and Application*. Louis P. Pojman, Belmont, CA, Thomson Wadsworth.

World Bank. 2006. *Governance and Gender Equality*. Gender and Development Group. http: //www. capwip. org/readingroom/TopotheShelf. Newsfeeds/2006/Governance% 20and% 20Gender% 20Equality%20%282006%29. pdf.

http: //www. arctic-council. org. Accessed 20 Sept 2016.

http: //www. arctic-council. org/index. php/en/about-us/working-groups/aec. Accessed 20 Sept 2016.

http: //www. equalclimate. org/en/consumption/fascinating_ figures. Accessed 20 Sept 2016.

230

第十四章
格陵兰和解委员会：族群民族主义、北极资源与后殖民身份

231

柯尔斯顿·提斯泰德[*]

今天，把北极地区定义成原始、空旷、偏远、危险的白色世界无疑是最保守的顽固派的想象。关于这一点，每个人都应该知道，北极地区远在所谓的北极探险时代之前就有人居住。国际新闻媒体不断报道全球变暖带来的剧烈变化、资源开发的热潮以及新航线的开通。因此，北极在国际政治中的重要作用已非新鲜事。今天，从根本上发生变化的是远北地区居民的身份。人们再也不能把这些居民当作失声的"原住民"进行管理了，更不能将他们同该地区的海洋哺乳动物、鸟类、鱼类相比较。各种形式的自治已成为常态，而非例外。这种新局势的出现离不开动乱及艰难的政治谈判。不对称的旧权力关系继续发挥其影响力，过去的事件今天仍然需要处理。因此"和解"一词成为北极叙事中的关键词。

然而，政治局势通常复杂多变，各地的情况也大不相同。不同的地方

232

[*] 柯尔斯顿·提斯泰德（Kirsten Thisted），丹麦哥本哈根市哥本哈根大学跨文化与区域国别研究系副教授。刘凤山（译），聊城大学外国语学院英语语言文学教授。原文："The Greenlandic Reconciliation Commission: Ethnonationalism, Arctic Resources, and Post-Colonial Identity," pp. 231-246。

有不同的历史，曾与不同的帝国、不同的国家有过交流。今天北极地区的居民包括原住民、在该地区生活了几代的移民、最近的移民以及这些群体融合形成的混合民族。根据玛丽·露易丝·普拉特的著名定义，北极地区几个世纪以来一直是，现在依然是一个融合地带："不同文化在这个社会空间中相遇、碰撞、相互斗争，常常形成高度不对称的支配与从属关系，比如殖民主义、奴隶制或者这些关系在全球范围内消失后留下的余波。"（Pratt，1992：4）

关于原住民以及原住民权利的讨论在北极地区居民的身份变化中发挥了很重要的作用。然而，"原住民"也是一个有问题的术语。由于与文化及起源观念联系密切，关于原住民的论述都旨在促进本质论及族群民族主义。在格陵兰，原住民是主流群体，掌握政府机构权力。在这种情况下，调解前殖民者与前被殖民者之间的关系并非界限分明的问题，而是相当模糊的事情，矛盾双方之间没有明确界限。

本章梳理了 2014 年成立格陵兰和解委员会（Greenlandic Reconciliation Commission）的背景以及围绕该委员会进行的公众讨论，目的在于审视委员会成立当时的不同议题及立场。是否可以将成立该委员会视作一种族群民族主义行为？是否可以说成立该委员会是为了终止殖民主义，为后殖民时代腾出空间（Gad，2009），焦点已不再是种族性问题以及丹麦与格陵兰之间旧时的对立？本章的结论是，这两种意图可能都在起作用，现在就断定哪一种占上风还为时过早。

无论如何，和解委员会的出现证明了分析政治进程时将情绪包括在内的重要意义。自 2009 年格陵兰自治政府成立以来，格陵兰议会就一直围绕一些关键问题展开讨论，并进行投票表决：格陵兰是否应就发展大规模的矿业和工业项目允许大量输入外国劳动力？格陵兰应该从地下提取铀吗，不顾这可能对环境造成的危害，不顾开采行为导致的安全问题？诸如此类的问题，对丹麦与格陵兰之间的权力关系提出挑战，对格陵兰不受丹麦政府影响进行独立决策的能力也是一种考验。

　　同样，这些争论也凸显了过去的霸权与从属关系对今天做出未来决策的影响。经济独立是格陵兰实现全面政治独立的先决条件。因此，驱动人们就资源问题和底层人士进行讨论的是人们希望用未来的尊严及平等代替过去的卑微。

　　和解委员会的一项重要任务就是为格陵兰的社会历史发展提供见解，调整各方力量，包括现代性是如何改变格陵兰人的生活的。该委员会所给出的建议并不是说责任完全应由殖民者承担，而是说格陵兰人也需要在这一进程中调整好自己的参与程度、方式以及责任。因此，了解该委员会及其成立过程，有助于深入了解围绕定义或解释过去所进行的讨论，有助于对过去承担责任。这可能会在适当的时候为未来发展提供新的机会。

一　格陵兰

　　在格陵兰，关于原住民的论述正从抵制性语言转变为治理语言。今天，格陵兰和法罗群岛是昔日辉煌的丹麦帝国仅存的海外领土。1721 年，格陵兰成为丹麦－挪威王国的殖民地。1953 年，丹麦殖民统治正式结束，格陵兰成为和丹麦本土地位平等的丹麦王国一部分，是王国最北端的一个郡。1979 年取得地方自治权，2009 年成立自治政府。根据《自治政府法案》（Self-Government Act），格陵兰人民有权决定是否以及何时退出丹麦王国，实现完全独立。格陵兰地方自治条例和《格陵兰自治法案》（Act on Greenland Self-Government）都诞生于特定的政治环境中，都特别关注原住民的权利。制定《格陵兰自治法案》的工作与联合国围绕原住民权利的谈判同时进行（Kleist，2011；Thisted，2013），然而"原住民"一词在《格陵兰自治法案》中从未被提及过。这是格陵兰政府有意回避的话题，其目的在于摆脱昔日的少数族裔身份。《联合国家宣言》试图调整原住民与国家之间的关系，保护原住民不受国家的控制，而《格陵兰自治法案》却赋予格陵兰与丹麦政府成为"平等伙伴"的身份。原住民是否能依照《联合国家宣言》

234

从少数族裔转化为国家治理者，依然是一个悬而未决的问题，这也是格陵兰内部争论的焦点。在格陵兰，人们对格陵兰原住民的说辞从未一致过，其核心原因是与"原住民"一词相关的"低度发展""压制"，乃至"反现代"等词被赋予消极内涵。有政治家建议，在成立自治政府以后废除"原住民"这种说法（Johansen，2008，转引自 Thisted，2013：235），但也有政治家想要保留这种说法，尤其是因为这个说法仍能表示某些特殊的权利，比如捕鲸方面的特权。围绕原住民的各种论坛成为格陵兰人建立国际联系及政府关系网的重要组成部分，其中包括与加拿大、阿拉斯加、西伯利亚"亲戚"以及斯堪的纳维亚北部萨米人的联系。然而，并不是所有的格陵兰人都认为自己是因纽特人，或者更确切地说，他们认为自己是不同"程度"的因纽特人，因为今天所有的格陵兰人都把丹麦人、斯堪的纳维亚人、欧洲人或其他非因纽特人归为他们的祖先。卡拉里特（Kalaallit，单数形式为 kalaaleq）是格陵兰语术语，包括现代的混合人口。任何称自己是卡拉里特的人通常都认为自己与因纽特人和因纽特语言有某种关系。在格陵兰语中，格陵兰岛被称为"卡拉里特-纽艾特"（Kalaallit Nunaat），字面的意思是格陵兰人的土地。[1]

《格陵兰自治法案》是丹麦政府与格陵兰自治政府之间达成的一项协定，其中没有提到族裔群体。然而，如前文所述，它确实提到了"格陵兰人民"（2009：§21）。在格陵兰语中，"格陵兰人民"是 inuiaat kalaallit。从这个意义上讲，格陵兰就是按照民族来定义的，同从丹麦那里继承的民族概念一脉相承，都是基于民族共同体概念，有着共同的遗产、共同的文化（Thisted，2011；Langgård，2011）。近年来，这一观点受到挑战并成为政

---

[1]　格陵兰的人口很少，大约有 56500 人，散居在广大区域内为数不少的定居点中。随着地方自治的实施，（西部）格陵兰人的因纽特语（即 kalaallisut）成为格陵兰的官方语言。85%的人口居住在城市，其中大约 16000 人（超过总人口的四分之一）居住在首都努克。西北地区的图勒人和东格陵兰人官方意义上将卡拉里特（kalaallit）一词作为格陵兰人的共同标示，但他们并不认同这个词。图勒的居民称自己是因纽特人（inughuit），东格陵兰岛人称自己是伊维特人（iivit）。

治、艺术、流行文化领域热论的话题，随之出现了一个新的民族观，也就是将这里的人理解为"人民"，即生活在给定领域内所有人民的政治共同体（Thisted，2012a，2012b，2014a，2014b；Otte，2013）。这与丹麦境内正在进行的有关移民的辩论十分相似。

自治政府引发了格陵兰想要成为什么样的社会这样一场辩论丝毫不令人奇怪。这场辩论还涉及政党政治和权力斗争等问题。辩论的主题是历史，和解委员会也是辩论内容的一部分。

关于未来格陵兰是作为丹麦王国的一部分还是作为一个独立国家的讨论，常常围绕是支持还是反对（进一步）去殖民化这个话题进行。这使和解工作变得极为复杂。尽管这个议题没有得到太多的关注或没有得到广泛的讨论，却让其他辩论中未被提及的问题浮出水面，其中最主要的是正在进行的有关丹麦语用途的讨论。尽管格陵兰语事实上已于1979年格陵兰获得地方自治权时被定为其主要语言，但出于种种原因，丹麦语仍然是格陵兰的特权语言。

二　和解、道歉、政治

在格陵兰设立和解委员会的想法并不新鲜，早在20世纪90年代后期，出生于索马里的精神病学家法图玛·阿里（Fatuma Ali）就提出了这一想法。法图玛·阿里曾在丹麦生活多年，之后在格陵兰工作。2004年，阿里在托斯卡纳（Tuscany）召开了由18人参加的第一次和解研讨会（Ali and Lindhardt，2006）。在那之前，这项倡议屡屡遭到反对，人们反对在南非残暴的种族隔离政策与丹麦对格陵兰的非暴力管理之间进行比较（Lidegaard，1998；Petersen，1998）。这一倡议在某种程度上失败了，但人们并没有忘记这些想法，因为和解问题得到了太多的国际关注，甚至牵涉到与大规模屠杀和种族灭绝无关的事件。2008年，加拿大政府针对本国的同化政策正式向原住民表示道歉，因为该政策牺牲原住民的传统，强行推广主流民族语

235

言及文化。与此同时，加拿大还成立了一个真相与和解委员会，调查了解加拿大印第安人寄宿学校（1876~1996年一直存在）的情况，并将委员会的调查结果公布于众。早在2008年，澳大利亚总理就代表国家为70多年来强行让原住民儿童离开他们的家庭，也就是所谓的"被偷走的一代"一事，进行道歉。

236 　　格陵兰公众密切关注这些事件，并考虑格陵兰是否也有可能侵犯人权的类似案件。格陵兰的情况很突出，小学和高中课堂主要是用格陵兰语授课，但后来对教师的需求加大，再加上格陵兰人希望其后代学习丹麦语，致使20世纪六七十年代大量丹麦教师涌入格陵兰。1951年，22个孩子离开家人，被送到丹麦学习丹麦语言和文化。加拿大和澳大利亚也有类似的情况。有人要求丹麦道歉，尤其是在故事片《实验》（*The Experiment*，Louise Friedberg，2010）再次引发人们对这个问题的激烈讨论之后。

　　官方道歉在斯堪的纳维亚半岛并不新鲜。1997年，挪威国王代表国家向萨米人道歉，原因是他们多年来遭受挪威压迫以及被迫挪威化。第二年，瑞典政府也做出了同样的道歉，明确提到瑞典北部的殖民行为。然而，丹麦似乎不大可能因殖民格陵兰而做出类似的道歉，主要因为有关丹麦殖民行为善意的论述一直很流行（Olwig，2003；Thisted，2009；Jensen，2012a，2012b；参见本书"鳕鱼社会：现代格陵兰的技术政治"一章）。根据这种说法，丹麦统治格陵兰得到了格陵兰人的同意，格陵兰人也越来越多地参与了政治（Jensen，2012a，2012b；Thisted，2012a，2012b）。

　　丹麦对格陵兰的唯一一次道歉是因为丹麦政府曾在1953年强迫图勒（Thule）的居民搬迁，为美国空军基地腾地方。这份道歉文件于1999年由丹麦政府公布，丹麦首相波尔·尼鲁普·拉斯穆森（Poul Nyrup Rasmussen）和格陵兰总理乔纳森·莫兹菲特（Jonathan Motzfeldt）共同签署，"本着联邦的精神，表达对格陵兰和图勒人民的敬意"。道歉涉及的是决定搬迁的过程以及如何搬迁，而不针对搬迁本身。这个事件最终被提交到丹麦最高法院，最高法院在2003年裁定搬迁是因为土地征用，决定给予居民金钱补偿。

在原告看来，补偿的数额低得可笑。

　　进入 21 世纪，即将出台的《自治政府法案》是格陵兰人民最关心的问题，焦点是该法案的实施以及有关可能要制定的格陵兰宪法的讨论。格陵兰宪法是一个颇有争议的话题，因为格陵兰仍然是丹麦王国的一部分。与《地方自治法案》（Home Rule Act）一样，《自治政府法案》立即引发了对独立法律界限的检验。在此期间，人们的目光依然集中于未来。然而，在 2013 年大选之后，如何调解与历史的关系被提上了政治议程。

三　艾蕾卡·韩蒙德与格陵兰和解委员会

　　前进党（Siumut）被广泛认为是社会民主党，赢得了 2013 年 3 月的大选，而该党组阁政府在地方自治期间一直是格陵兰占主导地位的政治力量。成立自治政府后，更具左倾倾向的工人党掌握政权，该党领袖库皮克·克雷斯特（Kuupik Kleist）是一位很有经验的政治家，曾在格陵兰地方自治期间担任行政要职。2013 年格陵兰选举产生了第一位女总理，即经验较少但颇具领导魅力的艾蕾卡·韩蒙德（Aleqa Hammond），她自 2009 年一直担任前进党的主席。韩蒙德以格陵兰历史上最高票数当选为格陵兰议会议员。对韩蒙德来说，去殖民化意味着完全从丹麦独立出来。当选后，她把独立问题作为其国际活动的主要内容，并因口头禅"在我有生之年"而广为人知。韩蒙德将和解问题写入了联合协议，随后将和解委员会开支纳入格陵兰政府预算，从 2014 年开始的四年中，每年拨款 240 万丹麦克朗，与格陵兰的国民生产总值相比，这一数额相当大。由于和解问题已成为联合政府计划的一部分，因此也成为反对派批评的目标。反对派批评的焦点是把钱花在其他地方会更好，这个问题转移了人们对其他更重要问题的注意力，比如失业及经济状况不佳。此外，不少人发现，由于会让人无意中联想到种族灭绝和南非种族隔离等问题，设立和解委员会会让人对丹麦与格陵兰的历史关系产生错误的认识。

237

主要的障碍是设立委员会时所用的词句，尤其是关于格陵兰社会不同"人口群体"的表述。韩蒙德的新年致辞中用了很大的篇幅讲述和解问题，内容如下：

> 我认为，在我们的历史交流以及人口群体间的交往中，我们可以发现我们国家今天最大的禁忌。我们必须消除这些禁忌，让自己适应今天的局势，增强我们的自我意识。如果发现有分歧，我们必须做好准备做出改变。（Hammond，2014）

这在格陵兰报纸和其他社交媒体上引发了许多评论。人们不知道政府是否想重新在社会生活中引入种族差别问题。若果真如此，"格陵兰人"一词该如何定义？是否与"因纽特人"同义？要想成为格陵兰人，又要有什么样的"纯洁血统"？以丹麦语为母语的格陵兰人表达了对这种"和解"对其身份产生影响的担忧，而非格陵兰种族背景的人则更加怀疑自己是否被包括在"我们"当中。

2014年10月，格陵兰重新举行了选举，原因与和解委员会无关。艾蕾卡·韩蒙德成为党主席，这毫无疑问对和解委员会的未来造成影响，因为该委员会的成立是和韩蒙德的政治规划密不可分的。照此推测，完全独立的问题也会被淡化，尤其是因为不久将到来的经济独立前景并不乐观，而按照《自治政府法案》，经济独立是实现政治独立的条件。

然而，与此同时，公众广泛支持韩蒙德的热情并不会消失。丹麦本土和格陵兰之间依然没有解决的不对称的权力关系仍然让格陵兰人感到自己在本国处于劣势，比如格陵兰公众继续使用丹麦语就让人争论不休。同样，所谓的"殖民创伤"再次成为争论的焦点。

2012年秋，库皮克·克雷斯特与在丹麦-格陵兰辩论中广受尊敬的知名参与者、格陵兰地质学教授米尼克·罗辛（Minik Rosing）（Rosing and Kleist，2012）共同发表了一篇专栏文章，刊登在丹麦的一份国家级报纸上，呼吁丹麦人和格陵兰人把有关二者关系的文字当作成功故事，继续合作，共同为格陵兰的发展寻找机会。在他们的文章中，关键的一点是关于构建现代格陵兰的论述并不能完全脱离现代格陵兰本身。如果国家的构建是一个失败的过程，就很难将其看作一个成功案例。这个国家需要吸引投资者，充分利用北极地区目前的有利条件，最重要的是要尽可能地展现出最强势的国家形象。毫无疑问，罗辛和克雷斯特的文章至少部分地受到这样一个事实的启发，即格陵兰政府在与大的国际投资者打交道时变得有些胆怯。在格陵兰，人们经常听到的，至少丹麦人很熟悉的一句话是："你知道的魔鬼总好过你不知道的魔鬼。"这样，联邦政府继续在经济和精神上为格陵兰提供安全保护。

然而，这两位作者也提到了"长期以来被压制的真相和未经证实的谣言滋养的幽灵"，并呼吁丹麦和格陵兰着手"清理我们共享的木屋"（Rosing and Kleist, 2012）。木屋是我们存放所有暂时用不着的东西的地方，但我们不能把这些暂时用不着的东西扔掉。即使看不见，这些东西仍在我们的生活中占据空间。与所谓的"幽灵"这个词结合起来看，"木屋"一词勾勒出一幅令人无法忍受的现象，还有那些可能已经被我们屏蔽掉的，或者在我们的记忆中已经有了自己生命的东西，又或者那些我们将它放在明媚的阳光下便可从中受益的东西。这些都是格陵兰要成立的和解委员会需要处理的问题。

四　耻辱、责任、与过去妥协

迄今为止，格陵兰的和解过程中一件很有意思的事情是它的和解仅仅表现为一个内部进程。正常情况下的和解活动至少需要两个参与者，即冲突中曾经对立的双方才需要和解。然而，在格陵兰问题上，其中一方不愿介入。2013 年 8 月，在丹麦、格陵兰和法罗群岛三方领导人的年度会议上，丹麦首相赫勒·托宁–施密特（Helle Thorning-Schmidt）强调，该进程并未反映丹麦的需要，但丹麦政府充分理解讨论此事对格陵兰人民的重要性。

240

这一说法颇有意思。如果丹麦政府承认和解是格陵兰的合法需要，那么和解过程中也应考虑丹麦的需要，因为任何关系都理所当然涉及两方及以上的利益。格陵兰政界人士称丹麦的立场令人遗憾。然而，格陵兰联合协议所用的言辞的确表明，格陵兰的发起者也主要把该委员会看作格陵兰的倡议。和解过程是必要的，它可以让格陵兰人民接受殖民的过去，并"把其抛在身后"。格陵兰语的协议也是这样说的，"Nunatta nunasiaataasimanera qaangerniarlugu"。翻译成丹麦语，这句话的意思是"剥离于"殖民时代。这样一来，虽然格陵兰语措辞表示承认过去，甚至有一种净化的意味，但丹麦语措辞让人联想到道德愤慨和审判。从韩蒙德的新年致辞和其他许多声明中可以明显地看出，这两种观点可能都在发挥作用。然而，自始至终，重点都在于其内部过程。这凸显了格陵兰问题和南非问题的根本差异，二者不具有可比性。南非进程是所谓"转型期正义"的例子，即国家冲突或压迫之后的法律进程。意思是说，这一法律过程需要承认受害者的权利，促进公民信任，强化基于法治的民主社会（International Center for Transitional Justice, 2014）。这显然是为了调解两个（或多个）党派间的利益。相反，格陵兰委员会更多的是调解与过去的关系，这个概念在德语中被称为Vergangenheitsbewaltigung，意思就是处理和接受过去。这里的关键是在正视、处理历史过去的过程中，法律程序需要得到积极记忆政策的补充。只有采取这种积极的记忆政策，人们才可以防止过去作为无法抚慰的创伤和难以言说的情感而继续存在下去（Adorno, 1963；Assmann and Frevert, 1999；Herf, 1997）。[1]

如果目标是清除充斥神话与偏见的共同的木屋，审视殖民时代的特殊性质，而丹麦却不愿意参与，那么情况当然是令人遗憾的。另外，在这一进程中格陵兰主导谈判显然是有利的。联想到澳大利亚的和解进程，有人

---

[1] 感谢托马斯·布鲁霍尔姆同我一起讨论这个问题，感谢他在我撰写本章的过程中提供的极具启发性的反馈和贡献。

曾提出强烈批评，原因是该过程似乎更多的是关于主流群体的国家建设，它能够通过发表道歉来彰显自己行为的正确性，而不是真正地调解与少数族裔的关系（Ahmed，2004：101ff）。

卡特琳·克拉达基斯（Katrine Kladakis）在介绍如何用艾哈迈德（Ahmed）的影响理论处理丹麦-格陵兰关系的文章中指出，丹麦的表现一贯是经过精心设计的，目的是让丹麦人越过这个问题，通过接受耻辱的过去而彰显其正义，但与此同时，耻辱继续附着在格陵兰人民和格陵兰的政治文化上（Kladakis，2012）。格陵兰人依然背负丹麦人导致他们的刻板形象，导致格陵兰人始终被囿于一种双重形象之中，要么是与自然和谐相处的傲慢猎人，要么是在从原始时代到现代社会的转变中失败，从而陷入酗酒、自杀、暴力和绝望之中的现代格陵兰人。在人们普遍接受的原始因纽特人社区是对现代世界的矫正这样一种论调的语境中，这种双重形象已成为格陵兰人自我观的一部分（Thisted，2002a）。因纽特人社区论调的基础是所谓的"正宗格陵兰人"这个概念，现代格陵兰人通常把自己同"正宗格陵兰人"做对比。"正宗"状态存在于殖民时代之前，因此，殖民程度越高，"正宗"的程度越低。这一概念的逻辑结论是，脱离现代社会才能证明一个人的"正宗"身份，因此才有了涉及所谓"心理失调的"格陵兰人的时候人们常说的有特殊意义的自豪感。

然而，耻辱始终与傲慢相伴而生。格陵兰人生活在现代世界，难以应对现代社会成了耻辱的来源。无论是在别人眼中还是他们自己看自己，都是一个民族社区，耻辱被当作集体性的东西（Thisted，2002b）。耻辱是"会传染的"，意思是说习惯于露宿的格陵兰人的耻辱是会感染给所谓的"适应良好"的格陵兰人的（Rasmussen，2007；Toksvig，2010）。这就是为什么他们常常说的耻辱既有他们感受到的耻辱，也有他们声称没有感受到的耻辱，他们知道人们期望他们能感受到这种耻辱，从而被迫否认这种耻辱。"我从来没有为自己作为格陵兰人而感到耻辱"，这是格陵兰人的话，这样反而又重新巩固了自己与耻辱的联系。克拉达基斯的

241

观点是，格陵兰人民已经与羞耻紧密相连，因此接受这种羞耻感并将其作为一种积极的变革力量似乎根本不可能，至少在克拉达基斯的论述所采用的丹麦语语境中是不可能的。当然，如果由格陵兰人定义这一过程，情况就完全不同了。

依然值得讨论的是，克拉达基斯的论述中丹麦人所接受的那种耻辱是否真的是一种耻辱？丹麦人是否会根据殖民叙事接受他们为格陵兰的发展所应承担的责任？克拉达基斯的研究揭示了联合国于 2009 年 1 月宣布格陵兰违反《儿童权利公约》(Convention of the Rights of the Child) 之后丹麦媒体进行的辩论。丹麦政界人士特别关注的是格陵兰的问题可能会给丹麦作为联邦国家的形象带来风险。无论如何，这场辩论清楚地表明，由丹麦人主导的有关和解的论述很容易会像澳大利亚的和解进程那样服务于类似的目的，即牺牲少数族裔的利益建构服务主流群体的共同体。勇于承担责任的人会获得更高的地位，而只感到耻辱的人会面临为耻辱所困的风险。这也解释了为什么格陵兰人对殖民者、被殖民者的辞令产生了厌倦情绪，因为很难回避殖民者是历史积极主体而被殖民者是被动客体的观念。

在拟定和解委员会的授权令时，这些方面的问题无疑都考虑到了。在授权令中，决定设立该委员会的动机是公开讨论过去"有利于个人及格陵兰人民的自我认识"。这里用到了格陵兰语术语"imminnut ataqqinneq"，该词通常翻译为"自尊"。按照该文件的意思，这种自尊目前是缺乏的，因此授权令直接激发了格陵兰人感到耻辱的潜在自卑感。与此同时，案文表示该进程所关注的应该是接受自己的责任，而不是把责任推给别人，从而避免不恰当的伤害。

和解委员会努力的目标是就格陵兰的社会历史发展进行对话、提供见解，以便我们作为一个社会能够从我们自身行为的后果中得到教训，以便为未来创造更好的条件（我的翻译。格陵兰语和丹麦语原文，参见 Saammaatta, 2014）。

　　这里所说的"自身行为"这个术语考虑了米尼克·罗辛和库皮克·克雷斯特的专栏文章中提出的难题，即我们认为自己对殖民时代了解多少？我们每个人如何使用这些论述？我们如何继续前进？

结　语

　　成立和解委员会的时机选择与将自治政府提上议事日程有关，其愿望在于从头开始，继续前进。回顾过去的需要被清晰地表述为展望未来的愿景，因此和解委员会努力的方向可以说与起草格陵兰宪法目的相同。值得商榷的是，"和解"一词（丹麦语是 forsoning）是否最为恰当。无论在丹麦语语境中还是在格陵兰语语境中，这个词都含有伤害和责备的意思。 243 "Saammaateqatigiinneq"是格陵兰语文献中使用的术语，其深刻内涵和基督教中的"宽恕"以及用在罪犯身上的"宽恕"相差无几。而加上 qatigii 这个词缀则凸显这一进程是双向的行为，即双方之间的和解。考虑到丹麦-格陵兰关系的实际性质，这个词的内涵所指或许太过深远。另外，使用"幽灵"和"木屋"这两个词作为隐喻，似乎有理由认为还有一些利害攸关的东西能够保证和解的进行。

　　当前迫切需要一种新的论述来替代丹麦两个具有对抗意义的身份表述，是承担格陵兰发展的责任、扮演保护者角色的祖国身份，还是只关注自己利益、扮演剥削者角色的帝国主义国家身份。第一种表述根源于 19 世纪，而后者主要根源于反帝国主义时期的 20 世纪 70 年代（Thisted，2014a）。这些论述可能看起来截然不同，但它们有着共同的前提，即丹麦人和格陵兰人属于不同类型的人，丹麦人是推动历史进程的主体，格陵兰人却是被动的历史客体。我们需要一种新的叙事方式，为灰色、模糊地带留出空间，最为重要的是为参与到历史进程中的格陵兰人留出空间。

　　因此，和解委员会必须明确自己的使命，确保自己的行动不被限制在殖民思想框架内，不会采用殖民的叙述视角。在这种情况下，有必要仔细考虑"我们"和"他们"之间的区别。截然不同的人口群体本身就有殖民时代的残留。是丹麦政府将格陵兰人划分为不同的类别，并别有企图地左右二者之间的关系（Seiding，2013）。格陵兰方面提供的信息则表示，在以后的几年里还是丹麦人更有兴趣维护这些差异。这在差异最容易被模糊化的地方尤为明显，比如在接受教育的格陵兰人中间（Thisted，2005）。因此，将人口类别作为研究对象比将其作为研究前提更有意义。该委员会无论如何不应该受到族群民族主义言论的限制，尽管该言论在成立该委员会的整个过程中一直存在。相反，委员会的组成表明它要满足全体格陵兰人民的愿望，包括以丹麦语为第一语言的格陵兰人，也包括生活在格陵兰并融入格陵兰的丹麦人（参见调解委员会网站；Saammaatta，2014）。

244 　　无论如何，委员会最关键的任务之一就是找到一种能够克服不对称权力关系的方法，因为这种不对称的权力关系让丹麦人担负责任，而格陵兰人却感到自卑和羞愧。因此，格陵兰下定决心采取主动姿态并发挥主导作用，这无疑是其迈出的重要一步。另外，考虑到目前双方关系涉及的范围和双方之间的日常交流，丹麦想完全避免该进程的决策也是站不住脚的。到目前为止，由于公众对该委员会的支持力度有限，它可能会面临和以前的倡议相同的命运，无果而终。然而，我们希望它会带来一些新的、对双方都有挑战性的东西！

参考文献

Adorno, Theodor W. 1963. "Was Bedeutet: Aufarbeitung der Vergangenheit." In *Eingriffe. Neun kritische Modelle.* Frankfurt a. M. : Suhrkamp.

Ahmed, Sara. 2004. *The Cultural Politics of Emotion.* Edinburgh: Edinburgh University Press.

Ali, Fatuma, and Anne Lindhardt. 2006. "Flugten fra Grønland." http://www.fatumaali.dk/? Artikler. Accessed 18 Feb 2016.

Assmann, Aleida, and Ute Frevert. 1999. *Geschichtsvergessenheit—Geschichtsversessenheit. Vom*

Umgang Mit Deutschen Vergangenheiten Nach 1945. Stuttgart：Deutsche Verlags-Anstalt.

Gad, Ulrik Pram. 2009. "Post-Colonial Identity in Greenland? When the Empire Dichotomizes Back—Bring Politics Back." *Journal of Language & Politics* 8（1）：136-158.

Hammond, Aleqa. 2014. "New Year Speech 2014." Official translation. http：// naalakkersuisut. gl/～/media/Nanoq/Files/Attached% 20Files/Taler/ENG/Nytårstale% 202014% 20ENG. pdf. Accessed 18 Feb 2016.

Herf, Jeffrey. 1997. *Divided Memory: The Nazi Past in the Two Germanys.* Cambridge：Harvard University Press.

International Center for Transitional Justice. 2014. "What Is Transitional Justice?" http：//ictj. org/about/transitional-justice. Accessed 14 Sept.

Jensen, Lars. 2012a. "Nordic Exceptionalism and the Nordic 'Others'." In *Whiteness and Postcolonialism in the Nordic Region: Exceptionalism, Migrant Others aAnd National Identities,* ed. Lars Jensen, and Kristín Loftsdóttir, 1-11. London：Ashgate.

Jensen, Lars. 2012b. *Danmark: Rigsfællesskab, Tropekolonier og ten Postkoloniale Arv.* Copenhagen：Hans Reitzels Forlag.

Johansen, Lars Emil. 2008. "Det Grønlandske Folk, tet Grønlandske Sprog, Grønlands Adgang til Selvstændighed." Speech held in Nuuk, 18 June 2008.

Kladakis, Katrine. 2012. "Grønlandsk Skam—Dansk Skam. Skammens Strategier i Danske Fremstillinger af Grønland." In *I Affekt. Skam, Frygt og Jubel Som Analysestrategi,* ed. Maja Bissenbakker Frederiksen and Michael Nebeling Petersen, 31-43. *Varia* no. 9. Copenhagen：University of Copenhagen, INSS, Center for Kønsforskning.

Kleist, Kuupik. 2011. "Grundlovsdebatten i Grønland Handler Ikke Særlig Meget om Danmark." *Politiken*, 9 Oct 2011.

Langgård, Karen. 2011. "Greenlandic Literature from Colonial Times to Self-Government." In *From Oral Tradition to Rap: Literatures of the Polar North*, ed. Karen Langgård, and Kirsten Thisted, 119-188. Nuuk：Forlaget Atuagkat/ Ilisimatusarfik.

Lidegaard, Mads. 1998. "Grønland er Ikke Sydafrika." *Information*, 4 Mar 1998.

Olwig, Karen Fog. 2003. "Narrating Deglobalization. Danish Perceptions of a Lost Empire." *Global Networks* 3（3）：207-222.

Otte, Andreas Roed. 2013. "Polar Bears, Eskimos and Indie Music：Using Greenland and the Arctic as a Co-Brand for Popular Music." In *Modernization and Heritage: How to Combine the Two in Inuit Societies*, ed. Karen Langgård, and Kennet Pedersen, 131-150. Nuuk：Forlaget Atuagkat/Ilisimatusarfik.

Otte, Andreas Roed. 2014. *Popular Music from Greenland. Globalization, Nationalism and Performance of Place.* Ph. D. thesis, University of Copenhagen, Faculty of Humanities.

Petersen, Aqqaluk. 1998. "Skråsikre Påstande fra Fatuma Ali." *Information*, 12

245

Mar 1998.

Pratt, Mary Louise. 1992. *Imperial Eyes: Studies in Travel Writing and Transculturation*. London: Routledge.

Rasmussen, Inge. 2007. "Interview with the Greenlandic Singer Kimmernaq." *Arnanut* 15, 19 Mar 2007.

Rosing, Minik and Kuupik Kleist. 2012. "Abonnement på Fremtiden." *Politiken*, 20 Nov 2012.

"Saammaata." 2014. http://saammaatta.gl/da/Om-os/Opgaven/Mission/.

Seiding, Inge. 2013. *"Married to the Daughters of the Country": Intermarriage and Intimacy in Northwest Greenland ca. 1750 to 1850*. Ph. D. dissertation. Nuuk: Ilisimatusarfik.

Thisted, Kirsten. 2002a. "The Power to Represent. Intertextuality and Discourse in *Miss Smilla's Sense of Snow*." In *Narrating the Arctic: A Cultural History of the Nordic Scientific Practices*, ed. Michael Bravo, and Sverker Sörlin, 311 - 342. Canton: Science History Publications.

Thisted, Kirsten. 2002b. "Som Spæk og Vand? Om Forholdet Danmark/Grønland, Set fra den Grønlandske Litteraturs Synsvinkel." In http://tors.ku.dk/ansatte/? pure = da% 2Fpublications%2Fsom - spaek - og - vand (7b32cb20 - 74c4 - 11db - bee9 - 02004c4f4f50). html. *Litteraturens Gränsland: Indvandrar-Och Minoritetslitteratur i Nordiskt Pperspektiv*, ed. Satu Gröndahl, 201-223. Uppsala: Centrum för Multietnisk Forskning.

Thisted, Kirsten. 2005. "Postkolonialisme i Nordisk Perspektiv: Relationen Danmark-Grønland." In *Kultur på Kryds og Tværs*, eds. Henning Bech and Anne Scott Sørensen, 16-43. Aarhus: Klim.

Thisted, Kirsten. 2009. " 'Where Once Dannebrog Waved for More Than 200 Years': Banal Nationalism Narrative Templates and Post-Colonial Melancholia." *Review of Development & Change* 15 (1-2): 147-172.

Thisted, Kirsten. 2011. "Greenlandic Oral Traditions: Collection, Reframing and Reinvention." In *From Oral Tradition to Rap: Literatures of the Polar North*, ed. Karen Langgård, and Kirsten Thisted, 63-118. Nuuk: Forlaget Atuagkat/Ilisimatusarfik.

Thisted, Kirsten. 2012a. "Grønland i Hverdag og Fest--Kolonialisme, Nationalisme og Folkelig Oplysning i Mellemkrigstidens Danmark." In *Malunar Mót*, ed. Eydun Andreassen, Malan Johannesen, Anfinnur Johansen, and Turid Sigurdardóttir, 460-478. Tórshavn: Faroe University Press.

Thisted, Kirsten. 2012b. "Nation Building--Nation Branding. Julie Allstars and the Act on Greenland Self-Government." In *News from Other Worlds: Studies in Nordic Folklore, Mythology, and Culture*, ed. Merrill Kaplan, and Timothy R. Tangherlini, 376-404. Berkeley: North Pinehurst Press.

246

Thisted, Kirsten. 2013. "Discourses of Indigeneity. Branding Greenland in the Age of Self-Government and Climate Change." In *Science, Geopolitics and Culture in the Polar Region—Norden Beyond Borders*, ed. Sverker Sörlin, 227–58. Farnharn: Ashgate.

Thisted, Kirsten. 2014a. "Imperial Ghosts in the North Atlantic. Old and New Narratives about the Colonial Relations between Greenland and Denmark." In (*Post-*) *Colonialism across Europe: Transcultural History and National Memory*, ed. Dirk Göttsche, and Axel Dunker, 107–134. Bielefeld: Aisthesis Verlag.

Thisted, Kirsten. 2014b. "Cosmopolitan Inuit. New Perspectives on Greenlandic Literature and Film." In *Globalization in Literature*, ed. Per Thomas Andersen, 133 – 168. Bergen: Fagbokforlaget Vigmostad og Bjørke.

Toksvig, Marie Louise. 2010. "Nukâka Coster-Waldau: Glem alt om Udseendet." *Ekstra Bladet*, 5 Sept 2010. http://ekstrabladet.dk/flash/dkkendte/article4255700.ece. Accessed 10 Feb 2016.

第十五章
北极未来：机构与评估

妮娜·沃姆斯　斯沃克·索林[*]

在本章中，我们将考察科学评估北极地区的其他方式，重点关注两个例子，一个是 1997 年发布的名为《北极监测与评估计划》（AMAP）的污染评估，另一个是 2013 年发布的《北极复原力中期报告》。这两份报告的发布时间间隔较长，有助于我们发现两者之间的差异并进行比较。我们集中关注这些评估当中所提到的科学对未来生产的作用这个问题。鉴于该地区虽然人口稀少，但在全球环境变化中发挥着关键作用，科学在北极地区起着仲裁者和顾问的作用，使之成为活动各方最理想的合作伙伴。我们认为现实利益和潜在的冲突将交由科学界来处理，科学界无论愿意与否都将扮演北极未来公认的中立、非政治准权威的角色。因此，这些评估报告不仅是艺术科学概括，还为北极地区的发展指明了方向。因此，我们从自然科学的视角分析会发生什么，分析"中性"的科学外表之下政治机构的行为。虽然不够明显，但这些评估几乎都涉及北极地区的未来。

北极评估无疑已成为涉及北极地区未来建构、占据多个政治领域中心

---

[*]　妮娜·沃姆斯（Nina Wormbs）、斯沃克·索林（Sverker Sörlin），瑞典皇家理工学院科学技术与环境史系。刘风山（译），聊城大学外国语学院英语语言文学教授。原文："Arctic Futures: Agency and Assessing Assessments," pp. 247-261。

位置的论述的一部分。未来研究和科学预测针对未来做出了一些影响深远但很快过时且毫无根据的推测，遭到较多的批评，因此需要开展能提供中性预测的科学工作。这样，调查的预期目的与中性的评估之间形成张力，以便分析预测未来，从中推演政策建议。我们的假设是，关于北极地区的评估构成了一种我们称为"未来谈话"的特定论述，这对北极政策而言越来越具有话语权。我们的目的不是要看评估在政策制定时如何起作用，其作用在《北极气候影响评估报告》（*Arctic Climate Impact Assessment Report*）（ACIA，2004；Nilsson，2007）中已得到证明，虽然还需要更加全面的研究。我们需要强调的是，科学在这些评估中所起的作用对于获得和维持话语权至关重要。之前已有大量的研究说明了在更早的历史时期科学是如何将北极和南极政治政策合法化的（Sörlin，2013，2014；Doel et al.，2014a；Dodds and Powell，2014），也已说明人们在偏远地区的英勇行为在科学研究的幌子下是如何参与建设国家及增强其身份认同的（Herzig，2005；Hettne et al.，2006）。

在如今的北极评估中，大量的"中性"监测不像大家都趋之若鹜的未知边地探险那样容易和政策关联起来。相反，必须将其放在地缘政治和环境问题发挥着不同作用以及资源开发一直有意义这样的语境中才能理解（Wormbs，2015）。科学仍然服务于国家利益，但是服务的模式要比以前更加错综复杂，常常通过资源管理、可持续性、气候变化和环境等媒介推进，公司企业和环境行动者能更直接地从中受益。

一 将北极评估作为考察焦点

249

在过去几十年当中，北极地区一直是科学评估的焦点。这些评估提供的是艺术科学领域的讨论与协商，结果是不同科学机构（委员会、组织等）达成一致意见后得出的。它们并不是知识生产、知识收集的中性途径，相反，其反映了该地区历史与环境变迁的成见、当前的特征及未来发展观念。

"评估"概念本身也值得思考。尽管"评估"一词由科学家或其他专家提出，但和它在科学文章或学术著作中的意思并不相同。评估是专门由科学家及其助手组成团队，接受委托，就特定的话题在有限的时间内所开展的工作。从字面上来看，"评估"一词是评价某个事物的质量和表现。然而，这一定义在过去的 20 年中有所变化，但和现在所说的"评估"意思相差不大。评估并非总是涉及评价，也没有泾渭分明地要求必须怎么表现或者有什么"品质"。但更常见的情况是，评估就是审视一系列现象，包括知识状况、政策状况、条件状况及其变化。

评估通常以报告的形式，按照不同的格式，在不同的场合发布。除了科学报告这种形式之外，评估还以执行摘要的形式进行发布，有时候被称为"决策摘要"。评估交流经历了一定意义上的文化聚合（Jenkins，2006），围绕某一个问题引起或促进广泛的社会和政治关注。实施评估的团队越来越多是跨国界的，增加了评估的可信度。尽管评估的对象经常是近期或过去的某一行为或某一进程，但它们重点关注的基本上总是和未来相关，这一特点在北极评估中尤为明显。评估概念成为日益增多的未来话语的一部分，这似乎是当代社会的特征。联合国政府间气候变化专门委员会（the Intergovernmental Panel on Climate Change，IPCC）的评估就是一个很好的例子，这一传统至少可以追溯到 1970 年英国皇家污染报告委员会（the Royal Commission on Pollution）（Owens，2011），很难找到哪个与环境或自然资源有关的重大政策不是把评估当作工具的。

250　　早在 20 世纪 30 年代，评估被用于教育学、心理学和药学领域，70 年代至 80 年代使用频率明显增加（Learned and Wood，1938；U. S. Government，1992；Ewell，1997）。科技领域较早地把评估当作政策工具的是 1972 年美国国会建立的技术评估办公室（Office of Technology Assessment）。该评估办公室把科学分析同利益相关者意见和现实政策选择并置使用，后来成为评估行为的一大特征（Blair，2011）。这样，评估观念折中了科学和实用，北极评估也是如此。评估概念出现于新自由主义政策评价计划时代，带有政治

色彩。英国的第一次科研水平评估（Research Assessment Exercise）出现于
1986年，起因是撒切尔政府要减少对大学"不必要"的公共基金资助的宏
大计划。有人认为，基金应该被用于能实现它最大价值的地方，以节省纳
税人的钱，并通过"挤掉"生产效益较低的行业部门逐渐改善基金管理体
系。这一过程需要社会多个部门进行审计。十年后，这种做法已比较常见，
表明"审计社会"已经到来（Power，1997），或者我们已迎来"审计文化"
（Strathern，2000）。不仅英国如此，在实施新公共管理措施的经合组织
（OECD）国家也是如此。

二 北极污染：后冷战语境中的评估

正是在这一历史背景之下，北极评估逐年增加。人们把评估看作协商
的空间，通过协商处理复杂的问题，考虑可以采取的行动。毫无疑问，冷
战末期，评估成为北极地区新竞争管理结构的工具。冷战期间，北极地区
的评估报告应用不多，当时强硬的国家主义和两极安全体制使得该地区形
势严峻。20世纪90年代，和平、开放的区域建设成为主流，但类似的评估
依然不常见（Keskitalo，2004）。1991年《北极监测与评估计划》的出现使
得评估运用机会增多，但直到21世纪初运用评估的机会才真正增加，此时
北极地区围绕自然资源的实际利用，尤其是围绕资源的未来利用方向、气
候变化影响、北极地区政治、利益相关者身份等矛盾和争议大大加剧
（Dodds and Powell，2014；Avango et al.，2013），其表现就是各国对该地区
及其资源的兴趣逐渐增强。

在1991年的《罗瓦涅米宣言》（Rovaniemi Declaration）当中，北极八
国（包括加拿大、丹麦/格陵兰、芬兰、冰岛、挪威、俄罗斯、瑞典、美
国）通过了《北极环境保护战略》（AEPS），这是《北极监测与评估计划》
的前身。《北极环境保护战略》有几个值得一提的目标：

·保护北极地区的生态环境，包括人类；

251

·保护环境，保证自然资源的可持续利用，保证北极地区普通居民和原住民对自然资源的利用；

·了解原住民的价值观与实践，并尽最大可能满足他们的传统及文化需求，服务于北极环境保护；

·定期审查北极环境状况；

·鉴别、减少并最终消除污染。（AMAP，1997：1）

《北极环境保护战略》中有五个动词足以阐释它的目标：保护、保证、了解、审查和鉴别。五个动词的使用顺序也别有意义，最严重、最重要的问题先表述，容易处理的后表述。一系列目标中，最终一个是消除污染，但这样的文字表述也让人对其可行性产生怀疑。更重要的一点是要弄清保护（特别强调行动的字眼）生态系统同了解或寻求适应传统及人类文化需求之间的差异。

为了实现这些目标，北极国家成立了五个工作小组，分别是北极监测与评估小组、北极动植物保护小组、突发事件预防准备反应小组、北极海洋环境保护小组、可持续开发利用小组。五个小组理论上是平等的，但在1996年第一份详细报告发布之前，有报道称："北极监测与评估小组被认为是核心，其他几个小组的报告和建议应以这个小组的为基础。"（Russell，1996）1997年发布的《北极污染问题：北极环境现状报告》首次提出了北极监测与评估小组的具体任务，即"监测北极环境各个方面人为污染物的水平并评估其影响"（AMAP，1997：vii）。

评估、监控和建议，从一开始就是北极监测与评估小组的职责。北极理事会于1996年成立，北极监测与评估小组在北极理事会领导下工作，随后为政府间机构提供建议。北极监测与评估小组与当初比较著名的联合国政府间气候变化专门委员会（Beck，2011）十分相似，两个工作组在工作中都使用已经发布的科学数据。

1997年《北极污染问题：北极环境现状报告》可分为两部分。第一部分为相关的背景信息以及对北极地区全貌、污染物运输、地区生态状况及当地居民的描述。第二部分对具体区域进行了描述，讨论了当时局势的后果，也就是我们平常所说的实际评估。评估涉及几种污染情况，包括持久性有机物污染、重金属污染、放射性物质污染、土壤酸化和雾霾、石油开采与实际的及可能的后果，气候变化及其后果等全球性问题，以及污染对人类健康的影响等。报告还有一份带有建议的行政摘要。报告内容可以分为两类，但如果有的话，描述性章节和评估性章节之间的区别很小。整个评估没有分析，都是描述性内容。按照科学语言的使用标准，价值负载概念和推理被省略，问题被当作事实陈述。令人惊讶的是，这也被认为是行政摘要，其中提出了采取政治行动的建议。只有少数建议涉及原住民信息，大部分建议都是为了获得科学和其他信息以作为行动基础。报告指出，国际战略需要更多的信息、更完善的发展模型及更大范围的长期监测，以覆盖更大的范围，满足当地需求。至于政策建议，首要的信息就是遵守国际法律与协议（AMAP，1997：xi-xii）。

　　北极监测与评估小组的第一个报告发布之后，又有其他报告相继发布，或内容有更新，或涉及新的话题。其间，北极监测与评估小组得到了北极理事会的支持，北极理事会特别要求北极监测与评估小组"提出可以减少北极生态系统风险的行动建议"（AMAP，2002：iv）。语言层面的变化也是可以发现的，像"证据"这样的字眼或者像"已建立"这样的程式化语言，意味着需要更广的知识范围。行动建议还是集中在新知识需求方面，尽管在需要什么样的重要知识才可以提出问题然后继续监测方面存在差异。北极监测与评估小组 2012 年的一篇关于冰冻层（有时简化为 SWIPA，即北极地区的雪、水、冰、永冻土）的报告就证实了这一点。在这篇报告中，有关冰雪融化及生态系统中淡水储量持续增长的影响等具体问题和这些变化将如何"影响北极社会和经济"这个更广、更大胆的问题被放在同等位置（AMAP，2012：x）。基于科学的评估中一个普遍的假设，即科学可以发现的在生态系统和其他自然系统内发生的变化经常被当作社会变化的主要原因（驱动力）研究，尽管这些原因的解释能力还未得到充分关注。这是我们所要研究的评估行为的独特之处。

三 北极复原力：人类世评估？

北极评估行动的重要里程碑是 2004 年北极气候影响评估（ACIA）。ACIA 基于对知识生产的自然科学理解，力图把原住民纳入这一过程中考虑，把某些问题放到更广的范围内考虑，并将社会科学包括在内（Nilsson，2007）。

《北极复原力中期报告》（2013 年，报告预计于 2016 年发布）* 是第二个重要案例。分析该报告应考虑过去评估已经扩展到哪些领域。《北极复原力中期报告》是由北极理事会组织实施的项目，但它并没有按照《北极监测与评估计划》的经典框架，反而偏离了社会生态系统（social-ecological systems）的相关理论及理论弹性框架。《北极复原力中期报告》强调方法论和框架设想、概念考察以及按照选定的视角讨论限制和潜力。之前，从未如此大规模地进行复原力评估。该报告开头是关于复原力理论中的关键命题批判性的、旨在提供信息的详尽讨论。例如，系统达到临界阈值或临界点时就会改变状态或体系。虽然按照经验来看，当地生态系统的确如此，但对于社会系统或社会子系统，经验性的证据远不能让人信服，更不用说把生态系统和社会系统放在一起来考虑了。根据《北极复原力中期报告》第三部分的文献梳理，如果认为生态系统和社会系统从根本上是相互联系的，那么这种相互联系在整个北极范围内是否能得到证实仍无法确定。

报告的实施需求提供了一些限制。那些看起来很有可能达成的结果证实删除某些内容是可取的，即使是在《北极复原力中期报告》这样的大项目中也是如此。在很大程度上，这与方法论选择有关，而方法论选择从复原力视角、报告的背景以及北极理事会给它的任务来看，都是可以预料到的。该报告对此体现得最明显。报告明确指出，复原力最终取决于选择，

* 该报告已于 2016 年发布——译者注。

即什么样的体系是弹性的，价值观和治理行为又是怎么决定这种选择的。报告还在这方面用到了权力观念："从治理的角度来看，复原力反映了当权者做出决策和实施决策的愿望。"（Robards et al.，2011：22）即使有这种高度的认识，形成该报告的条件也与某些选择形成一种矛盾关系。这些选择的共同特性是要有效地避免与机构打交道。从早期纯粹科学基础上的评估那里延续的"驱动"语言，在这里似乎成了一种束缚，尽管驱动的范围已经扩大到包括社会系统。

　　在讨论阈值的一节中，报告给出了关于驱动力的两种解释。一种是社会意义上的，一种是生物物理意义上的，按时间尺度进行分布。图 15-2 列出了影响北极地区的一系列非常明显、无可争议的因素，但不包括与社会机构有关的因素，报告也没有提及政治、社会运动或各种形式的思想，如政治意识形态。如果从复原力的角度来看，北极地区的变化是跨越社会和生物物理的综合变化，或者像报告中反复强调的那样是"多个时间和空间维度"的综合变化，那么为什么可用来分析北极地区变化的这些基本范畴被排除在严肃的分析之外呢？它们只做陈述，但并不深究（有些数据也是如此）。问题的答案是可能太复杂了，《北极复原力中期报告》已处理了一些非常复杂的事情，其标题中关于变化机制模棱两可的措辞暗示了这一点。　255 另外，这种方法确实需要识别驱动因素，原因是如果没能够识别这些驱动因素，那么对分析来说绝对关键的变化会局限于过去和现在，而解释不了未来。驱动因素是假定的指向性所必需的。只有这样，这份报告才是评估报告，而不仅仅是关于北极"现状"的研究。

　　评估的关键意义在于它用展望代替了描述。这是怎么做到的呢？如果机构是一个重要维度，那么我们就会期望看到对已确定的驱动因素的反射作用。这需要考虑地缘政治、所有权、资源需求、资源价格、"社会关联性"和社会规划等方面的变化是否会发生以及如何发生的问题。如果不考虑潜在的政治和意识形态价值因素，如果不把社会机构考虑在内，讨论或 256 多或少是无用的。《北极复原力中期报告》（ARR，2013：44-45）中提到的驱动因素，使用诸如地缘政治变化、空间变化、移民、资源需求等中性的字眼做了描述。被称为"北极地区的可观测变化"的第二类驱动因素指明了这些变化，用的是军事化、城市化、开发跨极地航线、金融投资等这样的词语。第三类解释了这些变化为什么重要。第四类列出了北极地区变化各个维度可识别的驱动因素的关键参考数据。需要指出的是，所列举的这些变化并不是人们想要的，也没有诗情画意。几个案例中提到了很明显的问题，比如生物多样性以及传统知识的消失，但也有些案例强调机遇。为什么是风险或机遇，或者说为什么是"积极反馈"，报告所用的语言不是很成熟。变化有时是好的，有时是坏的，常常取决于问题的对象是谁。但这一切与弹性的关系又如何？

由于《北极复原力中期报告》不涉及价值观、思想、政治或机构的其他维度，也不讨论驱动因素的潜在效果，进而预测复原方法，因此很大程度上没有答案。特权机构意味着有必要在"为什么而复原"这个问题上采取某种立场。这种质疑会赋予报告明显的价值负载，甚至是政治意义。避免转向政治维度的方法就是避免明确地支持任何一种期望的未来。只要不涉及这种"真正"具有价值负载的复原力，《北极复原力中期报告》所具有的政治作用可以说证实或者心照不宣地承认了当前大家都接受的说法，也就是展示了既定的权力结构，不管能否保持复原力。

四 北极评估理论？

需要强调的是，世界上很少有其他哪个地区的科学评估能像北极评估这么重要。很可能世界上没有其他区域有这么少的人，却有这么多的评估。有限利益或多或少可以通过评估所允许的潜在代理机构进行"处理"。对人口密集区域进行相似的监管和评估是很难想象的，因为未来很难得到合理的规划。北极评估不仅不同于世界上其他任何地方的评估，而且北极不同区域的评估之间也有不同。本章分析的两个报告制定的机构也明显不同。

1997 年的《北极监测与评估计划》中，监测描述中的变化是固有的，很大程度上与自然和生态系统的缓慢变化无关。而 2013 年的《北极复原力中期报告》中，所识别的驱动因素是变化的原因。《北极复原力中期报告》的整体框架更加复杂，也允许进行更广泛的分析，有时称为自然与社会的共同生产，而在《北极监测与评估计划》的分析中社会变化被边缘化了。2013 年的《北极复原力中期报告》仅是一份中期报告，但它指出分析社会影响和进行考察应该是评估的核心。然而，在实践中，这种尝试并没有走多远，因为复原力理论的方法论和理论框架可能会限制使用社会科学和人文科学领域的知识。

因此，评估的作用实际上是肯定有关未来的论述，以有关北极的实际动态及变化趋势作为出发点（Emmerson，2010）。这些报告确认未来问题的存在，并将其用作分析时的驱动力量和因果元素。这在《北极复原力中期报告》中体现得十分明显，该报告列出了这些驱动因素，并将其用作研究分析框架。分析研究试图回答的问题可归纳为：这些是未来趋势，如果有这样的未来，北极会有复原力吗？

我们所研究的报告大都证实了所谓的北极霸权论调。葛兰西主义意义上的霸权主义是对社会精英之间所达成的共识的理解（Cox，1993；Gill，1993），这个概念最近被应用于北极地区地缘政治研究（Ahearne，2013；Hough，2013）。很显然，北极地区的"评估产业"受到这种霸权主义的影响，事实上加入了这种霸权的行列。所有评估报告都避免对其本身工作的具体参数进行积极的、批判性的反思。这些报告几乎没有提供其他可替代的思考方式，而且有意识地避免允许它们进行批判反思的理论基础。因此，它们有意识地避免对霸权话语提出质疑，也避免提出任何类似葛兰西反霸权主义的建议。从这个角度看，这些评估也没有令人惊讶之处。关于科学建议的文献中的一个普遍观点是评估往往是在委托人设定的前提下开展的。分析时倾向于使用定量分析数据和科学方法，并倾向于边缘化或扁平化处理文化、历史、社会和机构等问题。这种方法和迄今为止的气候变化与可

258

持续发展研究处理所谓的"人类维度"所采用的方法是一致的（Hulme，2011；Castree et al.，2014）。传统媒体有关气候变化（Boykoff，2011）及其对北极的影响（Christensen et al.，2013）的论述仍然保留这一倾向。我们所分析的北极评估符合所谓的"科学专业知识的线性模型"。这样的线性模型倾向于将专业知识理解为一门科学，其主要任务是"正确地掌握科学"（Beck，2011）。

然而，这并不是科学家所能采取的唯一立场。近来关于科学建议的文献资料认为，专业知识的线性模型实际上限制了对科学专业知识的应用，强化了自然科学的特权，因为自然科学有研究对象和一系列服务于政策的专业知识。学者还认为，线性模型本身就暗示提供建议时科学家角色心照不宣的政治化（Elzinga，1996；Jasanoff and Wynne，1998；Pielke，2007；Sarewitz，2010）。然而，正如科技研究领域的许多学者所揭示的那样，科学家和学者应深入关注科学与建议的政治性以保持独立，提供更多现实、有用的建议（Miller and Edwards，2001；Pielke，2007；Sarewitz，2000）。北极评估工作中没能很好地关注科学建议的政治意义。如果更广泛领域的专业知识能推动、参与具有反思意义的研究工作，情况可能会大不相同。因此，科学家在心照不宣地支持北极地区未来某些利益的时候，或许没有充分注意到自己所发挥的作用。

参考文献

ACIA. 2004. *Arctic Climate Impact Assessment: Scientific Report.* Cambridge：Cambridge University Press.

Ahearne, Gerard. 2013. "Towards an Ecological Civilization：A Gramscian Strategy for a New Political Subject." *Cosmos and History: The Journal of Natural and Social Philosophy* 9 (1)：317-326.

AMAP. 1997. *Arctic Pollution Issues: A State of the Arctic Environment Report.* Oslo：AMAP.

AMAP. 2002. *Arctic Pollution 2002: Persistent Organic Pollutants, Heavy Metals,*

Radioactivity, Human Health, Changing Pathways. Oslo：AMAP.

AMAP. 2012. "Arctic Climate Issues 2011：Changes in Arctic Snow, Water, Ice and 259 Permafrost." *Swipa 2011 Overview Report.* Oslo：AMAP.

ARR. 2013. *Arctic Resilience: Interim Report 2013.* Stockholm：Stockholm Environment Institute and Stockholm Resilience Centre.

Avango, Dag, Annika E. Nilsson, and Peder Roberts. 2013. "Assessing Arctic Futures：Voices, Resources, Governance." *Polar Journal* 3 (2)：431-446.

Beck, Silke. 2011. "Moving beyond the Linear Model of Expertise? Ipcc and the Test of Adaptation." *Regional Environmental Change* 11：297-306.

Blair, Peter D. 2011. "Scientific Advice for Policy in the United States：Lessons from the National Academies and the Former Congressional Office ff Technology Assessment." In *The Politics of Scientific Advice: Institutional Design for Quality Assurance*, ed. Justus Lentsch, and Peter Weingart, 297-333. Cambridge：Cambridge University Press.

Boykoff, Max T. 2011. *Who Speaks for The Climate? Making Sense of Media Reporting on Climate Change.* New York：Cambridge University Press.

Castree, Noel, William M. Adams, John Barry, Daniel Brockington, Bram Büscher, Esteve Corbera, David Demeritt, Rosaleen Duffy, Ulrike Felt, Katja Neves, Peter Newell, Luigi Pellizzoni, Kate Rigby, Paul Robbins, Libby Robin, Deborah Bird Rose, Andrew Ross, David Schlosberg, Sverker Sörlin, Paige West, Mark Whitehead, and Brian Wynne. 2014. "Changing the Intellectual Climate." *Nature Climate Change* 4 (9)：763-768.

Christensen, Miyase, Annika E. Nilsson, and Nina Wormbs (ed). 2013. *Media and Arctic Climate Politics. Breaking the Ice.* New York：Palgrave Macmillan.

Cox, Robert W. 1993. "Gramsci, Hegemony, and International Relations：An Essay in Method." In *Gramsci, Historical Materialism, and International Relations*, ed. Stephen Gill, 49-66. Cambridge：Cambridge University Press.

Dodds, Klaus, and Richard C. Powell (ed). 2014. *Polar Geopolitics: Knowledges, Resources and Legal Regimes.* Cheltenham：Edward Elgar.

Doel, Ronald E., Robert Marc Friedman, Julia Lajus, Sverker Sörlin, and Urban Wråkberg. 2014a. "Strategic Arctic Science：National Interests in Building Natural Knowledge--Interwar Era through the Cold War." *Journal of Historical Geography* 42：60-80.

Doel, Ronald E., Urban Wråkberg, and Suzanne Zeller. 2014b. "Science, Environment, and the New Arctic." *Journal of Historical Geography* 42：2-14.

Elzinga, Aant. 1996. "UNESCO and the Politics of International Cooperation in the Realm of Science." In *Les Sciences Coloniales 2*, ed. Patrick Petitjean, and Roland Waast, 91-132. Paris：Orstrom.

Emmerson, Charles. 2010. *The Future History of the Arctic.* London：Bodley Head.

Ewell, Peter T. 1997. "Accountability and Assessment in a Second Decade: New Looks or Same Old Story?" In *Assessing Impact, Evidence and Action*, 7 - 22. Washington, DC: American Association of Higher Education.

260　　　Foucault, Michel. 2002. *The Archaeology of Knowledge and the Discourse on Language*. Trans. A. M. Sheridan Smith. London/New York: Routledge. Originally published as Michel Foucault. 1969. *L'archéologie du Savoir*. Paris: Gallimard.

Gill, Stephen (ed) . 1993. *Gramsci, Historical Materialism, And International Relations*. Cambridge: Cambridge University Press.

Herzig, Rebecca. 2005. *Suffering for Science: Reason and Sacrifice in Modern America*. New Brunswick: Rutgers University Press.

Hettne, Björn, Sverker Sörlin, and Uffe Östergård. 2006. *Den Globala Nationalismen: Nationalstatens Historia och Framtid*, 2nd ed. (orig. 1998) . Stockholm: SNS förlag.

Hough, Peter. 2013. *International Politics of the Arctic: Coming in from the Cold*. Abingdon: Routledge.

Hulme, Mike. 2011. "Meet the Humanities." *Nature Climate Change* 1: 177–179.

Jasanoff, Sheila, and Brian Wynne. 1998. "Science and Decision Making." In *Human Choice and Climate Change*, ed. Steve Rayner, and Elizabeth L. Malone, 1 - 87. Columbus: Battelle.

Jenkins, Henry. 2006. *Convergence Culture: Where Old and New Media Collide*. New York: New York University Press.

Keskitalo, E. Carina. H. 2004. *Negotiating the Arctic: The Construction of an International Region*. New York: Routledge.

Learned, William S. , and Ben DeKalbe Wood. 1938. *The Student and His Knowledge*. New York: Carnegie Foundation for the Advancement of Teaching.

Miller, Clark A. , and Paul N. Edwards. 2001. *Changing the Atmosphere: Expert Knowledge and Environmental Governance*. Cambridge, MA: MIT Press.

Nilsson, Annika E. 2007. *A Changing Arctic Climate: Science and Policy in the Arctic Climate Impact Assessment*. Linköping: Linköping University.

Owens, Susan. 2011. "Knowledge, Advice and Influence: The Role of the UK Royal Commission on Environmental Pollution, 1970 - 2009. " In *The Politics of Scientific Advice: Institutional Design for Quality Assurance*, ed. Justus Lentsch, and Peter Weingart, 73 - 101. Cambridge: Cambridge University Press.

Pielke, Roger A. 2007. *The Honest Broker: Making Sense of Science in Policy and Politics*. Cambridge: Cambridge University Press.

Power, Michael. 1997. *The Audit Society: Rituals of Verification*. Oxford: Oxford University Press.

Robards, Martin D. , Michael L. Schoon, Chanda L. Meek, and Nathan L. Engle. 2011. "The Importance of Social Drivers in the Resilient Provision of Ecosystem Services. " *Global Environmental Change* 21 (2): 522–529.

Russell, Bruce A. 1996. "The Arctic Environmental Protection Strategy and the New Arctic Council. " *Arctic Research of the United States* 10: 2–8. http: //arcticcircle. uconn. edu/NatResources/Policy/uspolicy1. html.

Sarewitz, Daniel. 2000. "Science and Environmental Policy: An Excess of Objectivity. " In *Earth Matters: The Earth Sciences, Philosophy, and the Claims of Community*, ed. R. Frodeman, 79–98. Upper Saddle River: Prentice Hall.

Sarewitz, Daniel. 2010. "Normal Science and Limits on Knowledge. " *Social Research* 77 (3): 997–1010.

Sörlin, Sverker (ed) . 2013. *Science, Geopolitics and Culture in the Polar Region: Norden beyond Borders*. Farnham: Ashgate.

Sörlin, Sverker (ed) . 2014. "Circumpolar Science: Scandinavian Approaches to the Arctic and the North Atlantic, ca. 1930 to 1960. " *Science in Context* 27 (2): 275–305.

Strathern, Marilyn. 2000. *Audit Culture: Anthropological Studies in Accountability, Ethics and the Academy*. London: Routledge.

U. S. Government. 1992. "Department of Education, National Center for Education Statistics. " *National Assessment of College Student Learning: Lssues and Concerns*. Washington, DC: U. S. Government Printing Office.

Wormbs, Nina. 2015. "The Assessed Arctic: How Monitoring Can Be Silently Normative. " In *The New Arctic*, ed. Birgitta Evengard, Joan Nyman Larsen, and Øyvind Paasche, 291–301. New York: Springer.

261

索 引

图书在版编目（CIP）数据

北极环境的现代性：从极地探险时期到人类世时代／
（挪威）莉尔-安·柯尔柏，（加）斯科特·麦肯奇，（美）
安娜·韦斯特斯塔尔·斯坦波特主编；周玉芳，孙利彦，
刘风山译 . --北京：社会科学文献出版社，2023.12
　（北冰洋译丛）
　书名原文：Arctic Environmental Modernities：
From the Age of Polar Exploration to the Era of
the Anthropocene
　ISBN 978-7-5228-1541-1

　Ⅰ.①北…　Ⅱ.①莉…　②斯…　③安…　④周…　⑤孙
…　⑥刘…　Ⅲ.①北极-研究　Ⅳ.①P941.62

中国国家版本馆 CIP 数据核字（2023）第 046213 号

北冰洋译丛

北极环境的现代性

——从极地探险时期到人类世时代

主　　编／〔挪威〕莉尔-安·柯尔柏　〔加〕斯科特·麦肯奇
　　　　　〔美〕安娜·韦斯特斯塔尔·斯坦波特
译　　者／周玉芳　孙利彦　刘风山
审　　校／曲　枫

出 版 人／冀祥德
责任编辑／张晓莉　叶　娟
文稿编辑／汝硕硕
责任印制／王京美

出　　版／社会科学文献出版社·国别区域分社（010）59367078
　　　　　地址：北京市北三环中路甲 29 号院华龙大厦　邮编：100029
　　　　　网址：www.ssap.com.cn
发　　行／社会科学文献出版社（010）59367028
印　　装／三河市龙林印务有限公司

规　　格／开　本：787mm×1092mm　1/16
　　　　　印　张：17.25　字　数：243 千字
版　　次／2023 年 12 月第 1 版　2023 年 12 月第 1 次印刷
书　　号／ISBN 978-7-5228-1541-1
著作权合同
登 记 号／图字 01-2022-1093 号
定　　价／98.00 元

读者服务电话：4008918866